앨프레드 메이어와 19세기 미국 음향학의 발전

이 도서의 국립중앙도서관 출판시도서목록(CIP)은 e-CIP홈페이지(http://www.nl.go.kr/ecip)에서 이용하실 수 있습니다(CIP제어번호: CIP2010000472).

이 저서는 2007년 정부(교육인적자원부)의 재원으로 한국학술진흥재단의 지원을 받아 수행된 연구임(KRF-2007-332-H00001).

앨프레드 메이어와 19세기 미국 음향학의 발전

ALFRED MAYER AND
THE DEVELOPMENT OF NINETEENTH-CENTURY
AMERICAN ACOUSTICS

구자현 지음

한울
아카데미

차례

그림 차례

책을 펴내며

19세기 미국 음향학의 역사가 제대로 서술된 적이 없다고 말하면 믿지 못할 사람이 더 많을 것이다. 이런 믿지 못할 사실을 발견하면서 이 책은 집필되기 시작했다. 다른 사람이 닦아놓은 길이 없으니 집필 작업은 가시밭길이었다. 어떤 관점에서 역사 서술을 할 것인가를 먼저 정해야 했다. 다양한 관점에서 과학기술사를 서술할 수 있겠지만 이 책에서는 과학의 전파의 역사, 과학과 기술의 관계, 실험 과학과 수리 과학의 관계를 세 축으로 삼아 19세기 미국 음향학을 살피기로 했다.

필자가 음향학과 인연을 맺은 것은 석사논문을 준비하던 1990년대 초였으니 벌써 이 분야를 연구한 지 20년이 다 되어간다. 이 기간을 거치면서 필자는 한결같이 19세기 음향학사를 주된 연구 분야로 삼아왔는데 연구의 대상은 서서히 변경되었다. 처음에는 석사논문을 위해 엉겁결에 헬름홀츠의 음향학을 연구 주제로 삼고 공부하다가 흥미를 느끼게 되었다. 음향학이라는 주제가 생활에 밀접한 관련이 있으면서도 정작 물리학과를 다니면서는 거의 공부한 적이 없는 낯선 주제였는데 그것을 공부하는 재미가 제법 컸던 것이다. 헬름홀츠의 『음의 감각』을 읽으면서 현대적인 어떤 책에서도 접하지 못했던 음향학의 깊은 지식을 접하는 즐거움을 누리며 그런 내용을 책으로 써서 세상에 알리고 싶은 충동에 사로잡혔다. 결국 음향학을 주제로 한 대중적인 책은 아직까지 쓰지 못하고 있지만 때가 되면 꼭 쓰려 한다.

헬름홀츠의 음향학에 대한 관심은 레일리의 음향학에 대한 관심으로 옮아갔다. 헬름홀츠가 독일을 배경으로 한 반면에 레일리는 영국을 배경으로 했는데 각각 10년 정도의 시간차를 두고 음향학을 선도하며 세계적인 석학으로 군림한 인물들이다. 헬름홀츠가 시작한 일을 레일리가 이어받아 더욱 발전시켰고 그에 따라 필자의 음향학사 연구도 석사논문에서 박사논문으로 급을 바꾸었다. 박사논문으로 레일리의 음향학을 주제로 삼아 연구하면서 이 주제가 거의 연구되지 않은 분야임을 알게 되었고 그로 인해 원전을 철저하게 분석하는 방식의 연구를 주로 하게 되었다. 필자가 하는 일은 아무도 가지 않은 곳에 길을 내는 일과 같아서 험난하기 이를 데 없었으나 그런 희소성이 필자를 국제 무대에 알릴 수 있는 기회를 부여했다. 레일리의 음향학에 대해서는 전 세계에서 가장 많이 연구한 사람이라고 자타가 공인할 수 있게 된 것이다. 서양인들도 레일리에 대해서 알고 싶어서 필자의 발표와 글에 주목하게 되었다. 이런 기회로 세계 수학사학계의 원로이신 그래턴-기네스(Ivor Grattan-Guinness) 교수를 알게 된 것은 국내에서만 공부한 필자의 안목과 시각을 크게 넓히는 계기가 되었다. 또 2004년 독일 오버볼파흐(Oberwolfach) 수학연구소에서 열린 워크숍에서 처음 만났던, 힐(G. H. Hill)과 브라운(E. W. Brown)의 달 이론에 권위자인 윌슨(Curtis Wilson) 교수는 미국을 방문해 레일리에 관련한 자료를 찾는 데 큰 도움을 주었을 뿐 아니라 영어로 쓴 논문을 찬찬히 읽고 서툰 영어에서부터 내용에 이르기까지 유익한 조언을 많이 해주었다. 이를 통해 필자는 레일리를 19세기 음향학에서 수리 음향학을 개척한 인물로서 새롭게 국제 학계에 부각시켰다.

이렇게 레일리의 음향학을 공부하면서 관심을 갖게 된 것이 19세기 미국의 음향학과 음향학자 메이어였다. 20세기 초에 미국의 음향학은 기술 분야로서 크게 약진하여 세계 음향학을 선도해나간다는 것이 톰슨(Emily Thompson)의 연구에 의해 잘 알려졌다. 그런데 19세기 전체를 둘러볼 때 미국에서는 이렇다 할 만한 음향학의 발전이 잘 보이지 않았다. 한편 레일리의 음향학을 연구하다가 레일리와 서신을 주고받은 인물 중에 미국의 음향학자 메이어가 있다는 것을 알게 되었다. 그러면서 메이어의 논문 여러 편이 유럽에서 출판되었음도, 그가 19세기 동안 미국에서 가장 활동적인 음향학 연구자였음도 알게 되었다. 그리하여 19세기 미국의 음향학을 메이어를 중심으로 살펴봄으로써 역사의 공백을 메우는 것이 필자의 후속 프로젝트가 되었다.

필자는 메이어와 관련된 자료를 얻기 위해서 미국을 방문했고 칼리지파크(College Park, MD), 시러큐스 대학(Syracuse University, New York), 프린스턴 대학(Princeton University, New Jersey), 뉴욕 공공도서관(New York Public Library) 등을 돌면서 메이어와 관련된 미출판 자료를 모았다. 미국의 음향학에 대해 살피기 위해서는 축음기와 전화기의 발명으로 대표되는 미국 음향 기술의 발전을 이해할 필요가 있었으며 관련 자료를 기록보관소, 도서관, 서점 등에서 구할 수 있었다.

당초에 메이어를 중심으로 연구를 수행하려 했으나 그보다는 연구의 범위가 더 커져서 19세기 미국의 음향학 전체에 대해 살펴보게 되었다. 19세기 미국의 음향학사에 대한 그림을 그린 사람이 없는 상황에서 메이어의 위치를 잡는 것이 불가능했기 때문이다. 그렇게 19세기 미국의 음향학 전반을 연구하다 보니 종래 유럽을 연구할 때와는 달리 새로운 지식의 창출뿐만 아니라 과학의 전래에 관심을 갖게 되었다. 미국은 한때 과학 후진국에서 과학을 전래받아 선진국으로 발돋움한 역사를 가지고 있었던 것이다. 또한 미국 음향학사는 과학과 기술의 활발한 상호작용을 볼 수 있는 분야임을 새롭게 인식하게 되었다. 이를 통해 과학과 기술의 관계에서 새로운 측면을 살피는 즐거움을 누리게 되었다.

이 연구서는 몇 년에 걸친 19세기 미국의 음향학과 음향학자 메이어에 대한 필자의 연구의 결실이다. 전 세계적으로 같은 주제의 연구가 이루어진 적이 없는 가운데 한국어로 이러한 연구서를 낼 수 있게 된 것을 기쁘게 생각한다. 조만간 더 진척된 연구가 영어로 세계무대에 알려지게 될 것이다. 아직 연구가 초기 단계에 머물러 있기 때문에 부족한 점이 많다. 그런 미비함은 앞으로 연구를 통해 보충해나갈 수 있을 것이라 믿는다.

이 연구가 가능하도록 지원을 해준 한국학술진흥재단에 감사하며 책이 잘 나올 수 있도록 도와준 도서출판 한울의 여러분에게도 감사드린다. 더불어 지금까지 필자에게 과학사를 가르쳐주고 연구하는 본을 보여준 여러 스승과 선배들께도 감사드린다.

무엇보다도 학문의 길을 택하게 하고 지속적으로 격려와 조언을 아끼지 않는 사랑하는 아내 최윤정과 우리의 기쁨이자 미래인 아들 구단열에게 이 책을 바치고 싶다.

제1장

서론

17세기에 일어난 과학 혁명을 통해 과학의 방법은 정립되었고 자연에 대한 믿을 만한 지식을 생산하기 위한 토대가 마련되었다는 믿음이 널리 확산되었다. 즉, 이전의 혼란스럽고 정체를 불러온 그릇된 방법을 청산하고 지식의 진보를 가속화시킬 수 있는 길이 열렸다는 믿음이 18세기에는 널리 확산되었다. 이런 방법론상의 혁신이 뉴턴 과학(Newtonian science)이라는 이름으로 널리 인식되었는데 이 일을 뉴턴(Isaac Newton, 1643~1727)이 홀로 성취해낸 것은 아니었다. 실로 그가 공언했듯이 '거인(giant)'들의 어깨에 올라섰기에 가능했던 일이었다.

과학은 실험과 수학이라는 강력한 지식의 수단을 확보함으로써 지난 3세기 동안 이전과는 대비되는 혁혁한 진보를 이룩했다. 이러한 지식상의 진보를 웅변적으로 지지해준 것은 과학이 응용된 기술의 출현이었고, 기술상의 눈부신 발전은 인간의 물질적 삶의 질을 현격하게 높임으로써 과학이 진보했다는 주장이 허황된 것이 아님을 보증해주었다.

실험의 방법은 모든 과학 지식을 검증하는 수단으로 확고한 지위를 부여받았고, 이 검증을 통과하지 못한 지식은 제한적으로만 받아들여졌다.

믿을 만한 실험적 수단의 기준에 대한 논란은 계속되었지만 발전된 계측 수단의 도입으로 실험 결과는 더욱 정확해지고 더 신뢰받기에 이르렀다. 이러한 방법론상의 발전으로 인해 경험에 대한 신뢰는 더욱 강해졌고 물질적인 대상만이 실험으로 접근 가능함이 널리 알려지면서 유물론적 가치 판단은 인간 지성을 지배하게 되었다. 또한 실험 기술의 발전은 기구의 제작 기술과 긴밀하게 맞물려 있었기 때문에 물적 수단의 확보가 실험의 성패에 중요한 조건이 되었고 물적 수단의 확보 여건에 따라 새로운 실험 과학의 진보를 받아들일 수 있는지 여부가 결정되었다. 그뿐만 아니라 실험 기구의 발전은 그 기구를 응용하는 기술 분야의 발전을 가져옴으로써 기술 혁신의 기초로서 과학의 입지를 더욱 굳건하게 해주었다.

실험을 통해 새로운 과학 지식을 창출하기 위해서는 실험 기구라는 물적 요건을 갖추는 것만으로는 충분하지 않았다. 기계와 인간의 원활한 상호작용, 곧 실험 기구를 다루는 인간의 숙련도가 실험 성과를 결정적으로 지배했다. 숙달된 실험의 수행은 마치 도제적 수련을 통해 기술을 연마해 나가는 것과 비슷해서 기구를 능숙하게 사용해 원하는 결과를 얻어내기 위한 훈련 과정이나 수련 과정이 요구되었다. 그러므로 많은 과학자들은 앞선 실험 테크닉을 습득하기 위해 뛰어난 실험 연구자에게 가서 일정 기간 수련을 쌓았고 다른 이들은 그러한 테크닉을 터득하기 위해 일정 기간 스스로를 훈련했다. 이는 실험 결과가 객관적으로 존재하는 자연물이기보다는 기계와 인간의 특이한 상호작용 속에서 창출되는 인공물임을 방증한다.

힘든 수련 과정을 요구함으로써 특정한 인간 집단의 과학 지식 창출이나 수용 과정에 실험으로 인한 진입 장벽이 존재하게 되었듯이, 또 하나의 근대 과학의 방법인 수학 또한 높은 수준의 수련 과정을 요구함으로써 낙후된 인간 집단이 수리 과학을 창출하거나 수용하는 것을 어렵게 했다. 자연이 수학적 설계를 지니고 있다는 믿음은 16세기 르네상스를 거치면서 많은 이들이 공유했는데, 그런 믿음은 케플러(Johannes Kepler, 1571~1630)나 갈릴레이(Galileo Galilei, 1564~1642)에 이르러 실질적 결실을 거두었다. 케플러는 천상계의 천체 운동을 타원이라는 수학적 도형으로 환원시켰고 부등속 운동의 법칙화를 이루었으며 가장 탁월한 천문 관측 데이터를 토대로 행성의 궤도와 운동을 연결하는 수학적 법칙을 수립했다. 그는 고대 그리스인이 가졌던 천상의 질서를 허물고 새로운 질서를 천상계에 부여함으로써 자신의 믿음을 입증했다. 한편 갈릴레이는 지상계에서도 마찰이 없는 이상적 상황에서 물체의 운동은 기하학적 도형으로 환원될 수 있음을 입증했다. 또한 자유 낙하하는 물체가 공기의 저항을 받지 않을 때 이동거리와 속도는 낙하 시간과 엄밀한 수학적 관계가 있음을 입증했다. 이로써 피타고라스(Pythagoras, BC 582?~BC 497?)의 믿음이 다른 방식으로 입증되기에 이르렀다. 이들은 자연 속의 수학적 질서에 대한 믿음으로부터 뛰어난 과학적 성취를 이룸으로써 자신들의 믿음을 정당화했다.

이들의 성취가 뛰어나다 하더라도 한 사람의 뛰어난 수학자가 포괄적인 자연의 법칙을 구축함으로써 인류의 지성사에 길이 남을 탁월한 업적을 이루지 않았다면 그들의 노고도 한갓 에피소드로 역사의 페이지 속에 묻혀버렸을지 모른다. 자연의 수학적 질서를 누구보다 신봉한 이 수학자는 단순한 수학적 공리를 세우고 그것으로부터 더 복잡한 정리를 증명하는 에우클레이데스(Eukleides, BC 300년경에 활동)의 수학적 연역법을 역학적 문제를 논의하는 데 그대로 채용했다. 그는 세 가지 운동 법칙을 세우고 모든 질량을 갖는 물체가 발휘하는 수학적인 형태의 힘을 상정하고 그것으로부터 연역적으로 구체적인 자연 현상을 유도했다. 그는 케플러의 행성 운동 법칙을 유도했고 달의 궤적을 풀어냈으며 조수 현상을 설명했다. 수학자 뉴턴의 성취는 이후의 과학에서 수학이 얼마나 중요한 역할을 하게 될지를 예고했다. 엄밀한 과학은 수학적으로 설명되거나 유도되거나 기술되어야 할 필요성을 갖게 된 것이다. 수학은 단순히 과학의 성격을 규정짓기만 한 것이 아니라 그 예측 능력으로 관찰되지 않은 현상을 예측하고 경험적 연구를 인도하는 기능을 하게 되었다. 뉴턴은 운동 방정식을 통해 그런 일을 시작했고 18세기를 거치면서 편미분 방정식이 주어진 조건으로부터 계의 운동을 예견하는 일을 시작했는데 그 작업이 매우 성공적이어서 다양한 분야로 이러한 해석학적 작업이 확장되었다. 아인슈타인의 말대로 "편미분 방정식은 물리학에 하녀로 들어와서 여주인이 되었다". 맥스웰의 방정식(Maxwell's equations)은 대표적인 편미분 방정식으로서 누구도 예상하지 못한 전자기파를 예견했고 그것은 현대적 통신의 총아이자 현대인의 필수품이 된 휴대 전화로부터 전자기적 요동을 발산하게 해주었다.

과학에서 수학의 중요성이 큰 만큼 수리 과학을 만들어내고 받아들이려는 열망도 컸다. 그렇지만 수학은 고답적 기품을 지닌, 지식이라 자격을 갖춘 자에게만 자신의 거룩한 신전에 들어오기를 허용하는 특성이 있음이 곧 드러났다. 체계적인 훈련 과정을 거친 사람들은 이 고매한 언어를 읽고 이해할 수 있는 능력을 갖게 되고 그로써 자연 속에 숨겨진 비밀을 훔쳐보고 해독할 수 있는 기쁨을 누리게 되었으나 그럴 기회를 얻지 못한 이들에게는 수학 자체가 넘보기 힘든 장벽이 되었다. 때로는 수학에 대해 천재적인 두뇌를 가진 소수의 사람들이 출현해 체계적인 훈련 과정도 없이 단지 뛰어난 수학자들이 남겨놓은 책을 독학함으로써 그 비밀의 세계에 들어가는 특권을 누리기도 했다. 이들은 탁월한 두뇌를 활용해 새로운 수학을 창조해내거나 자연의 새로운 수학적 질서를 찾아냄으로써 명예의 전당에 불멸의 이름을 남기곤 했다.

이와 비슷한 일이 하나의 문명권에서 다른 문명권으로 수리 과학이 전파될 때에도 일어났다. 체계적인 교육 시스템이 갖추어지지 않은 상황에서 섣불리 수학에 손을 댄 사람들이 눈앞을 아찔하게 하는 난해함에 질려 버려서 평생 수학과 담을 쌓고 지내는 일들이 비일비재했다. 수리 과학으로 가는 길에는 실험 과학으로 가는 길에 노정된 물질적 난관보다 더 심한 교육 시스템의 난관이 널려 있었다. 결국 이런 한계를 극복한 사람들은 타고난 수학적 두뇌를 가진 소수의 사람들이었다. 그들은 최소한의 가이드만으로도 길을 찾았고 대가들의 법전을 탐독했고 수학의 길을 보았고 그것을 가르치고 창조했다. 수리 과학의 전파에서 결정적으로 중요한 것은 체계적인 수학 교육 시스템을 구축하는 일이었다. 이러한 시스템을 구축하는 가장 빠른 길은 이런 시스템에서 교육받은 사람을 직접 데려오는 것이었다. 이러한 작업이 성공적으로 정착된 곳은 수리 과학의 정수를 이어받게 되었고 그들 스스로 창조자로서 특권을 누리게 되었다. 이런 일은 수리 과학이 계속 발전하는 한, 그리고 수리 과학이 계속 퍼져나가는 한 앞으로도 지속될 것이다.

이 책은 실험 과학과 수리 과학의 창조와 전파에 관한 이야기이다. 미국이라는 신대륙에 건설된 나라에 실험 과학과 수리 과학이 어떻게 전파되고 어떻게 정착해 그들이 창조자로 자라가게 되었는지를 서술하게 될 것이다. 이런 과정이 19세기부터 20세기 초에 걸쳐 급속하게 진행되었다. 이 책은 이 중요한 시기를 다룬다. 18세기만 해도 미국이라는 땅에서 실험 과학도 수리 과학도 거의 찾아볼 수 없었다. 미국이 독립한 이후에 과학을 창출하기 위한 인프라는 너무나도 열악했다. 유럽으로부터 배워야 할 것이 너무 많았고 새로운 영토의 특수성을 파악하기 위해서도 할 일이 많았다. 이러한 도전에 직면해 과학을 전수받고 유럽의 수준을 따라잡아서 과학의 창출자로 서기 위한 노력이 활발하게 전개되었다. 이 책에서는 그러한 치열한 싸움 가운데 음향학이라는 특수한 분야에 대한 이야기를 주로 다루지만, 필자의 시선은 항상 더 넓은 맥락을 염두에 두고 있을 것이다.

이 책에서 관심을 두고 살펴볼 또 하나의 문제는 과학과 기술의 관계이다. 자연에 대한 질서정연하고 체계적인 이해·설명·기술이라는 널리 받아들여진 과학의 정의를 채용하면 과학의 대상을 자연에 국한함으로써 인공물을 이해하기 위한 노력을 배제하게 된다. 일찍부터 기계에 대한 이해는 자연에 대한 이해를 얻으려는 사람들과 다른 계층의 사람들에 의해 추구되는 경우가 많았지만 원래부터 분리되어 있었던 활동은 아니었다. 이해의 대상이 자연이든 기계이든 인간은 물적 대상을 이해하기 위한 체계적인 노력을 일찍부터 강구했다.

인간이 문명을 건설하면서 인간 주위에는 항상 자연물과 인공물이 혼재하고 있었다. 처음에 인간은 그것들을 실질적으로 구분하지 않았고 광범위하게 사물에 대한 이해를 얻어내려고 노력했다. 이것은 일차적으로는 혹독한 자연으로부터 생존하기 위한 수단이었고, 더 나아가서는 인간 사회에서 다른 인간에 대한 주도권인 권력을 획득하기 위한 수단이었으며, 원초적으로는 인간의 본능적인 지적 호기심을 충족시키려는 노력이었다. 그렇기 때문에 과학과 기술은 처음부터 서로 긴밀하게 연결되어 있었다. 손을 쓰는 노동을 천시하는 문화권에서는 기계에 대한 이해를 하층민의 업무로 치부하면서 그 활동의 가치를 경시하는 풍조도 있었지만 자연의 이해와 인공물의 이해는 긴밀하게 닿아 있었다.

르네상스를 거치면서 과학과 기술이 긴밀하게 연결되고 실험이 과학 탐구의 방법으로서 확고한 지위를 점유하면서 자연과 인공물은 탐구의 대상으로 더욱 동등해졌다. 자연을 탐구하기 위해 실험 기구를 탐구하는 일이 자연스러워진 것이다. 기계나 무기 같은 인공물의 이해를 과학의 범주에 포함시키려는 태도는 자연조차도 인공물인 기계로 보려는 시각을 낳았다. 17세기의 기계적 철학은 자연을 거대한 기계로 보고 그것을 체계적으로 설명하려고 노력했다. 이렇게 되자 인공물의 이해와 자연의 이해는 더욱 차이가 나지 않게 되었다. 역학(mechanics)이라고 부르는 분야가 실제적으로 기계의 작동을 이해하기 위한 기초가 된 것이다. 힘과 운동, 속도와 가속도, 병진과 회전 등은 모두 기계의 동작에서 기본이 되는 것들이다. 기계를 이해하는 것은 기술의 발전을 위해 매우 요긴하지만 동시에 실험에 기계나 기구가 동원되는 상황에서 기계를 이해하는 것은 곧 실험의 성공적 수행과 직결되었다. 실험이 과학에서 차지하는 비중이 점점 커지면서 기술과 과학은 더욱 긴밀하게 연결되었다. 기술의 발전이 실험 기구의 향상을 가져오고 실험 기구의 향상은 곧바로 기술로 응용되는 일이 많았다. 실험 기구를 만드는 일 자체가 하나의 산업으로 자리를 잡기도 하면서 이 둘의 관계는 더욱 가까워지고 구분은 모호해졌다.

그럼에도 과학과 기술을 하나의 기준, 곧 물질적 대상에 대한 호기심의 충족 여부로 구분하면 겉보기에는 동일하게 보이는 작업조차도 그 동기에 의해 과학인지 기술인지 구분이 가능해진다. 현대적 상황에서는 실용성도, 경제적 이익의 창출도 과학과 기술을 나누는 기준이 되지는 못한다. 과학을 쉽게 가르치는 데 요긴한 교재를 집필하는 일이 실용성을 갖는다고 해서 과학 교재 집필을 기술로 분류할 수는 없고, 과학 논문을 많이 내면 그것이 연구자의 능력을 입증해 지위와 직장을 얻게 해주므로 과학 활동으로도 경제적 이익의 창출이 가능하기 때문이다.

이러한 기준으로 과학과 기술을 구분하고 과학과 기술의 상호작용을 들여다보면 시대와 지역마다 그 상호작용은 매우 다양한 양상으로 나타난다. 흔히 과학과 기술은 19세기 중반부터 현대적인 연합이 이루어졌다고 말한다. 유기화학과 전자기학 분야로부터 화학산업과 전기산업이 큰 도움을 받으면서 과학 기반 기술(science-based technology)이 출현해 기술 혁신이 과학의 도움으로 일어나는 일이 널리 퍼지게 되었고 기업체 연구소가 대학에서 과학을 전공한 인력들을 연구원으로 채용해 새로운 기술을 창출하는 일이 많아지게 되었다. 20세기에 들어서면서 다른 분야에서도 이러한 연합이 이루어졌고 과학과 기술의 행복한 랑데부가 지속되었다. 이러한 일이 어떻게 가능하게 되었는가를 살펴보면, 결국 과학의 수준이 향상되어 기술적인 문제의 해결에 도움을 줄 수 있게 된 것이 가장 주된 이유임을 알 수 있다. 과학의 성숙은 실험과 수학을 통해 이루어졌다. 물적 대상에 대한 체계적인 이해가 이루어지고 지식이 쌓이면서 기술상 부딪치는 다양한 문제를 해결할 수 있는 방법을 과학이 제공해줄 수 있게 되었다. 이로써 과학자들의 사고방식과 지식과 노하우가 기술상의 문제를 해결하는 직접적인 실마리를 제공할 수 있게 된 것이다.

20세기 말 유전공학의 혁명도 같은 맥락에서 해석할 수 있다. DNA에 대한 이해와 DNA를 다루는 실험 기술의 발달이 인간이 원하는 형질을 특정한 생물에서 창출하기 위해서는 어떻게 유전자를 조작해야 하는지 알려주었고 그것을 실제로 실행할 수 있는 기구와 테크닉을 제공해주었다. 전통적인 방식대로 상식적인 수준에서 사물을 이리저리 다루다가 시행착오를 거치면서 최적의 상태로 찾아내는 방식으로는 너무도 많은 시간이 걸려서 도저히 이르지 못할 목적지를 과학의 축적된 지식과 노하우로써 도달할 수 있게 해준 것이다.

기본적으로 기술은 네트워크의 산물이다. 과학 이론처럼 단순히 문자화된 지식의 총체가 아니다. 만약 세계가 핵전쟁으로 종말을 맞이해 문명의 흔적조차 사라졌을 때 겨우 살아남은 인류가 원시적인 상태에서 과학과 기술을 회복하려 할 때 무엇을 먼저 회복할 수 있겠는가? 운 좋게 파괴되지 않은 도서관을 찾아내면 과학 이론은 어느 정도 회복된다. 여기에서 회복이란 현대 과학이 알고 있는 물질적 대상에 대한 이해를 얻게 된다는 의미이다. 그러나 파괴되지 않은 자동차 공장을 찾아냈다고 해서 기술은 회복되지 않는다. 자동차 공장의 생산 라인을 가동시킬 동력 공급 네트워크도 없고 철이나 플라스틱 같은 원료를 공급해주는 원료 공급 네트워크도 없기 때문에 공장은 무용지물이 된다. 이렇게 기술은 작은 기술들이 얽혀서 만들어내는 네트워크의 산물이다. 한 사람이나 한 집단의 사람들에 의해서 가능해지는 것이 아니다. 여러 사람이나 여러 집단이 협력할 때 그 네트워크 속에서 기술은 탄생하고 유지된다. 과학이지만 기술에 더 근접해 있는 과학적 실행은 기술처럼 역시 회복하기가 쉽지는 않다. 과학적 실행을 회복하려면 과학 기구를 제작할 수 있어야 하고 그것은 기술이 개입하는 영역이기 때문이다. 그러므로 과학적 실행 또한 네트워크의 산물이라고 볼 수 있다.

또한 무엇인가를 물적으로 생산하는 것은 머릿속에서 이해에 도달하고 그것을 말로 설명하는 것과는 차원이 다르다. 기계를 작동시키기 위해서는 암묵적 지식(tacit knowledge)에 대한 접근이 필요하다. 그것은 단순히 말이나 글로써 전달되는 것이 아니라 직접 손으로 만지고 숙달시켜야 습득될 수 있는 지식이다. 그것이 없다면 아무리 좋은 기계와 기구를 가져다주어도 인간은 기술을 회복시킬 수 없다. 이런 기술의 속성은 실험 기구를 다룰 때에도 똑같이 문제가 된다. 동일한 실험 기구가 준비되었다고 하더라도 뛰어난 과학자가 얻은 실험 결과를 얻어내는 것은 쉬운 일이 아니다. 원하는 결과를 얻으려면 암묵적 지식을 얻어야 한다. 이를 위해서는 기술을 배우듯이 뛰어난 선생에게 실험하는 법을 배우거나 수많은 시행착오를 거치면서 스스로 습득해야 한다. 뛰어난 실험 과학자는 기술자처럼 새로운 실험 장치를 고안해내고 그 실험 장치를 옳게 사용하는 법을 익혀서 원하는 결과를 얻어낸다. 그렇기 때문에 실험을 통해 과학적 지식을 창출하는 과정은 기술의 과정을 그대로 빼닮았다. 그러므로 기술은 실험 과학으로부터 실질적인 유익을 얻는다.

그렇다면 수리 과학은 실험 과학에 비해 기술의 발전에 기여를 별로 못하는가? 그렇지 않다. 수리 과학은 기술의 시행착오를 줄여줌으로써 기술의 발전 속도에 큰 영향을 미친다. 수리 과학은 독특한 추상화와 예측 능력으로 기술을 돕는다. 가령 직경이 정확한 볼트를 깎아야 한다고 해보자. 선반의 날로 원통형 쇠막대를 깎을 때 열이 나면서 볼트의 직경이 변한다. 깎아놓았을 때에는 원하는 직경이었는데 식은 후에는 직경이 줄어든다. 그러므로 깎을 때 발생하는 열에 의해 어느 정도 직경이 늘어나는지를 예측해야만 한다. 이것은 수많은 시행착오를 거쳐 데이터를 축적시켜 알아낼 수 있다. 그렇지만 수리 과학은 볼트의 열팽창에 영향을 미치는 다양한 요소를 추상화한 후 그것으로 방정식을 세워서 해를 구해낸다. 이 과정에 많은 시간이 소요될 수도 있으나 한번 방정식을 세워놓으면 그와 유사한 다른 사례에 그대로 방정식을 활용할 수 있다. 변수의 의미를 바꾸어주면 기존의 방정식이 새로운 상황을 예측하는 기능을 한다. 또한 시행착오를 거치는 동안에 소모되는 노력과 물질의 낭비를 막을 수 있다.

이러한 수리 과학의 막강한 능력이 기술에 여실히 발휘된 사례가 우주선의 달 착륙이다. 여러 차례 로켓을 쏴보지 않고도 움직이는 목표물인 달까지 우주선을 단 한 번에 보낼 수 있었던 것은 수많은 수학적 계산 결과가 들어맞았기 때문이었다. 이상적으로는 수없이 많은 실험 결과를 누적시키면 계산 없이 그 일을 할 수는 있겠으나 거의 무한대의 시간이 소요될 것이므로 수학의 도움 없이 그 일을 실현시키는 것은 실질적으로 가능하지 않다. 우리는 과학과 기술이 관련을 맺는 다양한 측면을 19세기와 20세기 초의 음향학을 보면서 다시 확인하게 될 것이다.

현대의 음향학은 기술에 편향된 분야로 인식된다. 물리학 교과서에서 음향학에 관한 부분은 초보적인 내용만이 다루어지며 첨단 물리학에서는 더 이상 음향학을 연구 분야로 여기지 않는다. 오히려 음향학은 공학적인 분야에서 실용적인 기술을 창출하기 위해 활발하게 연구되고 있다. 그렇지만 19세기에 음향학은 물리학의 한 분야로서 확고한 지위를 확보하고 있었다.[1] 베버 형제의 『파동론(Wellenlehre)』은 파동과 진동을 다루는 과학 분야로서 음향 현상을 그 내용의 주된 부분으로 간주했다. 베버(Wilhelm Eduard Weber, 1804~1891)는 생리학자인 형과 함께 1820년대에 이 책을 쓰기 위한 기초 연구를 수행하면서 자신을 물리학자로 세상에 인식시키기 원했다. 십대 후반이었던 베버가 자신의 천재성을 여실히 드러낼 수 있는 분야로 파동, 특히 음향학적 현상에 관심을 기울인 것은 소리의 문제가 당시 물리학의 핵심적인 분야로서 인식되고 있었기 때문이었다. 전통적으로 음향학은 수학적인 탐구의 대상으로서 18세기부터 본격적으로 연구되고 있었기 때문에 베버의 선택은 합리적인 것이었다. 베버에게는 이러한

1 모든 음향학이 물리학의 범주에 속하는 것은 아니다. 소리의 발생과 전달에 관한 문제의 대부분은 물리학의 범주에 들어가나, 소리의 수용은 청각과 관련되어 있으므로 생리학의 영역이고, 음성의 발생과 관련된 부분도 목의 구조와 관련해 생리학의 분야에 속한다. 또한 소리의 지각과 관련된 문제는 심리학에 속한다.

수학적 탐구 대상에 대한 실험적 연구를 통해 현실과 부합하는 지식을 구축하려는 의도가 있었다. 그러한 전략은 상당 부분 적중해 베버는 이 책을 통해 독일의 물리학계에 자신을 물리학자로 각인시킬 수 있었고 머지않아 독일 최고의 수학자인 가우스(Johann Carl Friedrich Gauss, 1777~1855)와 함께 연구할 수 있는 특권이 부여되는 괴팅겐 대학의 물리학 교수좌를 차지할 수 있었다.

1860년대 말 레일리(3rd Baron Rayleigh, 1842~1919)가 물리학자의 길을 가기 위해 맥스웰(J. Maxwell, 1831~1879)이 전자기학에서 한 일과, 톰슨(William Thomson, 1824~1907)과 테이트(P. G. Tait, 1831~1901)가 역학에서 한 일의 모범을 따라 자신의 연구 대상으로 생각한 것이 음향학이었던 것 역시 우연이 아니었다. 일찍이 생리학자이자 해부학 교수였던 헬름홀츠(Hermann von Helmholtz, 1821~1894)가 물리학자의 경력을 쌓기 위해 음향학을 연구 분야로 택한 것과 같은 맥락이었다. 헬름홀츠는 음향학의 연구를 통해 독일 과학계에서 물리학자로서 자신의 탁월성을 입증할 수 있었고 1870년 독일 물리학계에서 최고의 자리로 여겨지는 베를린 대학의 물리학 교수좌를 차지할 수 있었다. 그런 점에서 레일리가 헬름홀츠의 본을 따라 음향학을 자신의 주된 연구 분야로 삼은 것은 영국에서 물리학자로서 성공 가도를 가기 위한 훌륭한 선택이었다. 수학적 연구와 실험적 연구가 조화를 이루는 연구 분야로서 음향학은 물리학의 핵심에 있었다.

이렇게 물리학의 핵심 부분에 있었던 음향학이 이로부터 벗어나는 조짐을 보인 것은 20세기 초였다. 1928년 세계 최초의 음향학회인 미국 음향학회(Acoustical Society of America)가 설립되면서 미국은 확실히 음향학 분야에서 세계를 선도해나갔다.[2] 미국 음향학회의 설립자들은 음향학적 지식을 기술적으로 응용함으로써 음향학을 큰 경제적 효과를 파급시키는 혁신적 기술의 원천으로 자리매김했다. 20세기 초 미국 음향학의 발전은 건축 음향학에서 소음 통제 기술이 핵심을 이루었고 이 기술의 기초를 놓은 새빈(Wallace Clement Sabine, 1868~1919)은 미국 음향학의 기초자로서 추앙받는다.[3] 새빈은 하버드 대학 물리학과에서 음악 홀의 음향학을 연구하면서 잔향(reverberation) 이론의 수식화에 성공함으로써 미국 음향학을 진일보시켰다. 이와 더불어 1870년대 미국에서 개발되어 엄청난 시장적 가치를 창출하게 될 전화기와 축음기는 20세기 초 음성을 전송하고 기록하는 기술을 개선하기 위해 엄청난 자본을 투입하게 만들었고, 이로써 미국 음향학은 이전과 비교할 수 없는 속도로 약진하게 된다.[4]

19세기 말과 20세기 초 미국 음향 기술의 발전은 미국 음향학이 19세기 동안 음향학을 선도했으리라는 추측을 낳는다. 그러나 19세기 동안 미국 음향학은 유럽의 수준에 비해 전반적으로 낙후되어 있었다. 오히려 앞서 말한 미국 음향 기술의 발전은 현대적인 미국 음향학의 창출이 이전의 유럽식 음향학과는 근본적으로 다른 토대 위에서 이루어졌음을 드러내준다. 그러므로 19세기의 미국 음향학의 역사를 살펴보는 것은 미국이 현대 음향학을 선도해가는 과정을 이해하는 데 중요한 토대가 되며, 왜 현대의 음향학이 물리학이 아니라 공학의 한 분야로 여겨지는지 이해할 수 있는 실마리를 제공한다.

19세기 미국 음향학의 역사에서 가장 널리 기억되는 인물은 헨리(Joseph

2 Robert T. Beyer, *Sounds of Our Times: Two Hundred Years of Acoustics*(New York: Springer, 1999), pp.232~233.

3 Emily Thompson, *Soundscape: Architectural Acoustics and the Culture of Listening in America, 1900-1933*(Cambridge: MIT Press, 2002), pp.33~44.

4 Jonathan Sterne, *The Audible Past: Cultural Origins of Sound Reproduction*(Durham & London: Duke University Press, 2003), Chapter 2.

Henry, 1797~1878)이다.[5] 그는 전자기학에서 이룩한 탁월한 업적과 더불어 음향학 분야에서 선구적인 업적을 낸 것으로 알려져 있다. 그렇지만 헨리의 업적은 대기 음향학과 건축 음향학 분야에 국한된다. 반면에 19세기 후반 미국 음향학자로서 중요한 연구 성과를 내놓은 메이어(Alfred Marshall Mayer, 1836~1897)는 거의 알려져 있지 않다.[6] 그는 유럽의 음향학을 폭넓게 이해하려고 노력했고 당시 음향학의 중심지인 유럽의 음향학계에서도 명성을 얻은 인물이었다. 19세기 후반 그를 제외하고는 미국의 음향학자로서 주목할 만한 연구자가 없다는 점은 그의 위치를 더욱 부각시킨다. 그는 미국을 활동의 근거지로 삼으면서도 끊임없이 유럽 음향학의 전통을 이어받으려고 노력했고 이를 실용적인 기술과 물리 교육에 접목시킴으로써 음향학을 미국에 토착화시켰다.

이 책은 지금까지 별로 연구된 적이 없는 메이어의 음향학과 19세기 미국 음향학의 역사를 살핀다. 메이어의 음향학의 성격과 성과를 제대로 이해하기 위해서는 19세기 미국 음향학의 성격을 다양한 측면에서 살피고 20세기 초에 그러한 미국 음향학의 성격이 어떻게 변하게 되는가를 살펴야 한다. 이를 통해 메이어를 19세기 미국 음향학의 역사 속에 자리매김하고 19세기 미국 음향학을 유럽 음향학과 연결시켜 이해하게 될 것이다. 이

5 Beyer, *Sounds of Our Times: Two Hundred Years of Acoustics*, pp.104~108.

6 정작 미국 음향학자인 베이어(Beyer)는 저서에서 메이어의 업적에 대해 제대로 다루지 않았다. Beyer, Ibid., pp.138, 153, 210. p.138은 메이어의 업적과는 무관한 인용이고, p.153은 차폐에 대한 메이어의 업적을 간단히 소개했고, p.210은 다시 p.153의 언급을 반복한 것뿐이다. 에밀리 톰슨은 그녀의 저서에서 19세기 음향학을 요약하면서 — 주로 건축 음향학에 초점을 맞추었기 때문이겠지만 — 메이어에 대해서는 언급조차 하지 않는다. E. Thompson, *Soundscape: Architectural Acoustics and the Culture of Listening in America, 1900-1933*, pp.18~33.

를 위해 메이어 자신이 유럽의 음향학과 어떠한 관계를 맺었는지 살피게 될 것이다. 그리고 19세기 미국 음향학이 20세기로 들어오면서 변모한 새로운 미국 음향학과 어떤 관계를 갖게 되는지를 살필 것이다.

이 책의 내용에서 19세기 미국 음향학과 메이어는 양대 축을 이룬다. 당초에 이 연구는 메이어가 19세기 미국 음향학의 발전에 기여한 바를 살피는 것을 주된 목표로 삼았지만 19세기 미국 음향학의 특수한 성격으로 목표를 바꾸게 되었다. 우선 메이어가 19세기 미국 음향학에 끼칠 수 있었던 제한된 영향력을 밝혀내고 미국 음향학의 독특한 성격을 규명한 후 그런 성격이 20세기로 접어들면서 변화하게 된 과정을 밝혀 메이어를 왜 19세기 미국 음향학의 대표자로 평가해야 하는지를 제시할 것이다.

19세기 내내 미국 음향학은 유년기를 벗어나지 못했지만 20세기 초 세계 음향학을 주도할 준비 단계를 거치고 있었다. 이 책은 그러한 싹이 무엇이었는지를 살피고 그러한 변화를 일으키게 된 요인이 무엇인지를 밝혀낼 것이다. 그러므로 책 제목에서 '19세기'라고 시기를 한정했으나 실제로는 미국 음향학회가 설립되는 1920년대 말까지를 다루게 될 것이다. 이미 1910년대 미국 음향학은 새로운 단계로 진입했으나 그러한 변화가 확실하게 나타난 것은 1920년대이므로 이 시기를 포함시키는 것이 미국 현대 음향학의 변천을 제대로 다루는 길이라고 생각한다.

이 책을 집필하는 데 의지한 자료가 주로 1차 사료라는 점은 특기할 만하다. 미국 음향학이나 메이어의 음향학에 대한 연구가 거의 전무하다시피 하기 때문에 참고할 자료가 극히 부족한 것이 원인이기도 하지만 1차 사료를 철저히 고증함으로써 사실에 입각한 역사를 서술하겠다는 의도도 반영되어 있다. 19세기 미국의 음향학의 상황을 알기 위해 광범위하게 출판 자료와 미출판 자료를 참고했다. 여러 사료에서 언급되는 단편적인 당시 상황들을 얽어서 역사를 구성했다. 저서, 논문, 논문집, 연구 노트, 서신을 비롯해 연설문, 보고서, 교재, 부고기사, 주문서, 강의 노트 등 다양한 자료가 인용되었다. 결국 이 연구 작업의 성패는 얼마나 광범위하게 필요한 자료를 구할 수 있느냐에 달려 있었다. 적은 자료로는 빈약한 서술만이 가능할 뿐이며 풍부한 자료만이 당시의 상황을 더 사실적으로 이해할 수 있게 해준다. 현재의 연구는 충분한 자료를 바탕으로 했다고 말하기는 어려우나 19세기 미국 음향학과 메이어에 대해서 일관된 논의를 전개할 수준은 되므로 이후에 더 심화된 연구를 위한 기초적 연구로서 그 가치를 인정받을 수 있을 것이다.

제2장

음향학의 약사

1. 18세기까지의 음향학

음향학의 기원을 따라 올라가면 원시 사회에서 의례를 위해 사용되었던 악기가 나온다. 원시인들이 의례에서 음악을 중요한 요소로 삼았다는 것은 그들이 소리와 악기에 대해 그 나름대로의 이해를 도모했음을 보여준다. 그들이 제작한 타악기나 관악기는 큰 소리를 내기 위한 울림의 구조를 가지고 있어서 소리를 울리기 위한 기본적인 이해에 이들이 도달했음을 보여준다. 악기뿐 아니라 사람의 목소리도 음향학적 관심의 대상이었다. 다양한 분절적 발성을 통해 식별 가능한 소리를 만들어내는 것이 의사소통의 주된 요소이므로 입 모양과 발성의 관계에 대해 사람들은 일찍부터 관심이 많았다. 또한 음률을 넣어서 만든 노래는 사람의 감정을 싣기 위한 적절한 음의 배열을 부여받음으로써 음높이(pitch)와 화음에 대한 그 나름의 이해를 얻어나가는 매개체가 되었다.

모든 문명권에서 악기와 노래는 고유한 음률을 바탕으로 독자적인 발전 과정을 거치면서 소리를 이해하려는 동기를 제공했다. 음향학에서 다른 소리보다도 악음을 연구의 핵심에 놓게 된 것은 음악이 예술적 활동으로서 인류의 시작과 함께 존재하게 된 것과 관계가 깊다.

서양에서는 고대 그리스 시대부터 소리에 대한 체계적인 이해를 도모하려는 움직임이 있었다. 기원전 6세기에 탄생한 피타고라스의 화성학(harmonics)은 소리 과학의 기초가 되었다. 세계의 수학적 기초에 믿음을 가지고 있었던 피타고라스학파는 화성(harmony)에서 우주의 수학적 설계에 대한 실례를 발견하기를 원했다. 그러다가 대장장이의 망치질 소리에서 망치의 무게가 간단한 정수비를 이룰 때 듣기 좋은 화음이 만들어지고 복잡한 정수비를 이룰 때 듣기 좋지 않은 화음이 만들어진다는 것을 발견하기에 이르렀다. 또한 일정한 장력과 굵기를 갖는 두 가닥의 현은 그 길이의 비가 간단한 정수비를 이룰수록 듣기 좋은 협화음(consonance)을 이루고 그 길이의 비가 복잡해질수록 듣기에 불쾌한 불협화음(dissonance)을 이룬다는 것을 발견했다. 이는 인간의 감각과 자연의 수학적 질서가 연관되어 있다는 최초의 발견이었다. 피타고라스의 수학적 세계관이 16세기 이후 근대 과학의 발전에 지대한 영향을 끼친 점을 고려할 때 소리의 과학은 근대 과학의 형성에 핵심적인 역할을 했다고 말할 수 있을 것이다.

중세를 거치면서 성당 학교와 수도원 학교 그리고 중세 초기 대학의 교양학부 커리큘럼에서 핵심적인 과목이었던 4과(quadrivium)[1]에 음악, 곧 화성학이 있었던 것은 음향학의 역사에서 중요한 의미를 갖는다. 중세를 거치면서 악곡을 만들기 위한 기초로서 서양의 음계는 피타고라스의 화성학을 채용했다. 좋은 화음을 만들어내는 완전 5도(현의 길이의 비가 2:3인 동등한 특성의 두 현에서 나오는 소리의 관계)의 음정을 기본음에 계속 쌓아가

1 중세 교양 학문인 3학(trivium)은 라틴어, 논리학, 수사학을, 4과(quadrivium)는 산술, 기하학, 천문학, 음악을 일컫는다.

는 방식으로 '도-솔-레-라-미-시-파-도'의 음을 정해 모두 한 옥타브 안에 넣게 되면 서양의 전형적인 7음계가 만들어진다(이 과정에서 시-파는 완전 5도를 이루지 못한다). 이렇게 음을 옮길 때에는 동음(unison)을 제외했을 때 가장 단순하고 잘 어울리는 두 음의 관계, 곧 길이의 비가 1:2인 동등한 특성의 두 현에서 나오는 음 사이의 관계인 옥타브(octave)를 이용했다. 시-파가 완전 5도를 이루지 못한다는 사실 때문에 피타고라스의 음계는 음과 음 사이의 협응관계를 가장 중요시하면서도 여전히 결함을 가지게 되었고, 악기의 특성, 시대, 무엇을 중시할 것이냐에 따라 음의 위치를 조정하는 정률(temperament)에 의해서 다른 음계가 만들어지게 되었다. 이러한 정률을 이해하기 위한 기초로서 수학은 매우 중요한 요소였기 때문에 화성학은 중세 대학에서 수학적인 교양 과목으로 이해되었다.

17세기에 들어오면서 소리에 대한 과학적인 접근이 시도되었다. 이것은 소리에 대한 연구가 수학의 한 분야인 화성학에서 벗어나 과학의 한 분야가 되는 과정이었다. 갈릴레이는 현의 진동수와 음높이 사이의 정량적 관계를 구축했다. 그는 소리가 파동이며, 파동의 진동수가 곧 소리의 음높이를 결정하는 요소라는 것을 분명히 했다. 완전 5도는 진동수의 비가 2:3인 두 소리 사이의 음정이었고 옥타브는 진동수의 비가 1:2인 두 소리 사이의 음정이었다. 즉, 피타고라스가 밝힌, 현의 장력과 굵기가 같을 경우 현의 길이는 그 현에서 나오는 소리의 진동수에 반비례한다는 것을 하위헌스(Christiaan Huygens, 1629~1695)는 현의 길이 l, 장력 μ, 현의 선밀도 ρ가 진동수 ν와 이루는 수학적인 관계 $\nu = \frac{1}{l}\sqrt{\frac{\mu}{\rho}}$를 실험을 통해 정립했다. 이 수학적 관계는 갈릴레이의 낙하의 법칙과 더불어 최초로 수립된 수학적 물리 법칙이었다는 점에서 의의가 크다. 피타고라스의 수학적 이상이 현실의 문제에 구체적으로 표출된 첫 사례였기 때문에 이 식은 이후 수학적 자연관을 구축하는 데 토대와 같은 역할을 수행했다고 할 수 있다.

이러한 믿음의 연장선상에서 케플러는 천상의 행성 궤도를 음계를 통해 이해하려는 시도를 했다. 그는 우주가 수학적 설계를 지니고 있다고 그 누구보다도 철저히 믿었기 때문에 평생 동안 행성의 운동을 수학적으로 기술해내려는 치열한 노력을 경주했다. 그러한 그의 노력 이면에서 천상계의 수학화 작업에 가이드 역할을 한 것이 화성학이었다. 그는 태양을 중심으로 한 천상계 행성들의 운동과 궤도를 음계를 통해 이해하려고 했다. 훅(Robert Hooke, 1635~1703)도 자연의 질서를 이해할 수 있는 열쇠로서 진동에 주목했는데, 그의 자연철학은 음향학적 우주관이라고 부를 수 있을 정도로 소리의 세계로부터 자연 전체의 질서를 구축해내려는 광범위한 노력을 담고 있다.

소리 자체의 다양한 측면을 이해하려는 구체적인 실험적 노력도 본격화되었다. 갈릴레이는 초보적인 방법으로 음속을 측정하려 시도하면서 이후 수세기 동안 지속된 음속 측정의 첫 테이프를 끊었다. 보일(Robert Boyle, 1627~1691)은 진공 용기 속의 시계 소리가 들리지 않는 것으로부터 소리가 공기를 매질로 삼아 전달된다는 것을 밝혔다. 한편 음속에 대한 수학적 이해를 도모하는 첫 성과가 뉴턴에 의해 이루어졌다. 뉴턴은 독특한 이론적 추론 과정을 거쳐 음속을 유도했는데 0℃일 때 값인 280m/s는 그 당시에 측정된 값과 비교해 16%가 작았기에 어느 정도의 성공이었던 반면에 오차를 줄여야 하는 과제를 노정시켰다.

18세기로 들어오면서 소리의 과학적 연구는 새로운 국면을 맞이했다. 음향학(acoustics)이라는 말이 처음으로 사용되기 시작했는데, 이것은 음악에 도움을 주기 위한 음에 대한 과학적 탐구 과정을 지칭하는 것이었다. '음향학자(acoustician)'란 파리 과학 아카데미의 제3부 중 음계와 정률을 연구하는 수학적인 그룹의 구성원을 지칭하는 말로 처음 사용되었다. 한편, 뉴턴의 뒤를 이어 다양한 진동계의 수학화 작업이 활발하게 전개되었다. 달랑베르(Jean Le Rond d'Alembert, 1717~1783), 오일러(Leonhard Euler, 1707~1783), 테일러(Brook Taylor, 1685~1731), 베르누이(Daniel Bernoulli, 1700~1782) 같은 수학자들이 편미분 방정식을 사용해 현, 막대, 막, 판 등 다양한 진동계의 운동을 해석하기 시작했다. 이로써 해석학(analysis)은 새로운 물리과학 분야로서 자리 잡게 되었고 미분 방정식을 취급하는 수학적 방법이 물리적 세계의 이해와 긴밀히 맞물리면서 발전했다.

2. 19세기 유럽 음향학

19세기에 이르러 소리에 대한 연구자들의 관심은 크게 증폭되었다. 이러한 증폭의 계기가 된 것은 클라드니(Ernst F. F. Chladni, 1756~1827)의 실험이었다. 클라드니는 금속판에 모래를 떨어뜨리고 금속판의 테두리를 바이올린의 활로 켰을 때 모래가 흩어지면서 만들어내는 무늬에 주목했다(<그림 2-1>). 판의 진동 모드에 따라 소리와 무늬의 모양은 달라졌고 이런 현상은 많은 지성인의 관심을 끌었다. 동일한 실험의 재현이 계속 이어졌고 무늬의 형성을 수학적으로 해석하려는 노력도 나타났다.

이러한 움직임에서 두드러진 성과를 낸 인물은 제르맹(Sophie Germain, 1776~1831)이었다. 그는 이 문제와 관련해서 파리 과학 아카데미에서 공모한 문제를 해결함으로써 상금을 받았다. 하지만 제르맹이 경계 조건을 잘못 부여해 오답에 이르렀음을 알아낸 인물은 키르히호프(Gustav Kirchhoff, 1824~1887)였다. 이렇게 실험 결과를 이론적으로 해석하려는 노력이

<그림 2-1> 클라드니 무늬

출처: J. Tyndall, *Sound*(New York: Collier, 1905), p.181.

수학적 해석학의 발전에 힘입어 본격적인 결실을 거두기 시작했다.

실험 결과를 이론화하려는 노력은 뉴턴이 기초를 놓은 음속 유도에서도 나타났다. 이 분야에서 라플라스(Pierre-Simon Laplace, 1749~1827)는 두드러진 성과를 내놓았다. 라플라스는 뉴턴의 음속 유도가 상당한 오차를 내게 된 이유는 소리가 전달되기 위해 일어나는 공기의 압축과 팽창을 등온 과정으로 본 것에서 비롯되었다고 보고 이 압축과 팽창 과정은 매우 짧은 시간 동안에 일어나기 때문에 단열과정으로 보아야 한다고 생각했다. 그리하여 그는 음속을 추정하려면 압력이 일정한 상태에서 측정한 비열(정압 비열)을 부피가 일정한 상태에서 측정한 비열(정적 비열)로 나눈 값인 비열비를 고려해야 한다고 생각했다. 라플라스는 당시에 알려진 비열비의 측정값을 사용해 뉴턴의 식을 고쳤을 때 그 값이 당시에 알려진 음속의 측정값에 더욱 근접함을 확인했다.

19세기 동안 수행된 많은 음향학 실험 연구는 수학화의 이론적 작업과는 무관하게 자체적인 동기에 의해서 이루어졌다. 특히 악음의 본성을 알아내려는 노력은 음향학 연구의 주된 축을 이루었다. 이른바 음악 음향학(musical acoustics)은 악기의 개량과 정률, 음높이의 절대 기준의 설정 등 음악을 과학적 기초 위에 세우려는 노력을 일컬었다. 이러한 노력은 악기 제작자, 음악 이론가, 대학 소속의 과학자 등에 의해 이루어졌다. 그들은 소리굽쇠나 오르간 파이프 등으로 소리의 본성에 대해 실험했다.

이러한 노력의 두드러진 성과는 샤이블러(Johann H. Scheibler, 1777~1837)에 의해 이루어졌다. 그는 1830년대에 악음의 절대적인 음높이를 재는 확실한 방법을 고안했다. 그것은 맥놀이에 의해 서로 4cps[2]의 진동수 차이를 갖는 소리굽쇠를 연속적으로 제작하는 것이 핵심이었다. 이러한 방법으로 한 옥타브를 완전히 채웠을 때 가장 낮은 진동수의 소리굽쇠와 가장 높은 진동수의 소리굽쇠 사이의 진동수 차이는 곧 가장 낮은 진동수의 소리굽쇠 진동수와 일치했다. 그는 임의의 진동수를 가진 소리굽쇠에서 시작해 4cps씩 진동수를 높여가며 56개의 소리굽쇠를 만들었을 때 56번째 소리굽쇠가 최초의 소리굽쇠보다 한 옥타브 높은 음을 갖는다는 것을 알 수 있었다. 최초의 소리굽쇠와 마지막 소리굽쇠의 진동수 차이가 220cps(=55×4cps)이므로 가장 작은 소리굽쇠와 가장 큰 소리굽쇠의 진동수가 두 배 차이 난다면, 각각

2 cps는 cycles per second의 약자로 초당 진동수를 의미한다. 당시에 널리 사용되던 진동수의 단위였는데 오늘날의 Hz에 해당한다. 이 책에서 다루는 내용은 Hz가 진동수의 단위로 쓰이기 이전이므로 모두 cps를 사용한다. 당시 프랑스에서는 진자의 진동수를 셀 때 왕복을 1회의 진동으로 세지 않고 2회의 진동으로 셌기 때문에 다른 나라에서 세는 방식과 구분하기 위해서 프랑스의 방식을 single vibration per second라고 하고 일반적인 방식을 double vibration per second라고 부르기도 했다. 여기에서 나온 약자인 d.v.를 진동수의 단위로 쓰는 일도 있었지만 이 책에서는 Hz의 의미로 쓰인 진동수나 주파수의 단위는 모두 cps라 통일한다.

의 진동수는 220cps와 440cps임을 알 수 있다. 샤이블러 방법의 핵심은 1초에 네 번의 맥놀이를 정확하게 재는 데 있다. 그런 식으로 샤이블러는 정확한 진동수를 갖는 소리굽쇠를 만들 수 있었다. 소리굽쇠의 정확한 진동수를 알 수 있게 된 것은 이후 음향학의 정량화에 중요한 기여를 했다.

유럽에서 실험 음향학의 연구 전통은 19세기 후반에 틴들(John Tyndall, 1820~1893)과 쾨니히(Rudolf König, 1832~1901)에 의해 확실하게 이어졌다. 틴들은 대기의 상태와 음원에 따라 매질로서 대기의 소리 전달 능력이 어떻게 달라지는가를 연구하는 대기 음향학 분야를 개척했고 민감한 불꽃(sensitive flame)을 음향의 국소적 검출기로 확립시켰다. 그는 다양한 음향학 실험 연구를 수행해 음향학 실험의 영역과 가능성을 넓혀놓았다. 또한 그는 1867년 『소리에 관하여(On Sound)』를 출간해 당시까지 이루어진 음향학 실험 연구의 성과를 정리했다. 탁월한 음향학 실험 기구 제작자로서 음향학 실험 연구에 크게 기여한 쾨니히는 독창적인 실험 연구자이기도 했다. 그는 헬름홀츠를 비롯한 당시 유럽의 유명한 음향학자들을 상대로 실험 기구를 제작·판매했고 탁월한 정밀성을 가진 그의 소리굽쇠는 표준적인 음향학 실험 기구로서 확고한 자리를 점유했다. 그는 수십 개의 크고 작은 소리굽쇠로 이루어진 측음계(tonometer)를 제작했을 뿐만 아니라 정밀한 시간 측정 장치인 소리굽쇠 크로노미터(tuning fork chronometer), 공기의 빠른 진동을 회전 거울에 의해 가시적으로 볼 수 있게 해주는 불꽃 표시 장치 등을 개발해 음향학 실험 연구의 정밀성을 증진시키는 데 기여했다. 그는 타르티니(Tartini) 음[差音]의 기원에 대해 헬름홀츠와는 다른 입장에 서서 논쟁을 벌였다. 타르티니 음은 서로 다른 진동수의 순음을 동시에 울릴 때 두 음의 진동수 차이만큼의 진동수를 갖는 음이 들리는 것을 말한다. 이 값이 기본적으로 맥놀이 진동수와 같다는 점에서 타르티니 음과 맥놀이는 공통점이 있으나, 맥놀이가 유사한 진동수를 갖는 두 음 사이에서 소리의 세기가 변화하는 현상인 반면에 차음은 유사하지 않은 진동수에서 발생하며 소리의 세기가 변화하는 것이 아니라 실제 소리가 들린다는 점에서 차별화된다. 이에 대해서 헬름홀츠는 차음은 귓속에서 일어나는 비조화적 꼬임 현상이라고 주장하면서 영(Thomas Young, 1773~1829)과 제벡(August Seebeck, 1805~1849)이 주장한 맥놀이 이론을 거부했다. 그러나 쾨니히는 맥놀이 이론을 부활시키면서 차음은 맥놀이 진동수가 매우 커서 소리처럼 들리는 현상이라고 보았다.

쾨니히와 헬름홀츠의 논쟁을 더 잘 이해하려면 맥놀이에 대한 쾨니히의 조직적인 실험 연구에 대해서 알아볼 필요가 있다. 쾨니히는 74cps와 40cps의 소리가 함께 울리면 두 진동수의 차에 해당하는 초당 34회의 맥놀이가 생기는 것을 확인했다. 그는 이것을 '미달 맥놀이(inferior beat)'라고 불렀다. 쾨니히는 이것 말고도 6회의 맥놀이도 동시에 검출했다고 주장했다. 이것은 둘 중에서 작은 진동수를 갖는 40에 2배를 해 얻은 80과 74의 차인 6을 진동수로 갖는 맥놀이가 생긴다는 것이다. 그는 이것을 '초과 맥놀이(superior beat)'라고 불렀다. 그는 이러한 관계에 있는 맥놀이가 여러 범위에서 발생한다는 것을 실험적으로 검증했다고 주장했다. 그는 한 진동수를 낮은 상태로 두고 다른 진동수를 몇 옥타브씩 올렸을 때 다른 주기에서 이러한 관계를 발견하기도 했다. 가령 100cps와 512cps의 음을 동시에 울리면 초당 12회와 88회의 맥놀이가 생긴다는 것이다. 이것은 100을 5배한 것을 512에서 빼면 12가 나오고 100을 6배한 것에서 512를 빼면 88이 나오기 때문이다. 전자는 미달 맥놀이에 해당하고 후자는 초과 맥놀이에 해당한다. 그런데 이런 맥놀이가 모두 들리는 것은 아니었다. 그는 어떤 맥놀이가 들리는지에 대한 규칙을 세웠다. 그는 미달 맥놀이를 낮은음의 진동수 절반보다 클 때 들었다.[3] 그렇지만 헬름홀츠는 쾨니히가 512cps와 100cps의 진동수를 갖는 음에서 초당 12회의 맥놀이를 듣는 것은 상부분음(upper partial)에서 생기는 것이라고 주장했다. 헬름홀츠는 쾨니히가 엄청나게 많은 실험을 수행해 얻은 결과에 대해 간략하게 답변함으로써 그러한 결과들이 부적절하다는 인상을 주었다.[4]

쾨니히는 이러한 자신의 규칙을 그가 '맥놀이 음(beat tone)'이라고 부른 것을 설명하는 데 사용했다. 맥놀이 음은 빠른 진동수의 맥놀이가 하나의 음으로 융합된 것을 말한다. 영이 처음으로 이것을 제안했는데 쾨니히는 그의 견해를 다시 부활시켰다. 쾨니히는 2,048cps와 2,304cps의 음을 동시에 울리면 256cps의 맥놀이 음이 생긴다고 했다. 그것은 헬름홀츠가 구축한 조합음(combination tone) 개념을 대치하려는 것이었다. 처음에 두 기본음의 진동수 차를 구하면 그것은 미달 맥놀이에 해당하는데, 맥놀이 음은 다른 음과 상호작용해 제2의 맥놀이를 만들어낼 수 있었다. 이것은 헬름홀츠의 조합음들이 서로 또는 배음(harmonic)들과 맥놀이를 일으킬 수 있는 것과 비슷했다. 그렇지만 쾨니히와 헬름홀츠는 전혀 다른 음의 존재를 예견하기도 했다. 헬름홀츠는 조합음의 일종인 합음(summation tone)의 존재를 예측하고 그것을 검출했다. 두 가지 기본음의 진동수 합을 진동수로 갖는 음이 합음이다. 또한 헬름홀츠는 조합음으로부터 고차의 조합음이 존재할 수 있다고 예견했고 그것들을 검출했다. 반면에 쾨니히는 '초과 맥놀이 음'과 높은 주기의 맥놀이 현상에서 다른 음들을 예견했다.

이들의 견해 차이는 실험으로 해소되지 않았다. 왜냐하면 논쟁이 되는

3 David Pantalony, "Rudolf König's Workshop of Sound: Instruments, Theories, and the Debate over Combination Tones," *Annals of Science*, 62(2005), pp.57~82 on pp.71~72.

4 Ibid., p.75.

음들은 공명기나 막을 써서 검출하기가 매우 어려웠기 때문이었다. 쾨니히의 견해로는 조합음 또는 맥놀이 음은 전적으로 주관적이기 때문에 공명기를 써서 검출할 수 없었다. 그러나 헬름홀츠는 조합음은 객관적으로 존재하므로 공명기나 막으로 검출이 가능하다고 주장했다. 물론 헬름홀츠는 그것이 청자의 외이에서 만들어질 수 있다는 것을 받아들였다. 또한 그는 그의 수학적 유도에 의하면 이 문제를 기술하는 미분 방정식의 비선형 때문에 이런 음들이 생겨났다고 주장했다. 그러나 쾨니히는 헬름홀츠가 사용한 기구들이 너무 많은 배음을 내놓기 때문에 가짜 조합음이 생겨난다고 비판했다. 그는 자신이 순음을 내는 소리굽쇠를 사용하는 반면, 헬름홀츠는 이중 사이렌(double siren)이나 리드 파이프(reed-pipe)를 사용하기 때문에 문제가 된다고 주장했다.[5] 쾨니히와 헬름홀츠의 논쟁은 실험 음향학이 높은 수준으로 진전되면서 이론적 해석을 둘러싸고 나타난 불일치였다. 두 권위자의 의견 불일치는 쉽게 해소되지 않았고 다음 세대 음향학자에게 넘겨졌다.

쾨니히와의 논쟁은 차치하고도 헬름홀츠가 유럽의 음향학의 흐름에 미친 중요한 영향은 과소평가될 수 없다. 헬름홀츠는 생리적인 문제로부터 음향학에 접근했다. 그는 청각의 문제로부터 시작해 소리의 본성에 관한 문제로 나아갔다. 헬름홀츠는 환원주의적 생리학의 관점에서 인간의 생리적 기능이 물리적·화학적 작용에 의해 이루어진다는 입장을 피력했다. 그는 청각이 물리적인 현상인 공명에 의해 이루어진다고 주장했다. 그는 내이의 달팽이관에 피아노 현과 같은 공명기가 있어서 그것의 선택적 공명에 의해 음에 대한 감각이 이루어진다고 주장했다. 그는 처음에는 코르

5 Ibid., pp.72~73.

티 막대(Corti's rods)를, 나중에는 기저막의 가로섬유를 청각적 공명기관으로 파악했다. 그는 각기 다른 고유의 진동수를 갖는 공명기들이 귓속에 들어 있어서 들어오는 소리에 대해 선택적인 공명을 하고 그러한 공명기의 진동을 청신경이 감지하는 방식으로 사람이 음을 감각한다는 이론을 제시했다.

이러한 헬름홀츠의 청각 이론에 중요한 이론적 토대를 제공한 것은 푸리에(Jean Baptiste Joseph Fourier, 1768~1830)의 정리와 음향학의 옴(Georg Simon Ohm, 1789~1854)의 법칙이었다. 푸리에는 1820년대 모든 형태의 파형이 여러 진폭과 진동수를 갖는 사인 곡선들의 합에 의해 분해 가능하다는 수학적인 이론을 제시했다. 이에 따르면 복잡한 음파의 파형도 단순한 단진동의 조합으로 표현할 수 있었다. 헬름홀츠는 복합음을 구성하는 사인파 형태의 음을 부분음(또는 배음)이라고 불렀다. 1858년 옴은 사람이 복합음을 들을 때 그것을 부분음으로 분해해 부분음 각각을 감각한다는 이론을 제기했다. 옴은 어떤 경험적 증거를 갖지 못한 채로 수학적 추론에 의해 이런 가설을 제시했는데 이에 대해 제벡과 같은 전문적인 음향학자는 반대 입장을 표명했다.

헬름홀츠는 생리학자의 입장에서 소리 문제에 관심을 갖기 시작했지만 공명기를 사용해 부분음을 분해하는 작업을 성공적으로 수행함으로써 옴의 법칙 증명에 한 걸음 다가섰다. 헬름홀츠가 사용한 것은 가운데가 부풀어 있고 넓은 입구와 좁은 입구가 있는 유리 공명기였다. 넓은 입구에 복합음을 주입할 때 그 복합음 속에 유리 공명기의 고유 진동수와 같은 진동수를 갖는 부분음이 있으면 공명기의 공기는 진동했고 같은 진동수의 부분음이 포함되어 있지 않으면 공명기의 공기는 공명하지 않았다. 공명기의 진동 여부는 공명기의 좁은 입구를 귀에 꽂아서 확인할 수 있었다. 이로써 헬름홀츠는 부분음이 물리적 실체로서 객관적으로 존재한다는 것을 증명할 수 있었다.

공명기를 사용해 음을 분석할 수 있게 되자 헬름홀츠는 모든 악음을 가장 낮은 진동수의 부분음인 기음과 기음의 정수배 진동수를 갖는 배음들의 합으로 이해했다. 이는 악음을 소리굽쇠에서 나오는 소리와 같은 순음으로 모두 환원할 수 있는 길을 엶으로써 악음 이해의 초석을 마련했다. 이는 유럽의 음향학을 탄탄한 수학적 토대 위에 세우는 것을 가능하게 만들었고 악음의 분석은 푸리에의 정리의 정당성을 물리적으로 입증한 확실한 사례로 자리매김했다.

헬름홀츠의 영향을 받아 유럽의 음향학을 더욱 확고한 수학적 기초 위에 놓은 인물은 레일리였다. 레일리는 헬름홀츠가 쓴 『음의 감각(Tonempfindungen)』을 공부하면서 음향학에 입문했다. 그는 케임브리지 대학의 수학 트라이포스(Mathematical Tripos)에서 최고의 성적을 거두어 시니어 랭글러(senior wrangler)가 된 후 독학으로 음향학 연구를 시작했다. 그는 헬름홀츠 공명기에 대한 수학적 이론을 전개하는 동시에 실험적 연구를 전개함으로써 음향학자로서의 위상을 확고하게 세웠다. 수학적 이론과 실험적 실행을 병행하는 그의 연구자적 특징이 이때부터 나타났는데, 그는 탁월한 수학 실력을 바탕으로 다양한 음향학적 계를 수학적으로 풀어내어 음향학을 확고한 수학적 기초 위에 올려놓는 작업을 수행했다. 더불어 창의적으로 실험을 설계하고 치밀하고 끈질긴 실험을 실행하여 미결의 실험들을 성공적으로 수행함으로써 탁월한 실험 연구자로서의 위상도 쌓아갔다. 레일리가 수행한 음향학 연구의 성과를 집대성한 저서가 『음향 이론(The Theory of Sound)』이다.

『음향 이론』을 통해 레일리는 유럽의 음향학을 이론과 실행이 어우러진 현대적인 물리학의 한 분야로서 확고한 위상을 갖게 했다. 즉, 헬름홀츠 이전까지 거의 분리된 분야로서 상이한 사람들에 의해 추구되었던 수리 음향학과 실험 음향학은 헬름홀츠를 통해 단일한 분야로 융합되는 단초를 얻게 되었고, 레일리를 통해 완전히 융합된 하나의 분야로 정립되기에 이른 것이다. 유럽에서 레일리의 『음향 이론』이 음향학 연구자들의 바이블이 되면서 음향학에서 이론과 실행은 분리된 것이 아니라 병행되어야 할 연구 분야로 확실하게 인식되기에 이르렀다.

그렇다고 해서 음향학을 처음부터 연구할 가치가 있게 만든 음악 음향학이 쇠한 것은 아니었다. 이 시기에 음악 음향학이 음악가를 양성하는 데 어떤 의미를 띠고 있었는지는 커리큘럼에서 음악 전공 학생들에게 요구했던 시험의 내용을 보면 알 수 있다. 무슨 시험을 치렀는지를 살펴보면, 음악 전공 학생들에게 필수적으로 요구되었던 음향학적 지식이 상당했음을 알 수 있다. 1910년에 출간된 해리스(T. F. Stuart Harris)의 『음악 학생을 위한 음향학 핸드북(Handbook of Acoustics for the Use of Musical Students)』은 가히 '수험 준비서'라고 부를 수 있는 성격의 책이었다. 이 책은 실제로 시험을 보려는 음악 전공 학생들에게 체계적으로 음향학 지식을 가르쳐주기 위해 집필되었다. 책의 맨 뒤에는 예상 문제라고 할 수 있는 실전 문제 300제가 수록되어 있다.[6] 또한 여러 음악 학교와 대학의 기출 문제도 실려 있다. 그중에서 1895년 런던 대학(University of London)에서 중급 학생들에게 출제되었던 시험 문제 전문을 소개한다. 시험은 오전(10시부터 13시)과 오후(14시부터 17시)에 걸쳐 치러졌는데 주관식 문제가 각각 5문제씩 제시되었다.[7]

6 T. F. Stuart Harris, *Handbook of Acoustics for the Use of Musical Students*, 8th Edition(London: J. Curwen & Sons, 1910), pp.248~263.

오전

1.(a) 음의 높이는 청자(hearer)가 초당 받아들이는 진동의 수에만 의존한다는 것을 어떻게 입증할 것인가?

(b) 그리고 같은 진동수가 항상 같은 음에 해당한다는 것을 어떻게 입증할 것인가?

2.(a) 진동수를 결정하기 위해 일련의 소리굽쇠로 이루어진 측음계(tonometer)를 사용하는 방법을 기술하고 설명하라.

(b) 측음계로 소리굽쇠가 리드(reed)보다 좋은 이유는 무엇인가?

3.(a) 현에 ① 횡진동과 ② 종진동을 어떻게 발생시킬 것인가?

(b) 각각의 경우에 그 진동이 진술된 것과 같은 진동이라는 것을 어떻게 보일 것인가?

(c) 다양한 배음들을 어떻게 얻을 것인가?

4. 전신선의 길이가 50m이고 횡파가 초속 125m, 종파가 초속 3,700m로 진행할 정도의 힘으로 당겨져 있다.

(a) 각각의 진동에 대하여 기본 진동 모드의 진동수를 구하라.

(b) 전신주에서 들리는 소리는 어떤 진동에 속하는 소리일 것 같은가?

(c) 당신의 견해에 대한 이유를 제시하라.

(d) 전신주 근처에서 자주 들리는 맥놀이(beating)를 어떻게 설명할 것인가?

5.(a) 조합음(combination tone)이란 무엇인가?

(b) 직접 들을 수 있는 조합음을 어떻게 만들 수 있는가?

(c) 그러한 음을 생산하는 일반적인 방법을 제시하라.

7 Ibid., pp.276~277.

오후

1.(a) ① 당겨진 현과 ② 오르간 파이프에서 나오는 음의 높이에 온도 상승이 미치는 효과는 무엇이 있겠는가?

(b) 오르간 파이프가 0℃에서 초당 256회 진동하며 소리를 낸다. 같은 파이프가 20℃에서 내는 음의 진동수는 얼마가 될까?

2. 0℃의 공기를 통과하는 음속은 초속 1,100피트(335.28m)이다. 같은 온도에서 산소를 통과하는 음속은 얼마일까?(0℃ 대기압에서 수소 1리터는 0.0896g이고, 공기 1리터는 1.293g이다.)

3.(a) 주의 깊게 그림을 그려서 어떻게 맥놀이가 생기는지 설명하라.

(b) 성분 맥놀이(component beats)의 진동수들이 주어질 때 초당 맥놀이 수를 어떻게 구하는지 보여라.

4.(a) 마디와 배라는 용어를 정의하라.

(b) ① 진동하는 현과 ② 오르간 파이프에서 마디와 배의 존재를 어떻게 증명할 것인가?

5. 소리굽쇠의 기둥을 탁자에 누르면 소리는 이전보다 훨씬 커진다.

(a) 이것의 원리를 설명하고

(b) 같은 원리에 대한 가능한 한 많은 예를 들어라.

(c) 소리굽쇠는 손으로 잡고 있을 때와 탁자에 누를 때 어느 쪽이 더 오래 진동할 것인가?

20세기 초에는 대학 교육에서의 필요성 못지않게 일반 대중 사이에서도 음향학을 음악의 본성을 이해하기 위한 토대로서 알려고 하는 이들이 늘어났다. 음악을 전공하는 학생들이 음향학을 꼭 알아야 하느냐는 비판의 목소리도 터져 나왔는데 여전히 음악 시험에서 음향학은 중요한 부분으로서 학생들에게 부담을 주는 과목이었다.[8] 음향학 무용론이 터져 나오게 된 배경은 음악을 전공하는 학생들이 시험을 치르기 위해 음향학의 기초를 공부해 시험을 보기는 하지만 정작 학생 대부분이 그 이론의 물리적 기초를 이해하지 못했기 때문이었다.

8 Percy Buck, *Acoustics for Music*(London: Oxford University Press, 1918), p.3.

제3장

19세기의 미국 음향학

이 장은 메이어의 음향학을 살펴보기 위한 배경 역할도 하지만 지금까지 19세기 미국 음향학을 제대로 다룬 연구 논문이나 연구서가 전무한 상태에서 19세기 미국 음향학의 모습을 알려주는 최초의 시도가 될 것이다. 그렇기 때문에 대부분의 논의가 원전을 의지했고 인물과 사건 중심으로 19세기 미국 음향학의 실체에 접근하려 시도했으며 19세기 미국 음향학의 연장선상에서 20세기 초 새로운 음향학의 출현까지 다룰 것이다.

이 장에서 특기할 것은 실체론적 음향 이론에 대한 새로운 해석이다. 사이비 과학의 전형으로 간주되기도 했던 이 이론이 구체적으로 어떤 근거에서 주장되었는지 살펴보았다. 실체론적 음향 이론은 종교적인 동기에서 시작되었지만 진지한 과학적 관심에서 과학적 방법에 따라 이루어진 연구 활동으로 과학의 지위를 보장받는 것이 마땅하다. 오히려 실체론적 음향 이론은 유럽에 뒤처진 음향학의 상태를 극복하고 미국의 문화적 전통 속에서 새롭게 빚어낸 주체적인 과학 이론으로 해석할 수 있다.

이 장에서는 미국인들이 19세기 초의 열악한 과학 교육과 연구의 여건에서 어떻게 유럽의 음향학을 능가하는 학문적 여건을 1세기에 걸쳐 형성해나갔는지를 설명하게 될 것이다. 이러한 서술의 중요한 축으로서 음향 기술의 약진을 음향학과의 연관 속에서 새롭게 조명할 것이다. 이를 위해 20세기 초 미국 음향학이 크게 발전할 수 있는 토대가 되었던 새로운 음향 기술인 전화기와 축음기의 출현과 변천 과정을 음향학과의 상호 관련성 속에서 살펴볼 것이다.

1. 19세기 미국 음향학의 성격

1) 미국 과학의 상황

19세기 초 미국 과학은 유럽의 과학 수준에 비하면 걸음마 단계였다. 미국이 독립을 이룬 1776년 전후로 미국에서 활동한 과학자는 프랭클린(Benjamin Franklin, 1706~1790)뿐이었다. 그러나 프랭클린이 연구를 발표하고 연구자들과 교류하며 새로운 정보를 접한 곳은 유럽이었다. 당연히 과학자로서 그의 명성은 유럽에서 먼저 시작되었다. 19세기 초 미국에서는 몇몇 대학을 중심으로 과학을 가르치는 일이 행해졌지만 체계적이지도 않았고 교육 수준도 높지 않았다.

19세기 미국의 과학은 전반적으로 실용적인 필요에 의해 고무되었다. 가장 중요하게 여겨진 것은 영토의 개발과 통치를 위한 지식을 얻으려는 활동이었다. 이러한 지식의 추구를 위한 정부 주도의 연구 사업이 진작되었다. 이러한 과정에서 천문학자들이 시간과 공간을 구획하는 중요한 작업에 중추적 역할을 감당했다. 의회의 결정에 의해 천체력(ephemeris)과 항해력(nautical almanac)을 발간하기 위한 정확한 천체 관측이 항해력국(Nautical Amanac Office)에 의해 이루어졌고, 1853년 미국 최초의 월력이 발간되었다.[1] 1861년 항해력국에 들어간 힐(George William Hill, 1838~1914)과 같이 수학적 재능을 갖춘 인물은 미국의 천체역학을 유럽 수준에 버금가게 만들었다. 미국 해안 측량대(U. S. Coast Survey)는 해안의 측량뿐만 아니라 태평양 연안과 대서양 연안의 조석 현상에 대한 정확한 정보를 제공함으로써 연안 항해의 안전성을 확보하려 했다.

한편 미국의 각 대학은 고급 인력의 지적 온전성(intellectual completeness)을 위해 과학 교육을 강조했다. 19세기 초 미국 대학의 규모는 그리 크지 않았다. 1636년에 설립된 하버드 대학의 1810년 학부생 수는 200명을 조금 넘었다.[2] 유럽에서 유학하고 돌아온 교수들에 의해 주요 대학의 과학과 수학 교수 자리가 채워졌고 이들은 상호 교류를 긴밀히 함과 동시에 유럽의 선진 과학을 수입하기 위해 부지런히 노력했다. 19세기 중반까지 미국에서 독창적인 연구자가 별로 눈에 띄지 않았으나, 19세기 후반에 이르러 상황이 변하기 시작했다. 미국 과학진흥협회(American Association for the Advancement of Science, AAAS)는 영국 과학진흥협회를 본받아 1847년에 설립되어 미국의 과학 교육자 및 연구자의 정보 교환의 장으로서 중요한 역할을 감당했다. 1888년 토론토에서 열린 AAAS 회의의 분과 A(section A)에는 수학 및 천문학, 분과 B에는 물리학, 분과 C에는 화학, 분과 D에는 기계 과학 및 공학(Mechanical Science and Engineering), 분과 E에는 지질학 및 지리학, 분과 F에는 생물학, 분과 H에는 인류학, 분과 I에는 경제 과학 및

1 Benjamin Peirce, *Tables of the Moon Constructed for the Use of the American Ephemeris and Nautical Almanac*(Washington: Bureau of Navigation, 1865), p.3.

2 *Report on the Preposition to Modify the Plan of Instruction in the University of Alabama*(New York: D. Appleton and Co., 1855), p.13.

통계학이 배정되었다.[3] 이것은 당시 미국인이 이해하는 과학의 범주를 가늠하게 해준다. 수학과 천문학을 긴밀하게 연결된 분야로 인식하고 있었고 물리학과 화학을 기초적인 과학으로 인식한 것을 보여준다. 기계 과학과 공학을 과학의 중요 분야로 취급했고 지질학과 비슷한 범주로서 지리학을 포함시키고 있었다. 인류학과 경제 과학을 과학의 범주에 넣었고, 통계학은 특별히 경제 과학과 긴밀한 연관성을 갖는 것으로 인식했다. 이것은 19세기 전반에 비해 19세기 후반에 천문학과 지질학 중심의 미국 과학이 상당히 다변화되었고 유럽의 과학과 비슷한 다양성과 범주를 포함하게 된 것을 보여준다.

19세기 전반 미국 과학의 상황에 대해 말할 때 빠뜨릴 수 없는 것은 미국이 유럽의 과학을 따라가기 위해 열심히 노력하고 있었던 반면, 기구 제작 능력은 많이 뒤처져 있었기 때문에 물질적 기반의 미확보가 미국 과학 발전의 걸림돌이 되고 있었다는 점이다. 미국이 적극적으로 유럽의 과학을 수입하려고 할 때 가장 먼저 할 수 있는 것은 수학이 포함되지 않은 과학 지식이었다. 이것은 책을 적극적으로 받아들이거나 번역하는 일로 충족되었다. 처음에는 그냥 가져오는 방식이었지만 시간이 지나면서 미국인의 필요에 맞도록 책을 다시 쓰는 일이 많아졌다. 이론적 과학의 수입에 머물지 않고 실험을 직접 재현하려는 의욕이 강해졌을 때 가장 큰 장애물은 실험 기구가 없다는 것이었다. 이러한 실험 기구를 확보하는 가장 쉬운 방법은 실험 기구를 수입하는 것이었다.

1837년 프린스턴에 있는 뉴저지 대학은 헨리를 유럽으로 보내 새로운

3 *Programme of 38th Meeting of the American Association for the Advancement of Science*, Commencing on Tuesday, August 27th, Closing September 3rd, 1889, at the University Buildings at Toronto(Toronto: The Local Committee, 1889), pp.19~20.

연구실에 갖출 장치를 구입하는 임무를 맡겼다.[4] 이런 식으로 미국의 연구자들이 유럽을 방문하는 사례는 당시에 아주 흔한 일이었다. 생물학자이자 화학자인 토리(John Torrey, 1796~1873), 지질학자인 로저스(Henry Darwin Rogers, 1808~1866), 식물학자인 그레이(Asa Gray, 1810 ~1888), 천문학자이자 기상학자인 루미스(Elias Loomis, 1811~1889), 물리학자인 배치(Alexander Dallas Bache, 1806~1867) 등이 유럽을 방문했다. 그들이 유럽을 방문한 목적은 자신의 연구 분야가 어떻게 발전하고 있는지 살피고 정보를 교환하고 아이디어를 얻기 위해서였다. 이는 1830년대 대서양 정기 증기선이 항해를 훨씬 쉽게 해주었기 때문에 가능해진 것이었다. 당시 런던과 파리에는 철학적 기구(philosophical instrument)를 파는 가게가 많았고 그 가게를 운영하는 이들은 과학에도 조예가 깊었다. 미국에는 고립된 기구 제작자들이 소수 있었지만, 그들은 거의 철학적 기구를 만드는 일을 하지 않았다.

가장 먼저 헨리의 관심을 끈 기구는 전기 실험에 관계된 것이었다. 클라크(Edward M. Clarke)의 공방에 들렀을 때 헨리는 자신이 출간한 논문을 알았던 그에게 전기 연구에 필요한 기구를 잘 안내받았다. 그뿐만 아니라 기구를 제작하고 다루는 데 요긴한 충고들을 들었다. 판유리에 구멍을 쉽게 뚫는 법이라든지 에테르 증기를 스파크로 점화시키는 법 등을 배웠고 다니엘(John Frederic Daniell, 1790~1845)이 새로 발명한 전지가 얼마나 잘 작동되는지도 보았다.[5] 헨리는 클라크에게 레이트헤드(William Leithead)를 소개받았는데 그는 제조업을 하는 화학자였다. 헨리는 전기에 대한 레이트헤드의 관심에 강한 인상을 받았고 그가 만든 전지를 보기 위해 그의 집을

4 Brian Gee, "Joseph Henry's Trade with Instrument Makers in London and Paris," *Bulletin of the Scientific Instrument Society*, 25(1990), pp.19~24 on p.19.

5 Ibid., p.19.

방문했다. 헨리는 레이트헤드의 회사에서 함께 전기 실험을 하기도 했다.

헨리는 왕립 연구소(Royal Institution)에서 강연했으나 패러데이(Michael Faraday, 1791~1867)가 휴가 중이라 그를 만나지는 못했다. 그는 왕립 학회를 방문해 그곳에 소장된 기구들을 관람한 다음 캐리(William Cary, 1759~1825)의 가게에 들러 많은 광학 기구를 보았다. 또한 그는 울위치(Woolwich)에서 전자석의 발명자인 스터전(William Sturgeon, 1783~1850)을 만났다. 그는 체계적인 교육은 받지 못했지만 강의를 하면서 부지런히 일을 해 많은 돈을 벌고 있었다. 그는 헨리와 런던까지 동행하면서 자신의 실험에 관한 많은 정보를 주었다. 헨리는 이번 런던 방문에서 과학계에서 영향력 있는 크리스티(Samuel Hunter Christi, 1784~1865), 패러데이, 소머빌(Mary Sommerville, 1780~1872), 배비지(Charles Babbage, 1791~1871) 등을 만났고 다니엘과는 열전기 실험도 함께 했다.[6]

유럽 여행에서 헨리는 기구 151점을 구입했는데, 19점은 런던에서 나머지 대부분은 파리에서 구입했다. 이는 파리의 기구들이 우수했기 때문이었다. 그는 유명한 과학 기구 제작자인 픽시(Hippolyte Pixii, 1808~1835)의 가게에서 물건을 가장 많이 샀다. 탄성 시범을 위해 상아 공을 샀고, 열복사 실험을 위한 오목 포물경, 일현금과 소리굽쇠, 나무 파이프가 장착된 원형적 페달 오르간, 라투르(Chales Cagniard de La Tour, 1777~1859)의 사이렌을 구입했다. 헨리는 유명한 기구 제작자 솔레이유(Jean-Baptiste-François Soleil, 1798~1878)의 도움을 받아 유명한 물리학자인 프레넬(Augustin-Jean Fresnel, 1788~1827)의 동생(Léonor Fresnel)을 방문했으며, 물리학자이자 수학자이자 천문학자인 바비네(Jacques Babinet, 1794~1872)는 체제 기간에

6 Ibid., p.20.

그의 친구가 되어주었다. 헨리는 로비케(Pierre-Jean Robiquet,1780~1840), 부아요(Boyeau), 펠티에(Pelletier)의 가게에서 화학 실험 기구를 구입했다. 이런 물건은 런던에서도 구할 수 있었으므로 여기에는 파리 물건에 대한 헨리의 선호가 드러나 있다. 그는 프랑스 학사원을 방문해 물리학자 아라고(François Arago, 1786~1853), 의학자 마장디(François Magendie, 1783~1855), 소르본의 실험 철학자 푸이에(Claude Servais Mathias Pouillet, 1791~1868)를 만났다. 헨리는 푸이에와 게이뤼삭(Joseph Louis Gay-Lussac, 1778~1850)의 강의를 들었는데, 문화와 언어의 장벽 때문에 학자들과의 교류는 런던에서만큼 원활하지 않았다. 헨리는 벨기에, 스코틀랜드를 거쳐서 리버풀에서 열린 영국 과학진흥협회 모임에 참가하고 런던으로 다시 돌아갔다. 그는 클라크의 공방에 들러 현미경 접안렌즈, 자전기(magneto-electric) 기계, 갈바노미터를 주문했고 뉴먼(Joseph Frederic Newman, ca.1789~1860)의 가게에 들러서 열전퇴(thermopile), 놋쇠 컵 등을 샀다. 마지막으로 그는 뉴욕에 있는 블런트(E. & G. W. Blunt)의 가게에서 비싼 크로노미터를 구입했다.

헨리의 경험은 당시 미국 과학자들이 유럽과 어떤 관계에 있었는가를 단적으로 보여준다. 헨리는 이미 어느 정도의 명성을 유럽에서 얻고 있었기 때문에 많은 과학자를 만날 수 있었고 기구를 구입하기 위해 좋은 안내를 받을 수 있었지만 그가 유럽에서 배울 것은 매우 많았다. 그는 자신이 만났던 여러 과학자와 기구 제작자들로부터 새로운 연구를 위한 아이디어와 정보를 많이 얻을 수 있었다.

2) 열악한 음향학의 연구 여건

1876년 필라델피아에서 열린 독립 100주년 박람회에서 단연 인기를 끌고 메달을 차지했던 음향 기기인 쾨니히의 측음계(tonometer)는 그 규모나 정교함에서 탄성을 자아냈다. 그것은 16cps에서 4,096cps까지 이르는 650개 이상의 소리굽쇠로 이루어져 있었다. 쾨니히는 이 기구를 미국에서 판매하기 희망했으므로 박람회가 끝나고 그것의 관리를 사업가인 문칭거(Pierre Munzinger)에게 맡기고 파리로 돌아갔다. 그 가격은 최소 1만 500달러에 달했는데 미국에서는 이 적지 않은 돈을 모아 이 기구를 교육과 연구를 위해 사용하자는 목소리가 높았다. 1876년 8월 버펄로에서 열린 미국과학진흥협회 25회 모임에서 처음으로 과학계에 기금 모금을 위한 호소가 제기되었다.[7] 같은 호소가 펜실베이니아 대학(Pennsylvania College)의 이사회에도 도달했다. 쾨니히는 이 기구를 1년 정도 말미를 주고 팔기를 원했는데, 이 기구를 펜실베이니아 대학에서 보관하게 되면서 기금을 모으기 위한 많은 노력이 이루어졌다. 이 기구는 특별히 잘 관리되어서 녹이 슬거나 파손되지 않고 좋은 상태로 유지되었다. 쾨니히가 이 기구를 미국에 놓고 돌아간 것은 관리가 잘 이루어질 수 있다는 믿음이 있었기 때문이었다. 하지만 모금은 쉽게 이루어지지 않았다.

펜실베이니아 대학 물리학과의 바커(Geo Barker) 교수는 이 기구의 관리 책임을 맡았는데 이 일에 극진한 정성을 쏟았다. 그는 이 기구를 관리하는 일 말고도 알루미늄 사이렌, 소리굽쇠, 전자석 등을 주문하는 것으로 쾨니히와 관계를 맺었다.[8] 이듬해인 1878년 6월 바커는 여전히 이 기구가 팔

7 Rudolf König, "Note Concerning the Large Acoustical Instruments Exhibited by Dr. Rudolf König, of Paris, at the Centennial Exhibition of Philadelphia, 1876," S. P. Thompson Collections, IEE Archive, London.

8 바커가 쾨니히에게 보낸 편지, 1877년 6월 1일자. S. P. Thompson Collections, IEE Archive, London.

리지 않은 것에 대해 쾨니히에게 사과하고 5,000프랑이라도 가을에 보내도록 하겠다고 편지를 썼다. 그는 쾨니히가 이 기구를 유럽으로 가져갔으면 이미 팔렸을 것이라는 이유에서 더욱 미안해했다.[9] 1879년 12월에도 바커는 돈을 보낼 수 없는 상황에 미안해하면서 쾨니히에게 편지를 보냈다. 이러한 지체에 대해 바커는 쾨니히가 이 기구를 유럽으로 가져갔어야 했다고 후회했다.[10] 1881년 9월 바커는 파리를 방문해 쾨니히와 이 문제를 협의했고 적어도 이 기구의 일부라도 펜실베이니아 대학이 구입하기로 했다. 그러나 바커는 1882년 6월 대학의 사정이 좋지 않아 기구를 구입할 수 없으니 쾨니히에게 기구를 가져가라는 편지를 썼다.[11] 쾨니히는 몬트리올에서 열리는 미국 과학진흥협회 모임에 참석차 미국을 방문할 기회가 생기자 가능하다면 이 기간 중에 기구의 일부를 판매하려고 노력했다. 그는 이번의 미국 방문에서 기구를 팔지 못하면 기구를 가지고 올 결심을 했다. 결국 일부 소리굽쇠는 토론토 대학에 팔렸고 나머지는 미국 정부가 구입해 뉴욕의 웨스트포인트 육군사관학교에 설치했다.[12]

쾨니히의 초대형 측음계 구입을 둘러싸고 미국에서 벌어진 해프닝으로

9 바커가 쾨니히에게 보낸 편지, 1878년 6월 4일자. S. P. Thompson Collections, IEE Archive, London.

10 바커가 쾨니히에게 보낸 편지, 1879년 12월 15일자. S. P. Thompson Collections, IEE Archive, London.

11 바커가 쾨니히에게 보낸 편지, 1882년 6월 30일자. S. P. Thompson Collections, IEE Archive, London.

12 Rudolf König, "Note Concerning the Large Acoustical Instruments Exhibited by Dr. Rudolf König, of Paris, at the Centennial Exhibition of Philadelphia, 1876." 현재 이 측음계는 워싱턴 D.C.에 있는 국립미국역사박물관(National Museum of American History)에 보관되어 있다. David Pantalony, *Altered Sensations: Rudolf König's Acoustical Workshop in Nineteenth Century Paris*(Springer Netherlands, 2009), p.109.

당시 미국 음향학의 몇 가지 특징에 대한 실마리를 얻을 수 있다.

첫째, 미국 음향학은 물적인 자원의 공급에서 유럽에 뒤처져 있었다. 쾨니히와 같이 뛰어난 소리굽쇠를 만들 수 있는 기구 제작자가 미국에는 아직 나타나지 않았다. 쾨니히 개인이 뛰어난 능력을 가지고 있었기 때문이라고 볼 수도 있겠으나 이와 같은 정밀한 기구를 제작할 수 있는 재료의 공급이나 제작 장비의 구비나 제작 기술의 측면에서 아직 미국은 유럽에 많이 뒤처져 있었다.

둘째, 미국인들은 좋은 음향학 기구를 구입해 과학 교육과 연구를 진척시키려는 열망을 가지고 있었다. 미국인들 스스로가 앞선 유럽의 음향학을 따라가기 위해서는 고급스러운 정밀 장치를 구비해 교육과 연구를 진척시키는 것이 필요하다는 것에 대해 많은 지식인이 의견의 일치를 보고 있었기 때문에 모금 운동이 벌어졌던 것이다. 미국인들은 이런 두 가지 차원에서의 인식을 공유하고 있었다. 음향학을 발전시키기 위해서 사회 전체가 노력해야 한다는 인식과 음향학을 발전시키기 위해서는 앞선 실험 기구를 구해 실험을 진척시켜서 차세대 음향학자를 훈련하고 독창적인 연구 성과를 내놓아야 한다는 생각을 많은 사람이 공유하고 있었다.

셋째, 측음계를 활용해 창의적인 연구를 진척시킬 능력을 구비하지 못했다. 구입하기로 한 시한을 넘기면서 이 기구가 미국에 머물렀는데 그동안 미국인들은 이 장비를 효과적으로 교육과 연구에 활용하지 않았다. 장치가 훼손되지 않도록 잘 관리할 수 있을 정도의 관심과 능력을 가지고 있었지만 그 장비를 이용해 효과적으로 연구를 진척시키는 노력은 체계적으로 이루어지지 않았다. 그들이 연구에 대한 열망이 있었다면 쾨니히를 설득해 구입 절차가 마무리되지 않았을 시점에서도 그 장치를 활용할 수 있었을 것이다.

넷째, 비싼 음향학 실험 기구를 구입하기 위한 적절한 지원 시스템이 구축되어 있지 않았다. 펜실베이니아 대학을 중심으로 자금을 마련하려는 노력이 활발하게 전개되었으나 예정된 기한을 여러 해 넘기면서도 돈을 마련하지 못한 것은 과학 기구를 마련하기 위한 체계적인 지원 시스템이 갖추어지지 않았음을 드러낸다. 헨리와 같은 과학자들을 해외에 내보내서 필요한 장비를 구입해오는 노력은 19세기 전반부터 열심히 이루어졌지만 당시에 첨단 장비라고 할 수 있는 고가의 장비를 구입할 수 있는 예산을 쉽게 마련하지는 못했다.

유럽의 발전한 음향학을 수입해 미국의 음향학을 발전시키려는 욕구는 그 정도였다. 이후에 전화기나 축음기가 상업화에 성공하자 이 새로운 음향 기구들을 개선하기 위해 대규모의 재원이 투입되면서 물적 자원의 공급 수준이 현격하게 높아진 것과는 대조적인 상황이었다.

수리 음향학의 사정도 마찬가지였다. 19세기 초 미국에서 수리 음향학의 연구 전통을 찾아볼 수 없었다. 19세기 전반기에 미국에서 나온 음향학 저술로 주목할 것은 1830년대 하버드 대학의 수학 및 자연철학 교수인 퍼스(Benjamin Peirce, 1809~1880)가 편집·집필한 『음향 기초론(An Elementary Treatise on Sound)』이다. 이 책은 당시 음향학의 전 분야를 망라하고 있었으나 퍼스의 독창적인 연구는 전혀 소개되지 않았다. 이 책은 중등학교와 대학의 학생을 위한 교재로 집필되었다.[13] 퍼스가 당시 유럽에서 널리 소개되고 있었던 해석학(analysis)에 정통해 있었으나 음향학을 그것에 기초해 연구하려는 시도를 하지 않았다는 점에 주목할 필요가 있다.[14] 그의 책에

13 Benjamin Peirce, *An Elementary Treatise on Sound*(Boston: James Munroe and Co., 1836), 속표지.

14 Karen Hunger Parshall and David E. Rowe, *The Emergence of American Mathematical*

서 주종을 이루는 내용은 소리의 발생, 전파, 수용에 관련된 경험적인 지식이었다. 기존의 지식을 소개하는 형식의 책이었으나 실험을 직접 수행하도록 배려된 점은 없었다. 퍼스는 미국에 새롭게 수입되고 있었던 프랑스의 앞선 해석학을 교육받은 첫 세대 수학자였다.[15]

당시 미국은 앞선 프랑스의 수학을 수입해 영국이 그랬던 것처럼 해석학을 중심으로 수학 교육을 개선하려는 노력을 하버드 대학과 예일 대학을 중심으로 펼쳤다. 이러한 노력에 불을 댕긴 사람은 보디치(Nathaniel Bowditch, 1773~1838)였다. 그는 공식적인 교육을 받지 않았으나 독학으로 뉴턴의 『자연철학의 수학적 원리(Philosophia Naturalis Principia Mathematica)』를 독파했고 프랑스의 수학자 라크루아(Sylvestre F. Lacroix, 1765~1843)의 책도 독학했다. 그러고 나서 보디치는 라플라스의 『천체역학(Traité de mécanique céleste)』을 번역하고 주(註)를 다는 일을 했다.[16] 그가 번역한 책으로 미국 수학과 수리 물리학은 크게 발전할 수 있었다. 보디치는 라플라스의 짤막한 증명을 완전하게 제시하는 것에 목표를 두고 노력했다. 보디치는 1829년에

Research Community, 1876-1900: J. J. Sylvester, Felix Klein, E. H. Moore(AMS Bookstore, 1997), p.8.

15 하버드 대학의 수학 및 과학 교육에서 1727년 그린우드(Isaac Greenwood)가 Hollisian Professor of Mathematics and Natural and Experimental Philosophy가 된 것이 중요한 기점이 된 것 같다. 그는 1712년 같은 대학을 졸업하고 이 자리를 얻는 데 필요한 교육을 위해 영국에서 유학하고 왔다. Benjamin Peirce, *A History of Harvard from Its Foundation, in the Year 1636, to the Period of the American Revolution*(Cambridge: Brown, Shattuck and Co. 1833), pp.151~512. 그는 과학적 소양을 의심받다가 임용 10년 만인 1737년 해고되었고, 윈스럽(John Winthrope)이 자격에 대한 우여곡절의 논의 끝에 1739년 그 뒤를 이었다. Ibid., p.186.

16 Parshall and Rowe, *The Emergence of American Mathematical Research Community, 1876-1900: J. J. Sylvester, Felix Klein, E. H. Moore*, p.9.

4권까지 번역한 것을 자신의 돈을 들여서 출판한 것으로 보인다.[17]

보디치가 번역한 라플라스의 『천체역학』을 교열한 사람이 퍼스였다.[18] 퍼스는 하버드 대학에서 존 파러(John Farrar, 1779~1853)에게 선진 수학을 배웠다. 그는 수학에 능통했지만 음향학은 그의 연구 관심사에서 벗어나 있었다. 그가 편집·출판한 『음향 기초론』은 수학보다는 경험적 논의에 집중되어 있었다. 음향학이 연구되지 않고 있었으면서도 교육적인 목적에서 이러한 교재가 출판된 점에 주목할 필요가 있다. 이 책은 수학보다는 소리를 통해 물리적 원리를 가르치는 데 초점을 맞춘 것으로 보인다. 소리는 당시 물리 교육에서 중요한 위치를 점하고 있었다. 소리 현상은 일상적인 자연의 경험으로서 매우 친숙했으므로 빛과 색에 못지않게 광범위하게 관심을 끌었다. 이렇게 친숙한 주제를 통해 자연에 대한 전반적인 지식을 높일 수 있는 기회를 기초 음향학 교재가 제공했다. 보디치는 진동계의 수학적 이해에 관심이 많았지만[19] 음향학에 관련된 독창적인 연구를 진척시키지는 않았다.

이렇게 19세기 미국 음향학이 수학과 결별한 반면 영국에서는 19세기 초 프랑스 수학을 적극적으로 수입해 개편한 케임브리지 대학의 수학 교육 제도가 수학 트라이포스(Mathematical Tripos)를 통해 양질의 수학자들을 키워냈다. 그들 중 레일리와 같은 인물이 나서서 음향학의 수학화를 위해 적극적인 노력을 경주함으로써 실험과 수학이 병행되는 물리학의 일부로

17 Nathan Reingold(ed.), *Science in Nineteenth Century America: A Documentary History*(Chicago: University of Chicago Press, 1985), pp.11~25.

18 Parshall and Rowe, *The Emergence of American Mathematical Research Community, 1876-1900: J. J. Sylvester, Felix Klein, E. H. Moore*, p.17.

19 Beyer, *Sounds of Our Times: Two Hundred Years of Acoustics*, p.37.

서 음향학이 확고한 토대를 갖추게 되었다.[20] 하지만 미국에서는 음향학이 수학과 거리가 멀었다. 대학에서 수학 교육을 받은 사람들이 가장 두드러진 성과를 낸 물리과학 분야는 천문학이었다. 항해력국이나 미국 해양측량대에 소속된 수학자들은 조수 현상을 잘 이해하기 위해서 천문학에 큰 관심을 기울였다.[21] 수학자 중에서 음향학에 관심을 기울이는 사람이 없었기 때문에 19세기 내내 미국 음향학은 실험 위주의 분야였다.

3) 초기 미국의 건축 음향학

19세기에 미국에서는 전반적으로 소리의 본성을 다루는 음향학을 연구하려는 동기가 미약했다. 음향학이 실용적인 목적에서 연구되었던 분야는 건축 음향학이었다. 전기 음향 기기가 없던 시절 당시 사람들은 음악홀, 강당, 교회 등 공공건물을 건축하면서 소리의 전달을 극대화하려는 노력을 경주했다. 미국에서 이런 필요가 유럽에 비해 컸던 것으로 보이지는 않지만 다른 동기가 미약한 가운데에 특별히 그런 노력이 두드러져 보인다. 미국 건축의 아버지라 불리는 러트로브(Benjamin Latrobe, 1764~1820)는 당시 유럽에서 그랬던 것처럼 경험적 수준에서 음향을 고려해 건물의 구조를 설계하는 데 관심이 많았다. 잉글랜드 출신의 러트로브는 1796년 미국으로 이주하기 전 독일의 라이프치히 대학에서 건축학과 도시공학을 공부하고 런던에서 공공건물의 측량사로 일하던 전도유망한 인물이었

20 Ja Hyon, Ku, "British Acoustics and its Transformation from the 1860s to the 1910s," *Annals of Science*, 63(2007), pp.395~423 on pp.412~421.

21 Parshall and Rowe, *The Emergence of American Mathematical Research Community, 1876-1900: J. J. Sylvester, Felix Klein, E. H. Moore*, pp.33~40.

다.[22] 그는 1798년 필라델피아 은행 건물을 건축하면서 명성을 얻었으며 필라델피아에 수도 시설을 도입하는 일을 하기도 했다. 그는 운하 건설을 위한 측량 사업을 수행한 후 1803년 제퍼슨 대통령에게 워싱턴이 짓기 시작한 국회의사당 건물을 완성해달라는 요청을 받았다.[23] 같은 해 퀘이커 교도의 집회장 설계를 부탁받은 러트로브는 음성을 가장 잘 전달해줄 수 있는 형태는 구형이라고 생각했으나 그런 건물을 짓기는 어려우므로 가능한 한 이에 근접한 것이 좋다고 판단했다.[24] 러트로브가 국회의사당의 건축을 부탁받았을 때 그 건물의 건축 계획은 워싱턴 밑에서 일하던 손턴(W. Thornton)이 수립한 것이었지만 손턴은 건축에 대해 문외한이었고 그의 건축 계획은 설계도조차 포함하지 않고 있었다.[25] 미국에서는 당시에 건축가의 역할조차도 제대로 정립되지 않았기에 러트로브는 어려운 환경 속에서 작업을 수행할 수밖에 없었다. 북측 건물에서 시작된 화재로 국회의사당이 소실되자 러트로브는 1815년부터 1817년까지 국회의사당의 재건을 감독했다.

그가 건축을 감독한 국회의사당의 하원 홀이 너무 메아리가 심해 말소리가 잘 들리지 않는다는 지적을 받고 러트로브는 커튼을 쳐서 소리를 흡수하게 해 효과를 보았다. 그는 소리를 줄이는 것이 오히려 소리를 잘 들리게 할 수 있다는 점에 놀랐다. 그렇지만 그의 방법이 만족스러울 만큼

---

22 John E. Semmes, *John H. B. Latrobe and His Times 1803-1891*(Boltimore: The Norman, Reminton Co, 1917), pp.1~3.

23 Ibid., p.4.

24 E. Thompson, *Soundscape: Architectural Acoustics and the Culture of Listening in America, 1900-1933*, p.24.

25 Semmes, *John H. B. Latrobe and His Times 1803-1891*, p.10.

성공적이지는 않았다. 러트로브가 뛰어난 건축가였고 여러 언어에 능숙하며 자연사에 대해서도 전문가적 식견을 갖추었을지라도 건축 음향학에 대해서는 지식이 전무했고 미국에서도 이에 대한 전문적인 식견을 갖춘 이들이 아직 나타나지 않은 상태였다.

그 후에 재건되는 국회의사당에는 계속 음향학적 문제가 있었는데, 1853년 헨리는 그에 대한 해결을 의뢰받았다. 헨리는 건물의 기하학적 구조가 아니라 재료에 관심을 두었다. 그는 소리굽쇠를 때린 후 검사할 재료에 소리굽쇠의 기둥(stem)을 대 진동이 멈추는 데 걸리는 시간을 측정했다. 그렇지만 헨리는 어떤 개선 방안을 수립하는 단계까지 이르지는 못했다.[26]

19세기 중엽에 미국인들은 뉴욕, 보스턴, 필라델피아 등지에 음악 홀과 오페라 하우스를 건설할 때 유럽의 설계를 따르면서도 음질을 개선하기 위해 그 나름대로 노력했다. 애들러(Dankmar Adler, 1844~1900)는 설리번(Louis Sullivan, 1856~1924)과 함께 시카고에서 음향을 고려한 건물들을 건설해 명성을 얻었다. 1887년 애들러는 미국 건축가협회(American Institute of Architects)에서 논문 한 편을 발표했다. 그는 홀의 가장 먼 곳까지 소리가 잘 전달되도록 만드는 기술의 가치를 중요시하며 단단하고 매끈한 면을 피하고 잘 쪼개진 벽과 천장을 갖춰 청중에게 소리를 전달하도록 구성해야 함을 강조했다. 또한 무대를 낮추고 홀의 폭과 넓이는 뒤로 가면서 증가시켜 소리의 흐름을 원활하게 해야 한다고 주장했다. 그는 나중에 자신의 설명을 에너지 보존 법칙으로 정당화했지만 그가 이런 설계를 얻어내는 데 과학의 도움이 결정적인 것은 아니었다. 그것은 직관과 경험의 산물이었다.[27] 그의 기술은 전수되지 못했고 과학적 음향학은 19세기 내내 미

26 Ibid., pp.26~28.

27 Ibid., pp.31~32.

국에서 실용적 가치를 얻지 못했다.

4) 헨리의 대기 음향학

헨리는 건축보다는 소리의 전달 매체인 대기에 더 관심이 많았다. 그는 미국인으로서 독창적인 연구를 수행할 능력과 자질을 갖춘 보기 드문 인물이었다. 그는 유럽에서 유학하지 않았으나 자력으로 당시의 첨단 과학을 이해하고 거기에 새로운 요소를 첨가하는 일을 했다. 그는 안개 신호를 어떻게 하면 효과적으로 전달할 것인가라는 문제를 깊이 있게 연구했고 당시로서는 어려운 현장 관측을 수행해 보고서를 작성했다. 대기층에 존재하는 다양한 층과 기상 조건의 상태에 따라 다양한 음원에서 발생하는 소리 전달이 어떻게 달라지는가라는 매우 실용적인 문제의 해결에 초점을 맞추었다. 그러나 그의 연구는 그가 몸담았던 프린스턴 대학이나 올버니 아카데미(Albany Academy)의 과학 교육에서 연구자 훈련으로 이어지지 못했고 스미소니언 협회(Smithsonian Institution)의 연구 지원 프로그램과도 무관했다. 헨리의 연구는 직접적으로 음향학에 닿아 있었으나 당시 유럽에서 행해지고 있었던 다양한 음향학 연구와 비교해볼 때 방향이 한정되어 있었다. 이러한 제한성은 근본적으로 유럽의 전통과는 단절되어 있는 미국 음향학의 상황을 반영하는 것이었다.[28]

헨리의 대기 음향학 분야에서의 기여는 틴들의 업적에 비길 만하다. 두 사람은 비슷한 시기에 안개 신호와 관련해 소리를 전달하는 매질로서 대기를 연구하기 시작했다. 틴들이 영국에서 안개 신호를 비롯한 해사(海事)

---

28 Beyer, *Sounds of Our Times: Two Hundred Years of Acoustics*, p.106.

안전을 담당한 트리니티 하우스(Trinity House)의 과학 고문이었던 것과 비슷하게 헨리는 등대국(Light House Board)의 책임자로서 대기 음향학 연구에 종사했다. 두 사람은 비슷한 시기에 비슷한 발견을 독자적으로 하기도 하고 어떤 때에는 상반되는 보고를 하기도 했다.

1865년 헨리는 코네티컷 주 뉴헤이븐에 있는 등대 관측소에서 안개 신호와 연관된 소리에 대한 연구를 시작했다. 그의 연구는 주로 대기 상태와 관련한 소리의 전달 효과와 다양한 음원의 전달 능력에 관계되었다. 헨리의 실험에서 우선적으로 드러난 것은 소리의 반사는 불완전하고 부정확하다는 것이었다. 헨리는 매끈하게 회를 바른 64제곱피트(5.945m²)의 커다란 오목 반사경이 음원 바로 뒤에 있을 때 500야드(457.2m)의 거리에서는 의미 있는 세기의 증가를 가져왔으나 이 거리 이상에서는 차이가 별로 없다는 것을 발견했다. 나팔 모양의 반사경이 음원 바로 뒤에 있어도 먼 거리에서는 전 수평선에 소리가 모두 도달했다. 그래도 앞쪽에서는 6마일(9.65km)에서 들리는 트럼펫 소리가 뒤쪽에서는 겨우 3마일(4.82km)까지만 들렸다. 이러한 현상은 소리의 파장이 비교적 길기 때문에 회절이 많이 일어나서 빛과는 비교할 수 없을 정도로 반사의 성질이 잘 드러나지 않기 때문임을 헨리는 제대로 이해했다.

헨리는 여러 음원의 상대적 세기를 결정했다. 등대 관측소에는 안개 신호용 음원으로 큰 종, 직경이 6인치(15.24cm)인 증기 호각, 직경이 12인치(30.48cm)인 이중 호각(double whistle), 뜨거운 공기 엔진으로 작동되는 다볼(Daboll) 트럼펫이 있었다. 공기 엔진의 배기관에서 방출되는 소리는 대단히 컸다. 그 트럼펫의 투과력은 호각의 투과력의 두 배였다. 들을 수 있는 소리가 도달하는 범위는 트럼펫, 호각, 배기가스, 종의 순으로 줄어들었다.[29] 헨리는 바람이나 대기 상태가 소리 전달에 미치는 영향에 대해서도 다양하게 관측했다. 거의 반대 방향으로 항해하는 두 선박에서 이루어진 동시 관측에서 소리는 바람의 반대 방향보다는 바람의 방향으로 더 잘 전달되었다. 가벼운 역풍은 강한 역풍에 비해 소리를 적게 차단했고 소리 진행 방향에 수직 방향으로 부는 바람 속에서 소리는 더 멀리까지 들렸다. 또한 바람의 방향과 반대로 움직이는 소리가 스쿠너(schooner)의 갑판에서는 들리지 않을 때 돛대로 올라가면 들렸다. 헨리가 워싱턴의 안개 속에서 작은 시계 장치 자명종으로 행한 실험에서 안개는 소리를 흡수하지 않는다는 것이 드러났다. 이는 18세기 대기 음향학의 선구자였던 더햄(William Derham, 1657~1735)의 견해를 뒤집는 결과였다.

1867년 헨리는 주로 상이한 음원의 효과를 연구했다. 특히 뉴욕의 브라운 형제(A. and F. Brown)가 등대국의 지시를 받아 만든 새로운 안개 신호 음원인 증기 사이렌(steam siren)의 특성과 가치를 시험했고 이 기구는 이후에 안개 신호에 널리 사용되었다. 다음에는 17피트(5.18m)의 커다란 다볼 트럼펫을 뜨거운 공기 엔진으로 작동시켰는데 이 트럼펫의 강철 혀는 길이가 10인치(25.4cm)에 달했다. 그다음 음원은 관상(管狀) 증기 보일러로 작동되는 사이렌이었고, 세 번째는 직경이 8인치(20.32cm)인 증기 호각이었다. 헨리는 이러한 음원들을 가지고 각각의 투과력, 가장 효과적인 음높이, 제곱인치당 20파운드(9.07kg)의 증기 압력부터 100파운드(45.35kg)의 증기 압력의 효과, 트럼펫의 재료와 모양에 대해 시험했다.

1867년 이러한 실험들이 진행되는 동안 해안에서 4.15마일(6.67km) 떨어져 항해하는 증기선의 외륜(外輪)의 소리가 해변에서 수면 근처에 귀를 가져다 대는 것만으로 똑똑하게 들린다는 등대국의 포 장군(General Poe)의

29 William B. Taylor, "On Recent Researches in Sound," *American Journal of Science and Arts*, January and February(1876), pp.1~26 on p.2.

보고가 헨리의 관심을 끌었다. 이런 사실은 이전에 북쪽의 호수에서 관찰된 적이 있었다. 헨리는 수면 근처에 커다란 청취 나팔(hearing trumpet)을 대고 실험하는 것이 좋을 것이라고 제안했다. 그리고 헨리의 소리의 확산에 대한 실험에서 트럼펫 뒤쪽으로는 소리가 상당히 많이 줄어드는 반면에 트럼펫의 축 양쪽으로는 소리가 점차 퍼지는 경향이 있음이 드러났다. 더불어 헨리는 증기보다는 밀도가 높은 공기가 호각이나 사이렌 소리를 잘 전달한다는 것도 지적했다. 1870년 헨리가 영국에 간 동안 등대 지구(Light House District) 공학자 중 한 명인 두에인 장군(General Duane)이 실험을 지속했다.

1872년 헨리는 메인 주 포틀랜드 항에서 증기선을 타고 안개 신호가 나오는 한 섬으로 접근하면서 2~3마일(3.21~4.82km) 밖에서 소리가 거의 1마일(1.6km) 정도 상실되었다가 더 접근하자 회복되는 것을 발견했다. 그는 들리지 않는 지역은 일종의 음향학적 그늘이 형성되었기 때문이라는 해석을 내렸다. 비슷한 현상이 같은 해에 메인 해안 근처의 화이트헤드 관측소에 접근할 때 또 관찰되었다. 안개 신호가 6마일(9.65km)에서 3마일(4.82km)까지 들리다가 0.25마일(0.4km)까지는 상실되었다. 다시 걸 아일랜드(Gull Island)에서 사이렌 신호로부터 멀어지는 선박에서 소리는 2마일(3.21km) 거리에서 상실되었다가 4.5마일(7.24km)에서 다시 회복되었다. 헨리는 이 마지막 경우를 공기의 위층과 아래층에서 바람의 속도의 차이에서 생긴 굴절로 설명했다.

1872년 한 관측소에서 발생시킨 안개 신호가 다른 관측소에서는 잘 들렸는데 반대 방향으로는 들리지 않는 현상이 관찰되었다. 증기선을 타고 화이트헤드 관측소로 접근하는데 증기 호각 소리가 관측소에서 약 3마일(4.82km) 떨어진 곳부터 0.25마일(0.4km) 떨어진 곳까지 들리지 않았다. 반면에 증기선 위의 더 작은 호각 소리는 그 시간에 관측소의 관측자에게 선명하게 들렸다. 바람이 증기선과 관측소를 연결하는 선에 약간 기울어진 방향으로 불었고 증기선이 관측소에 머문 후 가벼운 바람에 거슬러 그것을 떠났을 때 15마일(24.14km)까지 변하는 선명도로 계속해서 그 신호가 배 위에서 들렸다. 1874년 9월 로드아일랜드 해안의 블록 아일랜드(Block Island)의 등대지기는 지시에 따라 17마일(27.35km) 떨어진 주디스 곶(Point Judith)에서 오는 안개 신호가 들리는 때를 기록했다. 그리고 그것들을 블록 아일랜드에서 강력한 증기 사이렌으로 울리는 신호가 주디스 곶에서 들리는 때와 비교했더니 주디스 곶에서 발생한 소리가 잘 들리지 않을 때에 주디스 곶으로 들어오는 소리도 잘 들리지 않는다는 것이 확인되었다.

1873년 8월 메인에 있는 엘리자베스 곶(Cape Elizabeth)에서 바다 메아리(ocean echo) 현상이 그 신호에서 멀어져가는 증기선 위에서 감지되었다. 아무 장애물도 없는 바다에서 소리가 반사되어 돌아온 것이다. 1874년 9월 블랙 록 아일랜드(Black Rock Island)에서 트럼펫을 짧게 분 후 열린 바다에서 연장된 메아리가 선명하게 들려왔다. 바람은 반사되기 전의 소리의 방향으로 불었으므로 반사되는 메아리와는 반대 방향이었다. 헨리는 이 현상을 파도의 마루와 골에서 소리가 반사되어서 생기는 것으로 설명했다.

1874년 9월 뉴저지 주의 샌디 훅(Sandy Hook)으로부터 1.5마일(2.41km) 떨어진 곳에서 반대 방향으로 움직이고 있었던 증기선에서 바람의 방향이 동풍에서 서풍으로 바뀌는 동안 측정된 소리는 바람에 관계없이 일정한 거리까지 들렸다. 다음 날 관측은 먼 바다로 나가서 진행되었다. 헨리는 작은 풍선들을 띄워서 수면 근처의 바람의 방향이 바뀌어도 상층의 바람은 일정하고 연속적임을 발견했다. 헨리는 공기의 운동은 위와 아래가 모두 같은 방향이지만 아래가 위보다 느린 경우는 아래에는 수평면과 마찰이 있기 때문이라고 설명했다.[30] 그리고 소리의 방향과 반대 방향으로 부는 바닷바람의 경우에는 상층류가 변하지 않으므로 소리의 방향과 일치하는 바람은 소리를 더 멀리 전달한다고 했다.

이상에서 우리는 헨리의 대기 음향학 연구의 몇 가지 특성을 알 수 있다.

첫째, 헨리는 실험 위주로 음향학을 연구했다. 그는 수학적 훈련을 받지 않았기 때문에 실험과 관찰을 통해 사실을 수집하고 그것의 합리적 설명을 시도하는 방식으로 음향학 연구를 수행했다. 이러한 노력을 통해 그는 안개 신호를 효과적으로 보내기 위한 조건을 찾아낼 수 있었으므로 실용적 지식을 얻는 데 큰 문제가 되지는 않았다.

둘째, 헨리는 선박을 사용하는 상당히 큰 규모의 실험을 수행했다. 그는 몇 년에 걸쳐 두 대의 선박을 동원해서 실험을 한 경우가 많았는데 이것은 개인이 동원할 수 있는 재원으로는 이러한 실험을 수행하기가 어렵다는 점에서 특별하다. 자주 증기선을 실험에서 사용한 것도 헨리가 국가 차원의 지원을 받는 연구를 수행했기에 가능했다. 이것으로부터 당시 이 분야의 연구가 공공의 안전을 위해 매우 중요하게 취급되었음을 알 수 있다. 당시 미국은 해안 측량대(U. S. Coastal Survey)를 운영하면서 연안 바다의 조수 현상, 더 나아가서 조수를 일으키는 달과 태양의 운동을 알기 위한 천문학 등에 많은 연구비를 투입했다. 이것은 미국이 19세기 동안 확장되는 영토를 잘 운영하기 위한 방안으로서 이러한 과학 분야에 매우 많은 노력을 기울였음을 보여준다.

셋째, 헨리의 대기 음향학 연구는 항해의 안전을 도모하는 공익적 필요에 부응한 실용적 연구였다. 등대국은 선박이 안전하게 연안을 항해하도

---

30 Ibid., pp.5~6.

록 하기 위해 등대를 관리하고 안개 신호를 발신함으로써 배들이 안개 속에서나 한밤중에도 정확하게 배의 위치를 알아낼 수 있도록 돕는 일을 하고 있었다. 이러한 노력을 성공적으로 완수하기 위해 과학적인 연구가 매우 중요했는데 헨리가 그 일을 맡은 것이 계기가 되어 그는 대기 음향학 분야에서 중요한 선구적 업적을 내놓았다.

넷째, 헨리는 소리 전달 매질로서 대기가 갖는 특수한 성질을 밝혀냈다. 곧 실용적 목적에서 시작된 연구가 새로운 발견으로 과학의 발전을 가져왔다. 그의 연구는 단순히 효과적인 신호용 음원을 만들어내는 것에 그치지 않고 신호가 잘 전달되기 위한 대기의 상태에 대한 좀 더 근본적인 발견에 이르기도 했다. 실용적 목적에서 비롯된 연구가 때로는 예상치 못했던 새로운 발견을 야기하면서 과학자들에게 새로운 연구 주제를 제공해주는 역할을 했다는 점은 실용적 연구가 기초적 연구를 진작하는 전형적인 사례를 보여준다.

다섯째, 헨리의 연구 덕택에 대기 음향학에서 미국은 유럽을 따라잡았다. 헨리의 연구는 1860년대와 1870년대에 주로 행해진 틴들의 대기 음향학 실험 연구와 비슷한 시기에 진행되었기 때문에 이 분야에서 미국은 유럽에 비해 결코 뒤처지지 않았다. 19세기 내내 음향학의 다른 분야가 유럽에 비해 크게 뒤처졌던 것을 감안해보면 헨리와 그의 연구를 지원한 미국 정부 덕택에 대기 음향학 분야에서는 미국이 유럽과 어깨를 나란히 하고 겨룰 수 있는 토대가 구축되었다.

5) 음향학의 학문적 가치

19세기 후반 미국에서 음향학은 하나의 분과 학문이 아니라 좀 더 폭넓게 동역학적인 과학을 위한 베이스캠프로 여겨졌다. 음향학은 과학자뿐만 아니라 공학자도 관심을 갖는 연구 분야로서 탄성과 진동에 대한 동역학적 이해를 위한 토대 학문으로서 가치가 있었다. 탄성은 분자력(molecular force)의 동역학적 효과로 여겨졌고 분자력에 의지해 여러 가지 물질의 성질을 연구하려는 노력이 활발하게 전개되고 있었다. 당시 미국의 물리학 교재에 물성이 중요한 학습 내용으로 포함되어 있는 것은 당시에 미시적 수준에서 응집력(cohesion)과 부착력(adhesive force)을 써서 탄성뿐만 아니라 표면장력, 모세관력 등의 다양한 현상을 설명하려는 시도가 활발하게 전개되고 있었던 것을 반영한다.[31]

이러한 물질관은 기본적으로 분자 이론에 토대를 두고 있는 것으로 이런 개념의 강력한 옹호자인 영국의 물리학자 맥스웰은 물질의 성질을 잃지 않는 최소의 알갱이로서 분자 개념을 제시한 바 있다.[32] 칼날을 구부리면 볼록한 쪽은 분자 간격이 멀어지고 오목한 쪽은 분자 간격이 좁아지는데 손을 놓으면 탄성에 의해 원래의 위치로 돌아간다. 이것은 분자 간에 일정한 간격을 유지하려는 밀고 당기는 힘이 존재한다는 것을 보여주는 것으로 이해되었고 이러한 밀고 당기는 힘에 의해 일어나는 운동은 진자의 진동과 유사하다고 유비적으로 이해될 수 있었다. 당시에 널리 사용되던 기계식 시계가 이러한 탄성을 이용해 구동된다는 점은 탄성을 일으키는 분자력의 불변성을 보여주는 것이었다.[33] 이러한 분자 운동을 이해하

31 Benjamin Silliman, *Principles of Physics, or Natural Philosophy*(New York: Ivision, Blackman, Taylor, and Co., 1871), pp.109~112.

32 Thomas Wrightson, *The Application of Mechanical Principles to the Phenomena of Sound* (Middlebrough: Office of the Cleveland Institution of Engineers, 1876), p.6.

33 Ibid., pp.7~8.

기 위한 가시적인 수단이 음향학이었고 음향학은 이러한 물질의 특성을 이해하기 위한 토대로서 강조되었다.

라이트슨(Thomas Wrightson)이 1876년 클리블랜드 공학자협회(Cleveland Institution of Engineers)의 회장 취임 연설에서 역설한 것은 분자력의 동역학적 이해가 소리를 이해하고 음악의 아름다움까지 이해할 수 있게 해준다는 점이었다.[34] 라이트슨이 소리에 대한 연설에서 가장 많이 인용한 음향학자는 틴들이었고 그다음은 헬름홀츠였다. 역시 이 강연에서 중심을 이룬 것은 음향학의 실험적 측면이었다. 수리 음향학은 소개되지 않았고 음향학의 핵심은 실험을 통한 음향학적 진동 현상을 이해하는 것으로 제시되었다. 그는 헬름홀츠의 조합음 이론에 이르기까지 당시 실험 음향학의 핵심을 이해하고 전달하는 데 초점을 맞추었다. 이는 당시의 미국 음향학이 유럽의 음향학을 잘 이해하고 자신들의 필요에 맞게 도입하는 것이 목표였음을 보여준다. 라이트슨은 공학자가 동역학적 계를 이해하는 데 음향학의 지식이 도움이 된다는 확신을 가지고 음향학에 대한 깊은 이해를 역설했다.

2. 유럽 음향학의 수용과 소화

1) 음속에 대한 리콘트의 이론적 논의

노스캐롤라이나 대학의 자연철학 교수였던 리콘트(John Le Conte, 1818~1891)가 1864년 ≪철학 잡지(Philosophical Magazine)≫에 쓴 논문 「공기와

34 Ibid., p.13.

기체에서 음속의 계산치와 관측치 사이의 불일치에 대한 라플라스의 설명의 적절성(On the Adequacy of Laplace's Explanation to Account for the Discrepancy between the Computed and the Observed Velocity of Sound in Air and Gases)」은 리콘트의 음향학에 대한 이론적 관심을 잘 드러내준다.[35] 리콘트는 뉴턴이 음속의 이론적 계산치를 내놓은 이후 라플라스에 의해 그것의 수정안이 제시되고 그에 대한 학계의 다양한 논의가 전개된 과정을 정리하면서 왜 라플라스의 이론적 유도가 정당성을 갖는지 논증했다. 이론과 실험의 관련성에 대한 치밀한 논의를 전개한 점에서 리콘트는 일찍이 미국 음향학 분야에서 이론과 실험을 섭렵한 보기 드문 과학자였다.

리콘트의 이론적 논의를 다루기 전에 그의 과학자로서의 경력과 음향학에 끼친 일반적인 영향을 간략하게 살펴보자. 그는 원래 의사로 훈련받았으나 대학에서 교수로 재직하면서 연구에 종사했고 연구자로서 명성을 얻었다. 1846년 그는 모교인 프랭클린 대학에서 자연철학 및 화학 교수좌에 임용되었고 9년간 근무한 후 1855년 모교인 의사 및 외과의사 대학(College of Physicians and Surgeons)의 교수로 임용되었다. 이듬해 사우스캐롤라이나 대학(South Carolina College)의 자연철학 및 기계철학(Natural and Mechanical Philosophy) 교수로 초빙을 받았다. 그러나 얼마 가지 않아 사우스캐롤라이나 대학은 남북전쟁으로 문을 닫게 되었고 리콘트는 교수직을 잃었다. 전후에 사우스캐롤라이나 대학교(South Carolina University)가 조직되었고 리콘트는 같은 교수직에 임용되었다. 사우스캐롤라이나 대학과 관계를 맺고 있었던 시기에 리콘트는 ≪미국 과학 학술지(American Journal

35 John Le Conte, "On the Adequacy of Laplace's Explanation to Account for the Discrepancy between the Computed and the Observed Velocity of Sound in Air and Gases," *Philosophical Magazine*, 27(1864), pp.1~32.

of Science)≫와 ≪철학 잡지≫에 논문을 냈고 유럽에서도 명성을 얻게 되었다.[36]

1857년 리콘트는 악음에 민감한 불꽃을 발견했다. 이 발견은 이후 배릿(W. F. Barrett), 틴들, 쾨니히에 의해 귀로 감지하기 어려운 소리를 감지하고 복합음의 시각적 분석을 가능하게 해주는 새로운 실험 기술의 창출로 이어졌다. 민감 불꽃의 발견은 조직적인 탐구 활동의 과정에서 얻어진 결과였다. 리콘트는 적절한 실험 장치를 확보하지 못했기 때문에 자신의 발견을 좀 더 정교한 장치로 발전시키지 못했다. 대신에 리콘트의 연구는 이론으로 향했다. 1861년에 집필해 1864년에 출판한 논문에서 리콘트는 라플라스의 음속 유도에 대해 논했다. 이 논문은 앞서 말한 대로 리콘트가 유럽에서 주목을 받는 계기가 되었다.

내전이 끝나자 리콘트는 캘리포니아 대학(University of California) 물리학 및 산업 기계학(Physics and Industrial Mechanics) 교수로 초빙되어 신생 학부에서 교육의 토대를 닦았다. 1875년 길먼(Daniel Coit Gilman, 1831~1908) 총장이 사직하자 리콘트는 그 자리를 1881년까지 맡았다.[37] 그는 그 후 계속 물리학 교수로 일했다. 그는 미국 과학 아카데미, 미국 과학진흥협회, 미국 철학회, 필라델피아 자연과학 아카데미(Academy of Natural Sciences in Philadelphia), 뉴욕 과학 아카데미(New York Academy of Sciences), 캘리포니아 과학 아카데미(California Academy of Sciences)의 회원이었다. 그는 논문 100

36 Walter Le Conte Stevens, *A Sketch of Prof. John Le Conte: Sensitive Flames and Sound-Shadows*(New York: D. Appleton, 1889), pp.6~7.

37 Stevens, *A Sketch of Prof. John Le Conte: Sensitive Flames and Sound-Shadows*, pp.7~8. 그의 이름은 동생 조셉(Joseph Le Conte)과 혼돈을 일으키기도 한다. 왜냐하면 그의 동생도 프랭클린 대학을 나왔고 나중에 캘리포니아 대학에서 교수가 된 것 같기 때문이다. 그는 지질학자로서 명성을 얻었다.

편 이상을 썼는데 그중에는 의사로서의 관심을 드러내는 것이 많다. 그는 악어의 머리를 제거한 후에, 심지어 척추를 손상시킨 후에도 악어가 의지적 행동을 한다는 것을 보인 독창적인 실험을 수행하기도 했다.[38] 그는 다른 논문에서 암의 발병률이 증가하는 것을 통계적으로 밝혔고 나이가 먹을수록 암의 발병률이 증가한다는 것과 잉글랜드보다 프랑스에서 암의 발병률이 높은 것을 보고했다. 그는 여러 차례의 실험을 통해 많은 식물이 완전히 얼어도 손상을 전혀 입지 않는 것을 입증했다. 빙하, 바람, 햇빛, 운석의 낙하 속도, 화성과 그 위성 등 그의 연구 범위는 넓었고 그의 연구가 유럽에서 후속 연구를 불러일으킨 경우도 많았다. 특히 물속에서 진동의 전파에 대한 그의 실험 연구는 유럽에서 많은 관심을 불러일으켰다.

그는 의사로서의 관점에서 목소리의 생리학을 연구한 것이 계기가 되어 소리에 관심을 갖기 시작했다. 1846년 그는 목소리의 생리학에 관한 논문을 출판했고, 1858년 석탄 가스 불꽃에 미치는 악음의 효과에 대한 유명한 논문을 ≪미국 과학 학술지≫, ≪철학 잡지≫에 발표했다. 1882년 수중 소리 그늘(Sound Shadows in Water)에 관한 논문을 ≪철학 잡지≫에 발표했다. 음향학 연구가 그의 연구의 중심에 있지는 않았지만 그의 음향학적 연구 성과는 유럽 과학자들의 관심을 끌었고 이는 19세기 중반까지 그의 연구에 대해서 의미 있는 반응을 보이는 음향학 연구자를 미국에서는 찾아보기 힘들었음을 드러낸다.

리콘트는 1687년 뉴턴이 『자연철학의 수학적 원리』에 처음으로 제시한 소리 전달 이론의 원리가 불완전하고 모호함에도 널리 받아들여진 것에서 그의 논의를 시작했다. 뉴턴이 소리 문제에 대해 분자 운동의 차원에

38 Ibid., p.8.

서 접근한 것은 선견지명이 있는 시도였다. 뉴턴은 『자연철학의 수학적 원리』 제2권의 명제 43에서 탄성 매질에서 진동하는 물체는 그 매질로 펄스를 전파한다고 진술했다. 명제 47에서는 각각의 분자 운동은 진동하는 진자의 운동 법칙을 따른다고 했으며, 명제 48에서는 매질의 탄성력이 응축도(condensation)에 비례하는 매질에서 펄스의 속도는 탄성력의 제곱근에 정비례하고 밀도에 반비례한다고 말했다. 명제 49에서는 그러한 펄스가 공기에서 전파될 때 절대 속도는 무거운 물체가 균질한 대기의 절반의 높이에서 자유 낙하할 때 얻는 속도와 같다는 유명한 결론을 끌어냈다.[39]

1741년 스위스의 수학자 크라머(Gabriel Cramer, 1704~1752)는 명제 47이 옳음을 밝혔고 음속은 진동 유형에 역학적으로 의존하지 않는다고 했다. 뉴턴 이론의 다른 불만스러운 부분은 1759년 라플라스가 지적했고 정확하고 엄밀한 고찰로 그것을 대신했으나 음속은 명제 49번에 언급된 것으로 인정했다. 뉴턴의 해법은 불완전했지만 그럼에도 그것은 물리적 일반화의 진정한 원리를 담고 있었다. 라플라스는 압력이 밀도에 정비례한다는 마리오트의 법칙(Mariotte's Law)은 사실이 아닐 수 있다고 주장했으며 압력이 밀도의 5분의 4 제곱에 비례한다고 가정하면 불일치는 설명될 것이라고 했다. 그러나 그는 공기의 탄성력이 이렇게 빨리 변하는 것에 대한 물리적 원인을 제대로 제시하지는 못했다. 19세기 초 라플라스는 당황스러운 차이의 진정한 원인으로서 파동 운동이 진행되는 동안의 열의 발생을 제안했다. 1807년 푸아송(Siméon-Denis Poisson, 1781~1840)은 라플라스의 제안에 따라 수식을 세웠다. 마침내 1816년 라플라스는 이 문제에 대한 수리 물리적 연구의 결과로 다음 정리를 제시했다. "음속은 뉴턴의

39 Ibid., pp.1~2.

공식이 제시한 값에 일정한 부피를 갖는 공기의 비열에 대한 일정한 압력을 받는 공기의 비열의 비를 곱한 것으로 주어진다."[40]

어떤 이들은 이론과 사실 사이의 차이에 대한 라플라스의 해결책을 의심의 눈으로 바라보면서 열 발생을 개입시키지 않고 문제를 해결하려는 노력을 전개했다. 리콘트는 이 문제에 대한 복잡한 논의가 두 가지 상이한 원인에서 비롯된다고 보았다. 첫째는 본질적으로 동등한 라플라스와 푸아송의 물리 이론에 대한 오해이고, 둘째는 물리적 문제에 편미분 방정식의 수학적 이론을 적용하는 것이 어렵고 모호하기 때문이라고 했다. 리콘트는 두 원인을 자세하게 설명했다. 뉴턴의 원래의 음속 공식은 $\sqrt{gh}$(g: 1초 동안 중력이 유발하는 속도, 즉 중력 가속도, h: 지표면에서 관측되는 기압을 일으키기 위해 지표면에서 나타나는 밀도로 균질하게 쌓여 있다고 가정한 대기의 높이)라 표현되는데, h는 공기의 밀도에 대한 수은의 밀도의 비에 의존하므로 마리오트의 법칙에 의해 공기 밀도가 변하면 수은주의 높이가 변하므로, h는 일정하여 기압의 변동에 무관해지게 된다. 다시 g가 증가하면 h가 감소하고 역도 성립한다. 그래서 gh의 값은 위도와 대기 중의 고도에 무관하고 온도의 변화가 없다면 모든 기압에서 일정하다. 이에 대해 리콘트는 대수학적 추론도 곁들여 이해하기 쉽게 제시했다. D를 수은의 밀도, d를 공기의 밀도, b를 수은주에서 수은의 높이라고 하면 $h=\frac{bD}{d}$라고 할 수 있다. $hd=bD$와 같이 공기의 밀도와 균질한 공기의 높이를 곱한 값과 수은의 밀도와 수은주에서 수은의 높이를 곱한 값을 같다고 놓은 것이다. 이것은 수은 기압계를 일종의 천칭으로 보는 개념으로 한쪽 접시에는 공기를, 다른 한쪽 접시에는 수은을 올린 상태에서 천칭이 수평을 이루

40 Ibid., pp.2~3.

었을 때 공기가 누르는 힘에 의해 수은이 일정한 높이를 유지한다는 개념에 입각하여 세운 식이다.

그러므로 $v = \sqrt{gh} = \sqrt{\frac{gbD}{d}}$가 되고 이제 D가 상수라면 마리오트의 법칙에 의해 d는 b에 비례한다. 그러므로 b가 변하더라도 $\frac{b}{d}$인 인자의 값은 상수를 유지한다. 또 g가 변하면 b만큼 쌓이는 수은의 무게에 변화가 생긴 만큼, h만큼 쌓이는 공기의 무게에도 변화가 생겨 g의 변화는 b에는 영향을 주지 않게 된다. 그런데 공기 밀도인 d는 압박하는 힘인 g에 비례할 것이므로 $\frac{g}{d}$ 인자는 위도와 고도에 따라 g가 변하더라도 변하지 않는다. 그러므로 공기 중의 음속은 변하지 않는다는 것이 리콘트의 설명이었다.[41]

훨씬 심각한 문제는 소리가 전달되는 과정에서 일어나는 응축과 희박화(rarefaction)가 온도의 상승과 하강을 가져온다는 라플라스의 생각에서 인지되었다. 1837년 리치(William Ritchie)는 라플라스의 가설이 옳지 않다고 주장했다. 그는 희박화된 파동과 응축된 파동이 공기 중에서 같은 속도로 움직인다는 것은 말이 되지 않는다며 매순간 그것들의 진행은 발생하는 열에 영향을 받을 것이라고 주장했다. 1848년 챌리스(James Challis, 1803~1882)는 갑작스런 응축은 열을 발생시켜 공기의 탄성력이 더 커지게 되고 갑작스런 희박화는 온도를 낮추어 공기가 더 작은 탄성력을 갖게 한다고 주장했다. 1851년에는, 희박화로 생긴 냉기를 고려하면 라플라스의 추론은 공기 중 음속이 이론적 음속보다 6분의 1이 큰 것이 아니라 6분의 1이 작았다고 해도 유효했을 것이라는 주장도 제기되었다.[42]

이런 오해에 대한 열띤 토론에서 에어리(George Bidell Airy, 1801~1892), 랭킨(William Rankine, 1820~1872), 스토크스(George Gabriel Stokes, 1819~1903), 브

41 Ibid., pp.4~5.

42 Ibid., p.5.

라베(Auguste Bravais, 1811~1863) 등은 모든 난점은 라플라스 추론의 물리적 기초에 대한 오해에서 나온다고 지적했다. 에어리는 "음속은 정상적인 밀도 상태에서 공기의 절대 압력에 의존하지 않고 밀도 변화량에 대한 압력 변화량의 비율에 의존한다"는 것을 보여주었다. 랭킨은 "압축이건 팽창이건 기체의 밀도가 변할 때 그 온도도 변하는데, 그것은 공기가 원래의 온도로 회복될 때까지 압력이 새로운 밀도에 비례하는 것을 가정하지 않는다. 온도의 순간적인 변화가 밀도 변화와 같은 방향이므로 원래의 압력에 비교한 압력의 순간적 변화량은 그 값이 양이건 음이건 원래의 밀도에 비교한 밀도의 변화량보다 크다. 그러므로 밀도의 변동이 전파되는 속도는 전체 압력을 전체 밀도로 나눈 값이 아니라 압력의 변화량을 밀도의 변화량으로 나눈 값의 제곱근에 비례한다"라고 말했다. 리콘트에 따르면 이들은 이렇게 라플라스의 기본 원리에 대해 오해한 것을 불식시킬 수 있었다.[43]

두 번째 원인은 리콘트가 보기에 수학적 과정과 결과에 대한 상이한 물리적 해석에서 비롯된 것으로 다루기가 더 힘들었다. 많은 동역학적 문제가 정확하지 않은 과정에 의해 수학적 결과에 도달하고, 관련된 많은 방정식이 어떤 가정 없이는 적분이 가능하지 않다. 음속의 수학적 이론에서도 챌리스, 에어리, 스토크스, 문(Robert Moon), 랭킨, 언쇼(Samuel Earnshaw, 1805~1888) 등이 그 문제의 물리적 측면과 수학적 측면을 화해시키기 위해 많은 노력을 퍼부었다. 리콘트는 물리적 문제와 수학적 문제는 분리될 필요가 있고 실험과 관측으로 검증될 수 있는 합리적인 물리적 해석에 주의를 기울일 것을 강조했다. 언쇼는 탄성 매질을 연속적으로 가정한 것은 잘못이며 탄성 매질은 유한한 간격으로 떨어진 입자로 이루어져 있다고

43 Ibid., p.6.

보아야 한다는 입장을 취했다. 언쇼는 수학적인 논의를 통해서 소리가 발생할 때의 강도에 따라 음속이 달라질 수 있다는 입장을 취했으나 리콘트는 이런 입장은 물리적으로 보아서는 거의 받아들일 수 없는 '수학적 허구(mathematical fiction)'라는 것을 분명히 했다.[44] 여기에서 리콘트는 자신이 수리 물리학자가 아니라 수리 물리학을 이해하려고 노력한 실험 연구자라는 것을 드러냈다. 그는 수리 물리학을 이해했으나 고유한 연구 성과를 내지는 않았고 수학적 유도 과정이 올바른가와 무관하게 수학적 결론에 대한 최종 판단은 실험 결과와의 일치성에 의거한다는 태도를 취했다. 리콘트가 언쇼의 수학적 유도가 내놓은 결론을 비판한 것은 수학적 논의의 부당성이 아니라 실험적 결과와의 불일치성에 의거했다.

이어진 리콘트의 논의는 음높이나 소리의 세기에 관계없이 음속은 일정하다는 여러 실험 결과를 자세히 소개하는 것이었다. 1858년 리즈(Leeds)에서 열린 영국 과학진흥협회의 회의에서 언쇼는 격렬한 소리가 부드러운 소리보다 더 빨리 전달될 것이란 자신의 이론적 유도를 지지하는 경험적 증거를 제시했다. 탐험가 패리(William Edward Parry, 1790~1855)의 항해 중에 이루어진 실험에서 멀리 있는 관찰자에게 대포를 발사하라는 명령 소리보다 대포 소리가 먼저 들렸다는 보고가 있었다.[45] 앤트워프(Antwerp)의 몽티니(C. Mongtigny) 교수는 천둥소리가 상상했던 것보다 훨씬 빨리 움직인다는 관측 보고를 했다. 몽티니는 보통의 소리라면 15초에 도달할 곳에서 발생한 천둥소리가 2초 만에 도달했다고 했다. 언쇼의 논문에는 비슷한 관찰 사실에 대한 보고가 더 포함되어 있었다. 이런 보고들에 대해서 리콘트는 '극도로 조심스럽게' 받아들여야 한다는 태도를 취했다. 그는 믿을

44 Ibid., p.9.

45 Ibid., pp.10~11.

만한 관측에 따르면 번개의 줄기(stroke)가 보통 3 내지 5마일(4.82 내지 8.04km)에 달하는데, 전기의 속도는 소리의 속도보다 훨씬 빨라서 3 내지 5 마일을 순간에 달리기 때문에 관찰자는 거의 동시에 시작과 끝점에서 불빛이 번쩍이는 것을 보게 되므로, 그렇게 빨리 관측된 소리를 발생시킨 번개의 부분은 훨씬 가까운 곳에 있었을 가능성이 크다고 판단했다. 그리고 패리의 부하들이 관측한 변칙적 사례는 더 믿을 만한 관측 사실을 뒤집어엎을 만한 권위를 갖지 못한다고 보았다.[46]

리콘트는 더 나아가서 라플라스가 말한 수축과 팽창이 가설적인 것이 아니라 실험으로 검증되는 것임을 강조했다. 열이 발생하더라도 빠르게 복사되면 소리의 속도에 영향을 미칠 수 없다는 챌리스의 지적이 있었으나 스토크스가 권위 있게 지적했듯이 열은 전달되려면 시간이 걸리므로 음파가 전파될 때 짧은 시간에 열복사로 인한 손실은 발생할 수 없었다.[47] 언쇼는 다른 맥락에서 라플라스의 유도가 실험과 일치한다고 볼 수 없다는 주장을 했다. 그는 라플라스의 제안 이후에 음속의 관측치가 줄어드는 경향을 보인 점을 지적하면서 실험으로 밝혀진 음속을 초속 1,090피트(322.23m)라고 작게 잡아도 라플라스가 이론적으로 얻어낸 음속이 24피트(7.31m)가 부족하고 더햄, 플램스티드(John Flamsteed, 1646~1719), 핼리(Edmond Halley, 1656~1742), 피렌체 아카데미 회원들이 결정한 값인 1,142피트(348.08m)와 비교하면 76피트(23.16m)나 부족하다는 것이다.[48] 리콘트는 비열비 k를 구하는 데 실험연구자들의 방법과 기구의 개선이 요구된다는 것은 인정했다. 그러나 라플라스의 제안 이후에 음속 관측치가 줄어들었다는 지적은 역사적 사실이 아

46 Ibid., p.11.

47 Ibid., p.13.

48 Ibid., p.14.

니라고 했다. 그는 1816년 이전에 이루어진 음속 측정 중에서 신뢰할 만한 것은 1738년 프랑스 아카데미 회원들이 측정한 것과 1809년 벤젠베르크(Johannes F. Benzenberg, 1777~1846)가 한 실험뿐인데 표준 온도로 환산했을 때 이후에 프랑스와 네덜란드의 실험 연구자들이 얻은 측정치와 유의미하게 다르지 않다는 점을 지적했다.

리콘트는 뉴턴이 유도한 공식의 유효성에 대해서는 언쇼도 인정한다는 점을 지적하고 $\sqrt{gh}$ 에서 h와 g를 결정하기 위한 측정이 이루어졌음을 언급했다. 1847년 르뇨(Henry Victor Regnault, 1810~1878)가 발표한 믿을 만한 실험에서 해발 60m인 파리에서 수은 1리터는 0℃에서 1만 3,595.93g이었다. 같은 장소와 같은 온도에서 수은 0.760m의 기압에서 1리터의 순수한 마른 공기는 1.293227g이었다. 그러므로 같은 조건하에서 수은은 공기보다 1만 513.2163배 무거웠다. 따라서 균질한 대기의 높이 h는 0.760m에 1만 513.2163을 곱한 7,990.044388m라는 값이 얻어진다.[49]

다음에 리콘트는 g를 결정하기 위한 논의를 소개했다. g를 결정하기 위해서는 먼저 초진자 길이의 결정이 이루어져야 한다는 것에는 동의가 이루어져 있었다. 리콘트는 공기를 없앤 진공에서 초진자의 운동이 이루어지는 것으로 환산해야 하는데 그동안의 환산에서 움직이는 물체가 끌어당기는 점착성 공기 덩어리의 영향을 고려하지 않고 부력 계수(coefficient of buoyance)를 너무 작게 잡은 것이 문제라고 했다. 베셀(Friedrich Bessel, 1784~1846)의 실험에서 환산 인자는 이전의 값에 1.956을 곱해야 한다는 결과가 얻어졌다. 베일리(Francis Baily, 1774~1844)의 더 정교하고 직접적인 실험에서는 이 값이 진자의 길이, 크기, 모양, 구성, 매단 방식에 따라

49 Ibid., pp.15~16.

변하기 때문에 이것들을 동일하게 해줄 것이 요구되었다. 다행히도 베일리가 사용한 백금구는 비오(Jean-Baptiste Biot, 1774~1862), 마티외(Claude-Louis Mathieu, 1783~1875), 부바르(Alexis Bouvard, 1767~1843)가 파리에서 초진자의 길이를 결정할 때 부여한 특정한 조건들과 동일했다. 베일리는 환산 인자의 이전 값에 1.881을 곱해야 한다는 결과를 얻었다. 더 많은 조건을 정교하게 고려했다는 점에서 베일리의 값이 더 신뢰할 만하다는 것이 리콘트의 판단이었다. 초진자는 평균 태양일 동안 8만 6,400회 진동해야 하는데 베셀의 인자에 의하면 비오의 초진자는 0.596mm가 짧았고, 베일리의 인자에 의하면 0.0551mm가 짧았다. 이 값들로부터 g의 값은 각각 0.5881mm와 0.5438mm가 작았다.

정확한 초진자의 길이를 결정하는 데 오차를 발생시킨 다른 요인은 해발 고도 0에서의 값으로 환산하는 과정에서 해발 고도 위에 있는 이웃하는 육지의 인력을 고려하지 않은 것이었다. 이런 점을 고려해 푸아송과 밀러(Howard Miller)가 채택한 값을 채용하면 실험으로 얻은 값들로부터 더 정확한 초진자의 길이를 구할 수 있고 그로부터 g값도 확정된다는 것이 리콘트의 생각이었다. 해발 0m에서 이전의 공식에서 나온 값은 초진자의 길이가 0.993866779m이고, g는 9.8090719m이다. 수정된 값을 사용하면, 베셀의 인자를 썼을 때는 초진자의 길이는 0.993918906m이고, g는 9.80958640m이고, 베일리의 인자를 썼을 때에는 초진자의 길이는 0.993914420m이고 g는 9.805421m이다. 수정된 값이 모두 더 크다는 것을 알 수 있다.[50]

해발 60m인 파리에 있는 르뇨의 실험실에서 g는 9.80942m이므로 h는 7,990.044m인 값을 쓰면, 뉴턴의 공식에 따른 음속은 0℃에서

50 Ibid., pp.17~18.

$v = \sqrt{gh} = \sqrt{9.80942 \times 7990.044} = 279.9602\text{m}$ 값이 얻어진다. 라플라스의 공식에서 공기의 정적 비열에 대한 정압 비열의 비인 k는 실제 실험으로 구해져야 하는데 여러 실험 연구자에 의해 다양한 값이 구해졌다. 1812년 드 라 로슈(F. de la Roche)와 베라르(J. E. Bérard)가 수행한 실험에서 라플라스는 k값을 얻을 수 있었다. 이때 얻은 k값은 1.42511이었다. 이 값은 수증기를 제외하고 이루어진 것이 아니었으므로 정확하다고 할 수 없었다. 클레망(Nicolas Clément, 1779~1842)과 드소름(Charles Bernard Desormes, 1771~1862)의 실험으로부터 라플라스는 $k=1.354$의 값을 얻었다.[51] 게이뤼삭과 웰터(J. J. Welter)는 그들의 실험에서 1.3748의 값을 얻었다. 그전에 마송(A. P. Masson)은 게이뤼삭과 웰터의 방법으로 1.41이라는 값을 얻었다. 조작의 민감성을 고려할 때 마송의 값이 가장 믿을 만하다고 리콘트는 판단했다.

리콘트는 여러 이론 연구자와 실험 연구자들이 얻은 k값과 음속 공식과 이론적으로 얻어진 음속을 비교하는 표를 제시했다.[52] 그리고 수증기의 영향을 고려해 보정된 측정치를 제시했다.[53] 그다음에 리콘트는 음속을 측정하기 위해 확보된 거리와 측정하는 데 사용된 시계가 100분 1초까지 잴 수 있는 정밀성을 확보했다는 점을 고려할 때 몰(G. A. Moll)과 반 비크(A. Van Beek)의 데이터가 가장 신뢰할 만하다는 판단을 내렸다. 그리고 리콘트는 이론적 유도를 비교했는데 뉴턴의 공식을 보정하기 위해서 곱해주어야 하는 값이 라플라스, 아이보리(James Ivory, 1765~1842), 헤라패스(John Herapath, 1790~1868), 챌리스, 언쇼가 모두 달랐다. k값을 마송의

51 Ibid., pp.18~19.

52 Ibid., p.19.

53 Ibid., p.21.

값인 1.41을 썼을 때 라플라스의 식이 몰과 반 비크의 측정치를 건조 공기 0℃로 보정한 값인 초속 332.4117m와 가장 근접했다. 이렇게 리콘트는 라플라스의 식이 실험과 일치하지 않는다는 언쇼의 주장은 신빙성이 없음을 분명히 했다.[54]

이어서 리콘트는 이론적 논의를 통해 그동안 구해졌던 k를 다른 방법으로 유도했다. 그는 르뇨가 구한 일정한 압력하에서 순수한 기체의 팽창률의 측정치와 줄(James Prescott Joule, 1818~1889)이 구한 열의 일당량을 활용해서 기체의 팽창으로 순수하게 소모되는 열을 구하여 이로부터 일정한 압력에서 기체의 온도를 1℃ 올리는 데 요구되는 열과, 일정한 부피를 유지하며 같은 기체의 온도를 1℃ 올리는 데 요구되는 열을 구해 라플라스의 k값을 1.410478로 구했다. 리콘트는 이 값을 라플라스의 속도 공식에 넣었을 때 음속은 332.4907m/s가 나와 신뢰할 수 있는 측정 결과와 잘 들어맞는다는 것을 보였다.[55]

리콘트는 논의를 마치면서 혼합물인 공기가 성분별로 다른 음속을 갖지 않고 왜 일정한 음속을 갖는지에 관련된 그동안의 논의를 정리했다. 그는 다른 기체 속에서 음속이 달라지는 것은 맞지만 먼 거리에서 전달되는 소리가 질소와 산소에서 전달되는 속력의 차이로 소리가 나눠지지 않는다는 경험적 정보로부터 화합물이 아닌 혼합물인 공기에서 음속은 하나이어야 한다는 주장을 확인하면서, 믿을 수 있는 실험 결과를 이론의 최종적 권위로 인정하는 모습을 보였다.

이러한 복잡한 논의를 통해 리콘트가 내린 결론은 라플라스의 음속 유도식이 온갖 도전이 있었음에도 정당하며 실험을 통해서도 지지받는 식

54 Ibid., p.22.

55 Ibid., p.24.

이라는 것이었다. 리콘트는 당시에 여전히 진행되고 있는 논쟁 속에서 그 동안의 논쟁에 대한 진지하고 엄밀한 검토를 통해 신뢰할 만한 판단에 이르고 있다는 점에서 이 문제에 대한 후속 연구자들이 꼭 읽어보아야 할 가치가 있는 논문을 썼다. 그가 이러한 합리적인 판단을 내릴 수 있었던 것은 이 논쟁에 대한 충분한 이해와 더불어 논리적 결함과 추론의 정당성을 판단할 수 있는 날카로운 이성을 가지고 있었기 때문이었다. 그는 음속을 둘러싸고 벌어진 열띤 논쟁을 정리하고 라플라스의 이론적 유도가 신빙성을 확보해야 하는 이유를 설득력 있게 제시했다. 그런 점에서 그 자신이 창의적으로 실험을 수행하거나 수학적 유도를 새롭게 하지는 않았지만 기존의 연구를 정확하게 이해하고 다른 이들에게 잘 전달하는 데 능력 있는 인물이었다.

2) 소리의 그늘, 간섭, 회절과 스티븐스

뉴욕의 브루클린에 있는 패커 예비학교(Packer Collegiate Institute)의 스티븐스(Walter Le Conte Stevens, 1747~1827)는 메이어와 친분을 가진 음향학자로서 19세기 후반 음향학 연구를 수행했던 소수의 미국인 중 한 사람이었다. 스티븐스는 「민감한 불꽃과 소리 그늘(Sensitive Flames and Sound Shadows)」에서 소리의 파동 이론과 빛의 파동 이론을 나란히 놓고 그 역사를 살폈다. 17세기에 이미 빛의 파동 이론은 그리말디(Frencesca Maria Grimaldi, 1616~1663), 훅, 하위헌스에 의해 제시되었다. 하위헌스는 빛의 파장을 잴 생각을 하지 않았고 그것이 얼마나 작은지도 알지 못했다.[56] 그리

56 Ibid., p.13.

하여 하위헌스는 빛의 회절을 보이지 못했고 뉴턴은 그의 이론을 받아들이지 않았다. 한참 세월이 흘러서 빛의 파동 이론에 다시 주목하고 그것의 회절 현상을 나타낼 수 있었던 사람은 영이었다. 영의 파동 이론은 반대에 부딪쳤지만 프레넬과 아라고의 관심을 끌었고 프레넬의 집요한 연구로 빛의 파동 이론 기초는 튼튼하게 다져졌다. 빛이 파동이기 위해서는 매질이 있어야 했고 그 매질은 빛이 없다면 감지되지 않는 에테르라는 물질이었다. 반면에 소리의 매질은 고체, 액체, 기체가 모두 가능했다.

스티븐스는 소리의 이론을 빛의 이론과 유비적 관계에서 고려했다. 그는 회절이 파장에 비례한다는 법칙에 근거해 빛에서 그림자 안으로 회절해 들어오는 빛을 관찰하기 어렵다는 것을 지적했다. 반면에 소리는 파장이 매우 길기 때문에 회절의 정도가 커서 소리 그늘을 오히려 관찰하기 힘들다고 말했다. 132cps 소리의 파장은 2.6m 정도이고 이것은 가시광선의 500만 배 이상이기 때문에 이런 파동의 그늘을 제대로 보기는 어렵다는 것이다. 따라서 소리 그늘을 제대로 보려면 짧은 파장의 소리를 사용해야 하는데, 폭발음이 아니면 짧은 파장의 소리는 높은 음높이를 갖는다. 그런데 이런 높은음은 강한 세기로 만들기가 어렵다. 더구나 1만 5,000cps 이상의 진동수를 갖는 소리는 들을 수 있는 사람이 적다. 그러므로 소리 그늘의 존재를 짧은 파장의 소리를 써서 보이기는 어려운 것이다. 그러므로 가청 진동수의 소리를 쓸 경우 사람이 소리 그늘에 들어갔다 해도 완전히 고요하지 않고 부분적으로 회절된 소리를 듣게 된다.

공기가 아니라 물에서는 사정이 사뭇 달라진다. 1826년에 수행된 수중 음속 실험에서 콜라돈(Jean-Daniel Colladon, 1802~1893)은 음원으로 종을 쓰고 몇 마일 떨어진 곳에서 소리를 감지하기 위해 박판(diaphragm)이 붙어 있는 청취 나팔을 물속에 넣고 좁아진 끝은 수면 위에서 귀에 넣어 소리를 감지했다. 이때 콜라돈은 놀라운 사실을 발견했다. 공기 중에서는 종소리의 낮은음이 가장 느리게 감쇠되기 때문에 가장 먼 곳에서도 들리게 되는데 물속에서는 반대로 종소리의 낮은음은 짧은 거리에서 소멸되고 높은음이 가장 멀리에서도 들렸다.[57] 그리고 콜라돈은 청취 트럼펫 앞에 벽을 설치하면 그 벽 뒤에서는 공기 중에서와 달리 소리의 감쇠 효과가 더 크다는 것도 발견했다.

1874년 존 리콘트와 그의 아들 줄리안 리콘트(Julian Le Conte)는 샌프란시스코 만에서 화약을 폭발시키는 것을 음원으로 삼아 수중 소리 그늘 실험을 수행했다. 그 충격파는 300피트(91.44m) 밖의 배 위에 앉은 사람의 발에서도 느낄 수 있었고 물고기 수백 마리를 죽였다. 폭발물에서 40피트(12.19m) 떨어진 곳에 말뚝이 수직으로 서 있었고 거기에서 12피트(3.65m) 떨어진 곳에 두 번째 말뚝이 서 있었다. 음원에 가까운 말뚝 뒤와 음원에서 먼 말뚝 앞에 유리병을 매달아놓고 폭발을 일으켰을 때 말뚝의 그늘에 가려진 병은 깨지지 않았지만 더 멀리 있었던 유리병은 그늘에 가려지지 않았기 때문에 산산조각이 났다. 이것은 유리관을 가로 방향으로 말뚝 뒤에 설치했을 때 더 선명하게 나타났다. 말뚝 뒤에 가려진 부분은 멀쩡하지만 그늘에서 벗어난 지점에 있는 유리관은 깨졌다. 그 경계선이 분명하게 그어질 정도로 물속에서 그늘은 분명하게 나타났다.

공기 중에서의 소리 그늘이 선명하게 나타난 것은 1880년 샌프란시스코 근교 다이너마이트 공장에서 폭발 사고가 났을 때였다. 3마일(4.82km) 떨어진 곳에 있는 큰 건물의 창문 중 폭발이 일어난 쪽을 향하고 있었던 것은 모두 깨졌으나 그 건물에 가려진 900피트(274.32m) 떨어진 곳은 공기

57 Ibid., p.15.

<그림 3-1> 리콘트의 수중 소리 그늘 실험

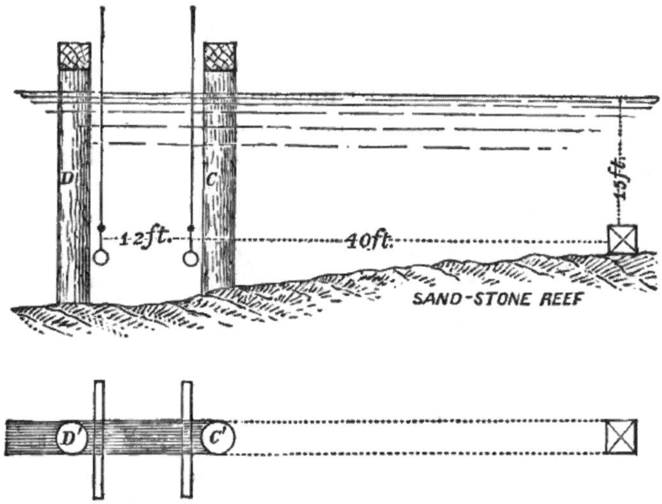

출처: Stevens, *A Sketch of Prof. John Le Conte*, p.16.

중으로는 아무런 충격이 전해지지 않았고 단지 땅을 통해서만 충격이 느껴졌다. 이것은 폭발로 생긴 짧은 파장을 갖는 소리가 매우 선명한 소리 그늘을 만들어낸다는 것을 보여준다고 스티븐스는 설명했다.[58]

이런 특별한 사고가 아니라면 공기 중에서 파장을 짧게 한 호각을 사용해 1인치(2.54cm) 이내의 짧은 파장의 소리를 만들어내 소리 그늘 실험을 성공적으로 할 수 있지만 그런 소리를 모든 사람이 들을 수 있는 것이 아니라는 게 문제였다. 스티븐스는 그 문제를 해결하는 특별한 발견이 1857년 리콘트에 의해 이루어졌다고 했다. 피시테일(fish-tail) 버너나 배트윙(bat-wing) 버너의 가스 압력을 충분히 올려서 너울거리기 직전의 불꽃은 불꽃

58 Ibid., p.17.

<그림 3-2> 민감한 배트윙 불꽃

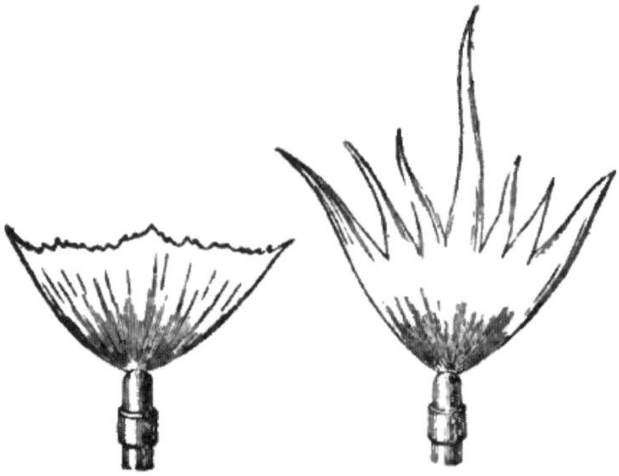

출처: Stevens, *A Sketch of Prof. John Le Conte*, p.18.

에 가한 소리의 진동수와 동음의 진동수에 민감하게 반응했다. 높은음을 내는 호각이나 소리굽쇠의 소리를 가하면 이 불꽃은 길게 진동하는 몇 개의 혀들로 갈라졌다(<그림 3-2>). 이것은 소리가 가스 분사물(jet)에 가한 교란으로 생기는 현상이었다. 불꽃은 단지 가스를 가시화해줄 뿐이었다.

9년이 지난 1867년 왕립 연구소의 실험실 조수로 있었던 배릿은 독자적으로 같은 현상을 발견했다. 그는 원통형 불꽃을 사용했는데 그 불꽃은 리콘트와 비슷한 조건에서 소리에 민감해졌다. 금속관 끝에 끼워진 '핀구멍 래버팁(pin-hole lava-tip)'에서 불꽃이 올라왔는데 잘 만들면 18인치(45.72cm)의 불꽃을 만들 수 있었다. 배릿의 장치에는 압력을 일정하게 조절해주기 위해 액주식 물 압력계(water manometer gauge)가 장착되어 있었다.[59] 압력이 10인치(25.4cm)가 되었을 때 불꽃은 갑자기 짧고 뚱뚱해졌다. 압력을 다시 낮추어주면 불꽃은 원래의 긴 모양으로 돌아갔는데 높은 진

59 Ibid., p.18.

동수의 소리가 불꽃의 기부(基部)에 도달하면 다시 짧아졌다. 손목시계의 똑딱거리는 소리에 맞추어 불꽃은 모드를 계속 바꾸었고 관객이 박수를 쳐도 짧아졌다.[60]

배릿의 장치가 민감성에서는 아주 뛰어났지만 압력이 아주 높은 상태에서 일정하게 유지되어야 했기에 만들기는 어려웠다. 이런 단점은 이탈리아 토리노의 고비(G. Govi), 잉글랜드의 배리(Phillip Barry), 미국의 스티븐스 공과대학(Stevens Institute of Technology)의 게이어(W. E. Geyer)가 독립적으로 고안해낸 철망 불꽃으로 해결할 수 있었다. 당시 도시에 공급되고 있었던 석탄 가스의 압력에서 나오는 불꽃 위에 철망을 올려놓고 노즐과 철망 사이의 거리를 조절해주면 불꽃의 민감성을 최대로 할 수 있었다.[61]

이렇게 확보된 민감한 불꽃을 쓰면 1만 2,000cps 또는 1만 5,000cps의 소리를 내는 호각에서 만들어내는 소리 그늘뿐만 아니라 빛으로 할 수 있는 실험을 소리로 모두 할 수 있게 된다. 스티븐스는 이런 실험을 레일리가 고안했음을 언급했다. 실제로 소개된 정상파 실험은 벽을 향해 들어가는 음파와 벽에서 나오는 음파 사이에 간섭이 일어나면서 진폭이 최대가 되는 점인 배와 진폭이 0이 되는 점인 마디가 정해졌다. 이때 진폭이 최대가 되는 이웃하는 점 사이의 간격이 반 파장이었다. 벽의 위치를 움직이면 배와 마디가 나타나는 점의 위치가 변화되었다.[62]

또한 스티븐스는 민감한 불꽃을 이용해서 수행할 수 있는 회절 실험을 소개했다. 소개한 다른 실험과 마찬가지로 이 실험도 스티븐스 자신이 직접 수행해본 경험을 바탕으로 소개했다. 스티븐스는 평면파가 진행할 때

60 Ibid., p.19.

61 Ibid., p.19.

62 Ibid., pp.20~21.

<그림 3-3> 길쭉한 장애물 뒤에서 일어나는 회절과 간섭

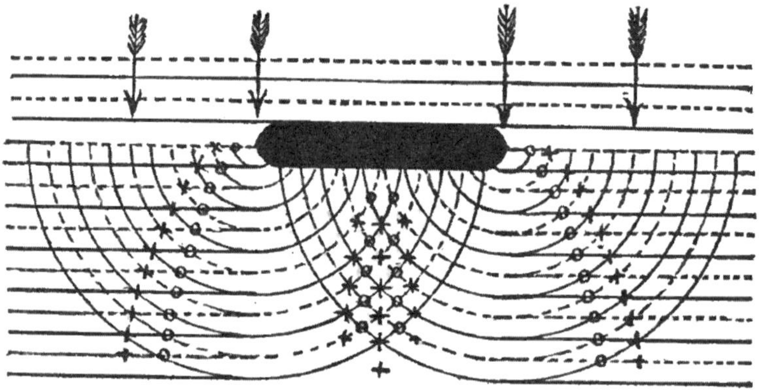

출처: Stevens, *A Sketch of Prof. John Le Conte*, p.22.

중간에 파면과 평행한 길쭉한 모양의 장애물을 만날 때 일어나는 회절과 간섭에 대해 기술했다(<그림 3-3>). 그는 평면파의 형태로 진행하던 음파가 장애물의 가장자리에서 회절되면서 새로운 구면파를 형성하는 것을 그림으로 나타냈다. 그렇게 되면 양쪽에서 발생하는 구면파가 퍼져나가면서 계속 평면의 파면을 유지하며 진행하던 평면파와 만나면서 간섭을 일으킨다. 마루와 마루가 만나는 지점에서는 평면파와 구면파의 위상이 일치하기 때문에 교란이 증가하고(+로 표시), 마루와 골이 만나는 지점에서는 평면파와 구면파의 위상이 반대이기 때문에 진폭이 0이 되는 '침묵점(quiescence)'이 발생한다(○으로 표시). 그리고 장애물의 중간의 앞쪽에서도 장애물 양쪽에서 생긴 구면파가 만나면서 간섭을 일으켜 가운데에는 보강간섭이 일어나고 양쪽에는 상쇄간섭이 일어나는 점이 교대로 발생한다.[63] 이때 발생하는 선들은 장애물의 가장자리, 즉 2차파의 중심을 초점

63 Ibid., pp.21~22.

으로 하는 쌍곡선들의 일부가 된다.

스티븐스가 수행한 또 다른 실험은 유명한 푸아송의 밝은 점(Poisson's spot) 실험의 음향학적 버전이다. 19세기 초 빛의 파동설을 들고 나온 프레넬이 아카데미의 상을 받게 될 때 반대자인 푸아송은 프레넬이 옳다면 원형 장애물의 그림자 중간에 빛의 회절로 장애물에 구멍이 뚫린 것처럼 밝은 점이 나타나야 한다고 주장했다. 이에 대해 파동설의 옹호자였던 아라고가 실험에 착수했고 푸아송이 예측한 점이 실제로 나타나는 것을 발견했다. 이것은 반대 증거가 될 뻔한 것이 지지 증거가 된 사례이다. 이 실험의 음향학적 유비 실험을 레일리가 성공시켰고[64] 스티븐스는 그것을 재현하는 데 성공했다. 지름이 1피트(0.3m) 정도인 판지 원반을 호각과 민감한 불꽃 사이에 장애물로 설치하고 판지의 위치를 조정해주자 어느 시점에서 불꽃은 교란되지 않는 침묵점들이 있음을 보여주었다. 스티븐스는 판지를 조금씩 움직이면서 불꽃이 강하게 교란되는 점이 존재하는 것을 확인할 수 있었다. 그것은 마치 렌즈가 빛을 모으는 것처럼 판지가 소리를 장애물 뒤에 모으는 것과 마찬가지라고 스티븐스는 설명했다. 스티븐스가 수행한 실험은 레일리가 수행한 실험에 비해 푸아송의 밝은 점이 소리로도 만들어진다는 것을 정교하고 분명하게 보여주지는 못했다. 레일리의 실험에 대해 스티븐스는 알고 있었지만 그것을 실현시키는 것이 어렵다는 것도 알고 있었을 것이다. 스티븐스는 1889년에 음향학적 회절격자를 사용하는 회절 실험에 대한 논문을 ≪프랭클린 협회 학술지(Journal of the Franklin Institute)≫에 게재했다. 이 실험을 통해서 스티븐스는 음향학적으로 그늘과 회절을 모두 확실하게 만들어낼 수 있다는 것을 보였다. 이

64 구자현, 「소리의 그늘, 간섭, 회절의 검출을 위한 레일리의 선구적 실험에 대한 연구」, ≪한국음향학회지≫, 26(2007), 55~60쪽.

실험에서도 민감한 불꽃은 장애물의 중심에 소리가 도달하고 그 주위에 침묵의 원형 띠와 약한 소리가 도달하는 띠가 번갈아 나타난다는 것을 보여주었다.[65]

스티븐스는 두 개의 점광원이 두 점을 초점으로 하는 쌍곡선 모양의 마디선을 만들어내는 것을 민감한 불꽃을 사용해 음향학적으로 실현시켰다고 보고했다. 스티븐스가 이때 사용한 음원은 호각이었고 또 하나의 음원을 쓰는 대신에 테이블 위에 수평으로 깐 매끈한 면에서 반사되는 소리를 사용했다. 스티븐스는 불꽃을 이용해 소음과 침묵의 띠를 추적할 수 있었다. 스티븐스는 빛과의 유비적 관계에서 소리의 파동으로서의 성질이 실험을 통해 입증된 것은 얼마 되지 않은 일이라면서 이것이 새로운 이론을 만들어내는 것은 아니지만 뉴턴이 주장한 빛의 입자 이론(emission theory)이 그러하듯이 소리의 입자 이론(emanation theory)도 이러한 증거에 의해 설 곳이 없어진다고 했다. 스티븐스는 19세기 후반 미국을 풍미했던 실체론을 접했을 것이고 실체론적 소리 이론에 대해 잘 알고 있었기 때문에 이러한 간섭과 회절 현상을 통해 소리가 탄성 매질의 파동이라는 점을 분명히 하려고 했음을 보여준다.[66]

스티븐스가 민감한 불꽃을 실험 기구로 사용하는 데 많은 관심과 노력을 기울였음이 1889년에 발표한 「연구 수단으로서 민감한 불꽃(The Sensitive Flame as a Means of Research)」에 잘 나타나 있다.[67] 스티븐스는 몇 년 전 레일리가 왕립 연구소에서 한 '소리의 회절(Diffraction of Sound)'이라는 강

65 Stevens, *A Sketch of Prof. John Le Conte: Sensitive Flames and Sound-Shadows*, pp.23~24.

66 Ibid., p.24.

67 Walter. Le Conte Stevens, "The Sensitive Flame as a Means of Research," *Philosophical Magazine*, 27(1889), pp.435~439.

연을 들은 것이 계기가 되어 민감한 불꽃에 관심을 갖게 되었다.[68] 그는 레일리가 민감한 불꽃을 이용해 실험을 성공적으로 수행하기 위해 필요한 특별한 비결을 알게 되었고 그로부터 레일리가 보여준 실험을 재현하는 데 성공할 수 있었다.

레일리가 사용한 음파의 진동수는 2만cps에 달했고 이것은 음파 파장의 3분의 2인치(1.69cm)에 해당했다. 이 파장을 측정하기 위해 음파의 진행 방향에 수직으로 반사판을 세우면 입사하는 파와 반사되는 파가 간섭을 일으키면서 배와 마디를 만들어냈다. 음원과 반사판 사이에 민감한 불꽃의 기부가 옮겨지면서 불꽃의 반응을 확인할 수 있었다. 배에서는 불꽃이 뛰놀고 마디에서는 불꽃이 조용히 탔다. 조용한 두 점 사이의 거리는 반 파장이므로 그것으로부터 소리의 진동수는 쉽게 계산할 수 있었다. 이러한 원리를 이용하여 레일리는 푸아송의 밝은 점 실험도 잘 수행했고 스티븐스는 그것을 재현했다. 스티븐스는 하위헌스대(Huygens' zones)를 음향학적으로 재현할 수 있었기에 음향학적 회절격자도 만들 수 있었고 이것으로 소리를 렌즈처럼 모을 수 있었다.[69]

스티븐스가 레일리의 회절 실험을 재현할 때 사용한 음원은 음을 조절할 수 있는 골턴(Galton)의 호각이었다. 이것은 레일리의 호각과는 차이가 났는데 산소를 채운 원통에서 바람을 내보내 1만 8,000cps나 2만cps까지 높은 음을 낼 수 있었으나 이렇게 되면 세기가 매우 약해져 실험에 어려움이 있었기에 1만 3,000cps의 음을 사용했고 그것으로 충분히 만족스러운 결과를 얻을 수 있었다. 레일리의 호각은 골턴의 것보다 좋았지만 골턴의 호각으로도 실험을 수행하기에는 충분했다. 스티븐스가 사용한 민감한

68 Ibid., p.436.

69 Ibid., p.436.

불꽃은 압축된 석탄 가스로부터 얻었고 그 압력은 액주식 물 압력계로 조절할 수 있었다.

스티븐스는 또한 유명한 영의 이중 슬릿 실험을 음향학적으로 재현하는 데 성공했다. 호각은 10.5인치(26.67cm)의 파장의 음파를 발생시켰고 스크린으로 쓴 판지는 폭이 2피트(0.60m)였는데 호각에서 34인치(86.36cm) 떨어진 곳에 설치했다. 스티븐스는 판지의 중앙에 폭이 0.25인치(0.63cm)인 수직의 슬릿을 3인치(7.62cm) 간격으로 뚫었다. 두 슬릿의 중앙에서 호각을 연결하는 선은 판지와 수직을 이루었다. 그러자 스크린 뒤쪽으로 최대 진동이 일어나는 지점을 연결한 선이 쉽게 감지되었다. 중심에서 조금 떨어진 곳에서 최대 진동선은 쌍곡선을 그렸다. 선명하지는 않았지만 두 번째 쌍곡선의 쌍도 검출되었다. 폭이 0.5인치(1.27cm)인 슬릿을 사용하면 결과는 조금 나았으나 정확한 측정이 가능하지는 않았다.

빛을 거의 180° 각도로 기울어진 두 거울에 반사시켜서 간섭 띠를 만들어내는 프레넬의 유명한 실험은 음파를 사용해서 스티븐스와 메이어가 함께 시도했다. 커다란 유리판을 탁자에 놓고 또 하나의 판은 그것에 152° 각도로 기울여놓고 호각을 불꽃에서 67인치(170.18cm), 기울어진 거울에서는 4인치(10.16cm), 탁자 위에서 13인치(33.02cm) 떨어뜨려놓았다. 여섯 줄의 간섭 띠가 불꽃으로 검출되었고 그것들의 평균 간격은 4인치였다. 이 실험의 중요한 오차의 원천은 호각에서 불꽃으로 진행하는 음파에 있었다. 스크린의 아래쪽에서 음파가 회절되어 두 거울에서 반사된 음파 중 하나 또는 둘 모두와 간섭을 일으켰다. 이 문제를 해결할 수 없게 되자 그들은 이 실험을 포기했다.

스티븐스는 프레넬의 실험을 수정해 단 하나의 거울을 사용하는 간섭 실험을 수행했다. 거울을 수평면에 놓고 호각에서 나오는 음파와 거울에

<그림 3-4> 수평면에 반사되어 간섭을 일으키는 음파

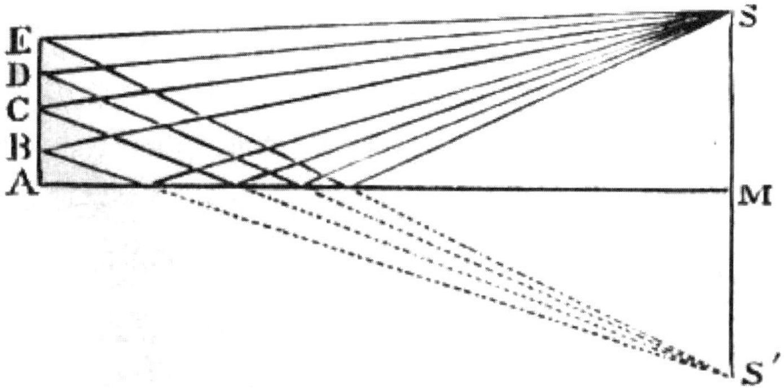

출처: Stevens, *Philosophical Magazine*, 27(1889), p.438.

반사되는 파동이 간섭을 일으키게 했다. 결과는 마치 두 개의 음원에서 소리가 나온 것과 같았으나 간섭 띠들이 중앙선의 한쪽 편, 즉 위쪽에서만 만들어질 수 있었다(<그림 3-4>). AM은 거울 면이고, S는 음원이고, S′는 거울 면에서 반사되어 생긴 가상의 음원이다. 스티븐스는 불꽃이 나오는 노즐을 처음에는 A에 놓았다가 수직으로 점차 끌어올렸다. 불꽃은 S와 S′로부터 그 점까지의 거리의 차가 반 파장의 짝수 배인 B, C, D, E…에서 뛰놀았다. A와 B의 중점, B와 C의 중점, C와 D의 중점 등에서 불꽃이 조용히 탔다. 거리 AB는 근사적으로 $\frac{AM}{SS'}\lambda$였다. 그가 MS를 10인치(25.4cm), AM을 36인치(91.44cm), 음파의 파장을 1.05인치(2.67cm)로 실험한 결과는 이론적 추론과 잘 맞았으나 스티븐스는 민감한 불꽃이 정밀 측정 장치로는 부족하다고 느꼈다. 그렇지만 당시로서는 이보다 더 나은 장치가 없다고 생각했다.

스티븐스는 독창적인 연구자는 아니었으나 유럽의 실험 음향학을 공부하고 그것을 미국으로 들여오는 데 관심이 많았다. 그는 미국의 음향학자인 리콘트의 업적을 널리 알리는 데에도 관심이 많았다. 그는 미국이 실험 장비를 자체 조달할 수 없는 어려운 물적 환경 속에서 유럽의 수준으로 음향학을 가르치고 연구할 수 있는 여건을 만들기 위해서 노력했다. 그는 이러한 노력을 통해 음향학을 미국 내에 더욱 널리 알리고 많은 사람에게 친숙하게 만들어주는 데 중요한 기여를 했다. 그는 메이어와 함께 실험을 수행하기도 했으며 관심의 창을 유럽에 열어놓고 선진 실험 음향학을 들여오는 데 힘썼다. 특히 그는 민감한 불꽃을 사용해서 귀로는 감지하기 어려운 짧은 파장의 소리를 검출해 소리의 그늘, 반사·간섭, 회절을 보여주는 실험을 성공시켰다. 그는 유럽의 과학을 적극적으로 배워서 전달하는 데 충실한 전형적인 전세대(前世代) 미국 과학 교육자의 면모를 보여주었다. 이러한 토대 위에서 미국 음향학은 곧 창조적인 연구를 진척시키는 단계로 나아가게 된다.

3. 소리의 실체 이론

1) 실체 이론의 등장

미국에서는 소리의 실체 이론(substantialism)이 1880년대와 1890년대에 많은 지지를 얻고 한동안 시대를 풍미했다. 파동 이론이 일반적으로 널리 받아들여지던 시점에서 소리가 실체로 이루어져 있다는 주장은 터무니없어 보였으나 과학적 근거를 들어 이러한 이론을 주장함으로써 지식인들의 진지한 관심을 불러일으켰다는 것은 주목할 만한 사건이었다. 물리학 전체를 새로운 시각에서 바라보는 실체 철학(substantial philosophy)의 일환으로 주장된 실체론적 음향 이론은 흔히 사이비 과학이라고 치부되나[70] 그가 나름대로 치밀한 논리적 근거를 가지고 있었던 데에 주목할 필요가 있다. 유물론이 팽배해가는 시대에 과학에 대해 종교적 입장에서 새로운 길을 모색하려고 했던 실체 이론은 종교와 과학의 상호작용을 보여주는 또 하나의 사례가 된다.

뉴욕의 감리교 목사이자 철학박사였던 홀(A. Wilford Hall, 1819~1902)이 창시한 실체 철학 또는 실체 이론은 자연 현상을 만들어내는 모든 원인, 즉 자연의 힘은 물리적이건 생리적이건, 정신적이건 영적이건 모두 실체적 존재라고 주장했다.[71] 운동 자체는 장소의 이동일 뿐 아무것도 아니지만 운동을 일으키는 원인인 힘이나 에너지가 실체를 갖는 대상이라고 했다. 거기에서 소리, 빛, 열, 중력, 전기, 자기 등은 모두 사물의 본성상 어떤 물질적 실체의 운동일 수 없고 그 자체가 자연의 힘, 즉 현상을 일으키는 원인으로서 비물질적인 실체를 갖는다고 했다. 비물질적 원인은 중력이나 자기에서 예시되는 것처럼 물질적 실체에 의해 제한되지 않는다. 그런데 어떤 비물질적 원인, 가령 열이나 소리나 전기는 어떤 물질에서는 다른 물질보다 더 잘 전달된다. 실체론자들은 이것은 단지 외양뿐이고 물질 입자가 실제로 영향을 미치는 것이 아니라 물질 속에 들어 있는 다른 힘, 즉 응집력이 영향을 미치기 때문이라고 했다.[72] 실체론은 빛의 매질의 투명도나 불투명도를

70 Daniel W. Hering, *Foibles and Fallacies in Science*(London: George Routledge and Sons, 1924), pp.116~124.

71 J. I. Swander, *A Text-Book on Sound: The Substantial Theory of Acoustics*(New York: Hall, 1887), pp.viii.

72 Ibid., pp.vii~ix.

결정하는 것도 매질 속 입자의 응집력 차이 때문이라고 설명했다. 소리에 대해서도 실체론은 소리를 단지 공기 입자의 운동이라고 보는 파동 이론을 배격하고 소리가 비물질적인 실체적 원인이라고 주장했다.

1877년 홀은 '인간 생명의 문제(The Problem of Human Life)'라는 제목의 강연을 통해 자신의 실체 철학을 세상에 내놓았다. 이 강연은 책이 되어 1880년대까지 6만 부 이상이 팔렸다. 뉴욕의 한 기독교 주간지는, 이 책이 다윈(Charles R. Darwin, 1809~1882), 헉슬리(T. H. Huxley, 1825~1895), 틴들, 헬름홀츠, 헤켈(Ernst Haeckel, 1834~1919), 메이어의 이론을 성공적으로 잘 논평했고 과학적 유물론(scientific materialism)의 허위성을 입증했다고 평가했다.[73] 이 책은 이후에 기독교 지식인들에게 반진화론·반유물론의 교서로서 영향력을 미쳤다. 그 후 홀은 1881년부터 1892년까지 ≪소우주(Microcosm)≫라는 잡지를 통해 자신의 실체론을 더 자세히 밝혔다. 어떤 목사는 홀이 세운 홀 출판사(Mr. Hall and Co.)로부터 『인간 생명의 문제』와 ≪소우주≫를 받아보고 "이 책들의 섭리적 등장은 과학과 철학에서 세계가 지금까지 목격한 것 중에서 가장 위대한 신기원을 이룬다. …… 오는 시대에 과학에서 이 책들의 저자보다 더 추앙받을 이름은 없을 것이다"라고 칭송했다.[74]

1886년 홀은 종교·과학(religio-scientific) 월간지 ≪과학계(Scientific Arena)≫를 만들어 실체론을 대중화시키기 위한 노력을 전개했다. 이 월간지는 처음에는 2년간 홀이 편집을 맡았고 나중에는 로저스(Robert Rogers)가 이어받았다. 당시 일반적인 월간지 가격이 4달러였는데 이 월간지의 구독료는 1년에 50센트였다. 이 월간지는 특히 종교계에서 많은 호의적 반향을 불

73 Ibid., p.136.

74 Ibid., p.136.

러일으켰다. 이 월간지가 내걸었던 순수한 과학적 정신으로 종교를 옹호하려는 논조는 다른 어떤 잡지보다 성공적으로 목적을 달성하고 있는 것으로 평가되었다.[75] 어떤 독자는 "동방 박사들이 베들레헴의 별을 보고 기뻐했듯이 저는 기쁨으로 ≪과학계≫를 받습니다. 각 페이지에 실린 기독교를 옹호하는 철학적 논증은 …… 불신자의 요새를 쳐부술 것입니다"라고 평가했다.[76]

이러한 실체론에 대한 우호적인 평가는 실체론이 보여주는 논리적 정치성과 관련 분야에 대한 주창자의 해박한 지식에 감화를 받은 이들에게서 나왔다. 이들의 호응이 단순히 과학계에서 유물론의 팽배를 두려워하는 이들의 반과학적 태도를 표출하는 것은 아니었다. 그러므로 홀을 위대한 기독교 과학자이자 과학 혁명가이자 진리의 성육신으로 추종하는 이들에게 실체론은 세속적인 과학에서 벗어나 진리로 나아가게 돕는 신의 은총처럼 여겨졌다.[77] 과학이 모든 현상을 물질적인 원인으로 돌림으로써 인간의 정신과 마음을 포함해 모든 자연을 인간 지성 앞에 굴복시키게 되었다는 낙관론에 대해 종교계의 반동이 새로운 과학의 형태로 나타난 것이 실체 철학이었다.

20세기 중반부터 미국 과학계를 떠들썩하게 만들었던 창조 과학이 성경 구절에서 과학에 대항할 근거를 찾았던 것과는 달리 실체론은 당시의 과학을 종교를 옹호하기 위해 공격하되 논증적 근거를 자연을 바라보는 시각 자체에서 찾았다. 실체론의 논의는 현대 과학에 대한 이해를 바탕으로 과학적인 논증 수단을 동원해 설득력을 더했다. 실체론자들의 태도는

75 Ibid., p.137.

76 Ibid., p.137.

77 Ibid., p.xi.

자신감에 넘쳐 있었고 승리를 예고했다. 그들은 과학이 진리를 갖지 못해 오류로 대중을 호도했다고 공박했다. 논리적이지 못한 근거로 가르치는 잘못된 교육이 횡행하고 있는 세태도 비판했다. 그런 교육을 바로잡기 위해 실체론자들은 중등학교와 대학에서 실체론을 가르치기 위한 교재까지 만들었다. 그렇게 그들은 의욕적이었고 많은 지지를 받고 있었기에 홀은 종교계에서 진화론에 대한 뛰어난 비판자로서 미국뿐만 아니라 유럽에서도 칭송을 받았다.[78]

실체론을 옹호하고 나섰던 또 다른 미국인은 배틀(Joseph Battel, 1839~1915)이었다. 그는 버몬트 주의 미들베리(Middlebury)에 살았는데 큰 농장과 넓은 산을 소유하고 있었고 출판사도 가지고 있었다. 그는 자신의 출판사에서 실체론을 옹호하는 책 『엘런: 오래된 소나무의 속삭임(Ellen Or Whisperings of an Old Pine)』을 출간했다.[79] 이 책은 세 권으로 이루어졌는데 각 권이 600쪽 분량이었다. 책의 내용은 엘런이라는 16세 소녀와 한 소나무가 대화하는 내용으로 수학과 과학에 관련한 문답식 논의였다. 배틀은 홀처럼 모든 파동 이론을 반대했는데 특히 소리의 파동 이론을 격렬하게 비판하며 '거짓말'로 치부해버렸다. 그는 정통 대수학과 기하학도 긴 분량을 할애해서 비판했다. 홀에 비해 배틀의 논의는 정교하지 못하고 논리성이 결여되고 극단에 치우쳐 있었다. 그의 책은 미국에서 출판된 책 중에서 가장 이상한 책에 들어갈 것이라고 미국의 과학저술가 가드너(Martin Gardner)는 평가했다.[80]

실체론이 종교를 지지하는 방식은 비물질적 실체로 과학에서 광범위하

---

78 Ibid., p.236.

79 Martin Gardner, *Fads and Fallacies in the Name of Science*(New York: Dover, 1957), pp.82~83.

80 Ibid., p.83.

게 인정함으로써 보이지 않는 실체인 신을 최초의 원인으로 돌리는 것이 자연스러워지고, 물질이 무(無)로부터 만들어진 것이 아니라 실체적 힘으로부터 만들어졌다고 말할 수 있게 되어 창조를 더 이해될 만한 사건으로 만들어주는 것이다. 신뿐만 아니라 인간에게 영혼이 있다는 것이 과학적으로 접근할 수 없는 허무맹랑한 주장이 아니라 영혼 자체도 실체적 원인으로서 생명을 이어가는 힘의 한 형태라고 정의함으로써 그 실체성을 확보할 길이 열리게 된다. 이로써 과학이 눈에 보이고 만져지고 비투과성을 가지는 연장된 실체인 물질을 탐구 대상으로 삼고 그러한 성격을 갖지 않는 것은 실체성을 부인하려는 경향을 띰으로써 무신론적이고 유물론적으로 흐르는 경향을 띠는 것에 대항해, 실체론은 물질과는 전혀 성질이 반대인 힘, 즉 보이지 않고 만져지지 않으며 투과성을 띠고 공간을 차지하지도 않는 실체가 존재한다는 것을 주장함으로써 과학의 무신론적·유물론적 편향을 막을 수 있는 새로운 가능성을 열기 위한 것이었다.[81]

또한 실체론자에게는 물질이 형상을 계속 유지하기 위해서는 물질 내부에 응집력이 항상 존재해야 한다. 이 응집력은 실체론자들이 물질마다 왜 전기나 빛에 대해 다른 투과성을 갖는지를 설명하기 위해 꼭 필요한 개념이었고, 그것은 어떻게 모든 물체가 현 상태를 유지할 수 있는가를 설명해주는 수단이기도 했다. 이러한 응집력 이론은 신이 만물을 창조하고 그 만물을 유지하기 위해서 계속 사물에 개입한다는 기독교적 관념과 잘 어울린다. 응집력을 물질 속에서 계속 유지시키는 신의 활동이 사물에 끊임없이 개입하는 신의 개념과 잘 맞아떨어지기 때문이다.[82] 더구나 실체론은 신을 물리적 힘을 계속 유지하는 존재로 상정함으로써 자연 세계에 계

81 Swander, *A Text-Book on Sound: The Substantial Theory of Acoustics*, pp.171, 208.

82 Ibid., p.172.

속 개입하는 존재로 만들 수 있었다. 히브리서 11장 3절과 로마서 1장 20절에서 '보이는 것은 보이는 것에 의해 만들어진 것이 아니니 세계는 나타나지 않는 것, 즉 보이지 않는 것에 의해 조성되었다'는 구절을 실질적인 말로 받아들일 수 있게 해주는 것이다.

2) 실체론적 소리 이론

실체론자에게 소리는 사람이나 동물의 청각이 영향을 받는 물리적 힘의 형태였다. 이러한 힘이 청각 신경에 작용해 우리의 의식에 청각을 만들어낸다고 홀은 설명했다.[83] 그는 기존의 이론가들이 실체론을 피하기 위해 소리를 감각에 국한시켰다고 비판했다. 당시 과학자들은 소리는 공기의 진동일 뿐이지만 우리의 청각을 통해서 뇌 또는 의식에서 소리가 된다고 보았는데, 실체론자들은 공기의 진동과 같은 운동이 감각기를 통해 소리가 되는 것이 아니라 소리라는 비물질적 힘이 따로 존재하고 그것이 청신경에 자극을 가함으로써 청각이 성립한다고 주장했다.

이런 주장은 빛, 열, 냄새, 맛 등이 눈, 피부, 코, 혀가 없어도 존재할 수 있다고 주장한 점에서 일찍이 로크(John Locke, 1632~1704)가 2차 성질이라고 규정해 사물의 본질에 속하는 것이 아니라 감각기에 의해 구성된다고 판단한 사물의 특성이 모두 실체적 존재를 가진다고 본 것이다. 세상의 모든 눈이 감기더라도 태양은 빛을 내고, 피부가 없어도 불은 나무를 태운다는 홀의 논의에 대해서 당시 물리학자들이 반대할 이유는 없었을 것이다.

소리에 대한 대학 교재를 실체론에 의거해 쓴 스완더(John I. Swander,

83 Ibid., p.156.

1833~1925)는 음높이를 설명하면서 소리가 진동하는 작용에 의해 만들어진다는 것을 인정하고 그 진동수에 따라 음높이가 결정된다고 했다. 그는 소리가 전달되는 매질의 진동은 소리 힘(sound force) 자체를 구성하지 않으며 물체에 작용하는 그러한 힘의 효과이거나 소리 힘을 발생시키거나 방출시키는 진동 과정이나 작용에 부수적으로 나타나는 것이라고 보았다. 이는 마치 전기가 발전기에서 생산될 때 어떤 자기력을 갖는 자석을 사용하느냐에 따라 전기의 특성이 결정되고 자석을 회전시키는 운동 효과는 부수적인 점과 비슷하다고 했다. 소리를 발생시킬 때 운동이 수반되는 것은 맞지만 운동 자체가 소리는 아니며 소리 힘을 작동시키는 기작이 더 핵심적인 역할을 한다는 것이다.

실체론의 비판자가 곤충이 소리를 낼 때 아무것도 없는 것으로부터 소리를 만들어내는 것으로 보이는데, 무언가를 사용해서 소리를 낸다면 언젠가는 그것이 소진될 것인데 실체적 힘은 어떻게 보충될 것인가를 물었다. 이에 대해 홀은 모든 물질과 공간에 존재하는 비물질적인 힘 요소(incorporeal force-element)가 변형되어서 소리 힘이 되는 것이므로 이것은 이상할 것이 하나도 없다고 했다.[84] 이렇게 설명하는 방식은 소리나 전기를 만들어내는 보편적인 힘으로서 에너지 개념을 실체론자가 가지고 있었던 것처럼 보이게 한다. 그렇다면 전기, 자기, 중력, 열, 소리 등이 뭔가 사물을 변화시키는 능력을 가지고 있다는 것은 이들이 각기 다른 물질적 양태를 동반하든지 비물질적인 형태의 힘인 에너지에서 기인한다는 생각과 다를 바가 없다.

그렇다면 구태여 실체론적 소리 개념이 소리의 파동설과 상충될 필요

---

84 Ibid., p.163.

가 없어 보인다. 그러나 실체론자는 분명하게 소리를 운동의 한 가지 형태(a mode of motion)로 보는 관점을 배격했다. 소리는 물리적 힘의 한 형태이며 객관적 존재이며 비물질적 실체이다. 그러므로 소리를 파동 자체와 동일시하는 관점을 배격하는 것이다.[85] 이것은 마치 전기가 도선을 따라 움직이고, 도선을 움직이면 전기가 생기기 때문에 전기를 운동 모드의 하나라고 부르는 것과 마찬가지라는 것이다. 해방된 힘의 형태와 힘을 해방시키는 역학적 과정을 혼동해서는 안 된다는 것이다. 전기와 소리는 모두 역학적 작용에 의해서 발생할 수 있지만 역학적 작용 자체가 전기와 소리의 실체는 아니라는 것이다. 운동은 공간이나 공간상의 위치의 변화일 뿐이므로 결코 실체일 수 없다. 물체의 위치가 변하려면 운동의 변화를 일으키는 무엇이 있는 것이고 그것이 힘이다.[86] 소리는 소리굽쇠의 관성을 극복하고 소리굽쇠를 움직이게 만드는 실체적 힘에서 나오는 것이며 그 힘은 사라지지 않고 다른 형체로 바뀔 뿐이다.[87]

실체론자들은 변환 과정에 대한 이해를 바탕으로 소리, 전기, 자기, 중력, 열, 빛의 보편적 힘 요소의 실체론을 주장했다. 그들은 전하나 공기 입자가 움직이는 것이 중요한 것이 아니라 그러한 움직임을 일으키고 전달해 어떤 효과를 일으키는 실체는 에너지라는 것에 주목했다. 물질 자체가 실체적이고 파괴될 수 없듯이 힘이나 에너지도 실체적이며 파괴할 수 없다는 것을 에너지 보존 법칙이 말해주고 있음을 분명히 했다.

그렇다고 해서 실체적인 힘의 전달이 아무 매질 없이 일어나는 것은 아니다. 전기에는 도체가 필요하고 빛에는 에테르가 필요하듯이 소리에는

---

85 Ibid., p.167.

86 Ibid., p.168.

87 Ibid., p.169.

공기나 다른 매질이 필요하다고 했다. 그러므로 진공 상태의 용기 속에 종을 울리면 소리가 들리지 않는다는 것이다. 이것은 압축과 희박화에 의한 진동이 전달되지 않기 때문이 아니라 소리 힘이 전달되지 않기 때문이라는 것이 실체론자의 설명이었다. 그렇지만 공명은 소리 힘의 전달을 용이하게 해주기 때문에 소리 전달에 유리하다는 것이다.[88] 증가되는 진동 작용이 공명의 원인은 아니라고 했다. 또한 동일한 매질에서는 음높이에 관계없이 온도가 일정할 경우에 소리의 속도가 일정하지만 재료가 달라지면 음속 또한 달라지는데 그 원인은 정확하게 밝혀진 것은 없지만 밀도나 탄성이 음속에 관계되는 것은 아니라고 주장했다. 밀도가 작고 탄성은 큰 공기에서보다 밀도는 공기보다 훨씬 크고 탄성은 매우 작은 납에서의 음속이 공기에서보다 크다는 것이 이들 사이에 단순한 관계가 존재하는 것이 아니라는 증거라고 했다.[89]

또한 실체론자들은 밀도와 탄성의 관계를 이용해서 음속을 구한 뉴턴은 실측값이 자신이 예측한 값보다 6분의 1이 크다는 것을 알았으나 소리의 파동 이론을 버릴 수 없었기에 그대로 두었다고 보았다. 라플라스는 압축과 희박화가 열과 냉을 만들어냄으로써 밀도와 탄성의 관계를 변화시켜서 결국 탄성을 증가시킴으로써 음속을 6분의 1만큼 크게 만든다는 설명을 제시했다. 그러나 실체론자들은 압축과 희박화에 의해 열이 발생한다는 것을 받아들이지 않았고 따라서 그로부터 탄성을 변화시키는 것은 불가능하다고 보았다.[90]

실체론자들은 음원 근처에서 매질의 압축과 희박화가 소리 발생의 원인

88 Ibid., pp.182~183.

89 Ibid., p.186.

90 Ibid., p.187.

이라고 보지도 않지만 그런 압축과 희박화가 소리가 전달되는 매질 속에서 내내 일어나기 위해서는 엄청난 에너지가 필요하므로 이런 일은 불가능하다고 보았다. 홀은 압축이 일어나도 열은 발생하지 않는다고 주장했고 다만 주변에 있던 열이 집중될 뿐이라고 했다.[91] 소리가 전달될 때 이러한 압축이 발생하지 않는다는 근거로 메뚜기가 소리를 낼 때 1마일(1.6km) 밖에서도 들리므로 4세제곱마일(266.76km^3)의 부피에서 압축과 희박화가 발생하게 된다는 점을 들었다. 이것이 불가능하다는 것을 입증하는 증거로 제시된 것이 메이어의 수치였다. 미국의 음향학 권위자로 소개된 메이어는 『신 애플턴 미국 백과사전(New Appleton's American Cyclopedia)』의 소리에 관한 항목에서 "이 압축은 공기에서 압축되는 절반에 보통 밀도의 679분의 1 증가를 가져온다"라고 말했다. 홀은 이 정도의 밀도 증가와 이웃하는 희박화 지점에서 이 정도의 밀도 감소가 있게 하려면 4세제곱마일(266.76km^3)의 부피의 공기에 대해 50억 톤 이상의 에너지가 가해져야 한다고 했다.[92] 유명한 물리학 교재 『물리학의 원리들(Principles of Physics)』[93]에서 곤충이 시끄러운 것은 곤충이 내는 소리가 높은음에 해당하기 때문이라고 했는데, 이에 대해 홀은 곤충의 소리가 그렇게 높지 않고 불과 440cps 밖에 되지 않는다고 주장했다.[94] 그는 이런 현상은 소리굽쇠를 높은 진동수로 제작해 진동시키는 경우가 오히려 낮은 진동수로 진동시킬 경우보다

91 Ibid., p.188.

92 에너지의 단위를 톤으로 잡은 것은 이상하지만 생각할 수 있는 논증 과정이었다.

93 다니엘(Alfred Daniell)의 *A Text Book on the Principles of Physics*(London: Macmillan, 1885)를 지칭하는 것으로 보인다. 스완더는 이 책의 저자가 다니엘스(Daniels)라고 했으나 이는 다니엘(Daniell)의 오기(誤記)로 보인다.

94 Swander, *A Text-Book on Sound: The Substantial Theory of Acoustics*, p.189.

멀리서 들리지 않는다는 것으로 확인이 가능하다고 했다.

화약 창고가 폭발했을 때 발생하는 소리, 즉 음파가 멀리 떨어진 건물에 닿아서 파괴를 일으킨다는 언급은 메이어, 틴들, 헬름홀츠 등이 모두 하고 있는데, 이에 대해 스완더는 파괴를 일으키는 것이 소리가 아니라고 단언했다.[95] 진짜 파괴를 일으키는 것은 폭발에서 나오는 고압의 가스이며 그러한 압력이 소리와 동반된다고 하더라도 소리 자체가 그런 파괴력을 가진 것은 아니라는 것이다. 이런 것을 입증해주는 사례로 제시된 것은 낙뢰가 일어날 때 큰 소리가 동반되지만 주변의 건물에 유리창이 깨지는 등의 피해가 발생하지 않는다는 사실이었다. 벼락을 맞은 지점은 큰 피해를 입지만 그 주변은 전혀 피해가 없는데 이는 화약고 폭발에서 발생하는 고압 가스가 낙뢰에는 동반되지 않기 때문이라는 것이다. 피해를 일으키는 것은 고압가스이지 소리가 아니라고 했다. 홀은 이러한 사실을 실험으로 입증할 수 있다고 주장했다. 정밀한 측정 장치를 가지고 고압의 파동과 소리의 도달시간을 측정해보면 가까운 거리에서는 고압의 파동이 소리보다 먼저 도착할 것이고, 그보다 먼 일정한 거리에서는 둘이 동시에 도착할 것이고, 충분히 먼 거리에서는 소리가 고압의 파동보다 먼저 도착할 것이라고 했다. 왜냐하면 고압의 파동은 폭발력 때문에 거리가 가까운 지점에는 강한 추진력에 의해 빨리 도달하지만 퍼져나감에 따라 거리의 제곱에 반비례해 힘의 세기가 약해져서 속력이 점점 느려질 것인 반면, 소리는 거리에 관계없이 항상 일정한 속력을 갖기 때문이라는 것이다.[96]

같은 맥락에서 실체론자들은 틴들이 소리가 공기의 파동이라는 것을 보이기 위해서 소개한 실험, 즉 긴 원통의 한쪽에 불꽃을 두고 다른 쪽에

95 Ibid., pp.191~192.

96 Ibid., p.193.

서 책 두 권을 맞부딪치면 불꽃이 꺼지는 실험의 오해도 해명해준다고 말했다. 불꽃을 꺼지게 하는 것은 소리가 아니라 책이 부딪치면서 생긴 공기의 요동이라는 것이다. 이 실험에서 소리가 공기의 운동에 동반되는 것으로 본다면 이 실험으로 소리가 공기의 운동이라는 것을 입증할 수는 없다는 실체론자의 지적은 유효하다.97

그렇다고 해서 실체론자들이 소리가 전혀 운동을 일으킬 수 없다고 본 것은 아니었다. 소리는 힘을 가지고 있기 때문에 소리와 같은 자연 진동수를 갖는 물체는 소리에 대해 공명을 일으킬 수 있으며 공명에 의해 자체가 진동함으로써 운동이 유발될 수도 있다고 했다. 이런 현상은 자기력이 작용했을 때 철과 같은 물체는 자기력에 반응해 운동을 일으키지만 금, 은, 구리 같은 금속은 반응을 일으키지 않는 것과 비슷하다고 했다. 그렇지만 공명은 공기파(air-wave)에 의해 생기는 것이 아니며 이는 측음계 두 개의 현을 1피트(0.3m) 정도 떨어뜨려놓고 진동판 없이 고정시킨 채 한쪽 현을 뚱겨주면 다른 쪽 현이 전혀 공명을 일으키지 않는 데에서 알 수 있다는 것이다. 진동하는 현에서는 어떤 식으로든 공기의 파동이 생겨날 것이지만 그것이 이웃하는 현에 전달되어 공명을 일으키지는 못한다는 것이다.

이러한 사실로 미뤄볼 때 실체론자들이 음향학적 현상에 대한 상당한 지식을 가지고 논의를 전개하고 있다는 것을 알 수 있다. 이것은 얼마 전까지만 해도 음향학의 지식을 전달받는 데에만 급급했던 미국이 이제는 유럽의 음향학을 이해하고 그것을 변형하는 단계에 이른 것을 보여준다.

전화기의 작동에 대해서도 실체론자들은 파동 이론에 정면으로 도전했다. 그들은 전화기의 송화기와 수화기의 박막의 진동이 없어도 소리의 전

97 Ibid., pp.208~209.

달은 가능하다는 것이 이미 익히 알려진 사실임을 지적했다. 이러한 사실은 스코틀랜드의 물리학자 퍼거슨(R. M. Ferguson)과 프랑스의 전기학자인 뒤 몽셀(Du Moncel) 백작이 실험을 통해서 밝힌 것이었다.[98] 실체론에 따르면 박막으로 전달된 소리 힘이 자석에 의해 전기 신호로 바뀌고 역의 과정을 거쳐서 수화기의 박막에서 다시 소리 힘이 발산된다. 그렇지만 박막이 없어도 소리 전달은 가능하고 박막의 기계적 진동 없이도 음성의 전달은 가능하다는 것이다.

모든 방향으로 퍼져나가는 소리의 경우에 음원으로부터의 거리가 멀어지면 소리의 세기는 거리의 제곱에 반비례해 약해진다. 실체론자들은 이러한 주장에 반대했는데, 1881년 펜실베이니아 군사학교(Pensylvania Military Institute)의 고등수학 교수인 카터(R. Kelso Carter, 1849~1928)가 실험을 통해 이러한 주장이 그릇된 것임을 밝혔다고 홀은 주장했다. 카터는 피치파이프(pitch pipe) 두 개 중 하나는 1야드(0.91m) 떨어뜨려놓고 다른 하나는 10야드(9.1m) 떨어뜨려놓고 같은 세기로 불었을 때 소리의 세기는 멀리 있는 것이 100분의 1로 작아져야 하지만 많이 잡아야 2분의 1 감쇠만이 일어난다고 실험을 통해 결론지었다.[99]

이 실험이 어떻게 수행되었는지는 자세히 알 수 없으나 실험의 성공을 위해 필요한 까다로운 실험적 고려가 충분히 이루어졌을지 의심스럽다. 일단 카터가 어떻게 소리의 세기를 측정했을지 궁금하다. 그리고 소리가 거리의 제곱에 반비례하려면 지면의 교란을 제거할 수 있어야 한다. 즉, 실험을 열린 3차원 공간에서 수행해야 한다. 그다음은 피치 파이프가 방향성을 갖지 않고 모든 방향으로 균일한 소리를 내야 하고 파이프를 부는

98 Ibid., p.216.

99 Ibid., p.201.

사람이 소리를 차단하는 방해물이 되지 말아야 한다. 이런 모든 것들이 고려되지 않는다면 카터의 실험은 믿을 만한 결과를 내지 않았을 것이고 그 결론 또한 신빙성을 잃는다.

소리의 실체는 소리 힘이고 운동은 부수적이라는 주장을 뒷받침하기 위해 실체론이 제시한 경험적 증거 중 하나는 소리굽쇠를 손에 쥐고 강하게 진동시키거나 현을 강한 철 지지대 위에서 진동시키는 경우 강한 진동이 소리굽쇠와 현에서 발생하지만 5~6피트(1.52~1.82m) 떨어진 곳에서는 그 소리를 들을 수 없다는 것이다. 소리굽쇠의 1,000분의 1 무게도 안 되고 현의 진동 운동의 10분의 1도 안 되는 매미(locust)가 같은 음높이의 소리를 소리굽쇠나 현보다 800배나 먼 거리까지 사방으로 전파시켜 1마일(1.6km) 밖에서도 소리가 들리게 하는 것은 소리의 진동 이론으로는 설명이 되지 않는다는 것이다. 실제로 그 소리가 채운 공간으로 따지면 8,000만 배나 많은 소리를 발생시킨 것이다. 가장 크게 만든 소리굽쇠를 가장 크게 진동시키더라도 오히려 6피트(1.82m) 정도 떨어진 곳에서는 들리지 않지만 그보다 공기를 때릴 수 있는 면의 넓이에서나 진동하는 진폭에서나 훨씬 적은 곤충의 소리는 1마일 밖에서도 잘 들린다는 것이다. 여기에서 공기 진동은 소리 전달에 부수적인 현상일 뿐이라는 주장이 설득력을 얻게 된다.

이러한 주장은 소리의 세기는 매질의 진폭의 제곱에 비례한다는 기존의 개념에 대한 거부이기 때문에 물리학자들은 수용할 수 없는 것이었다. 홀은 《소우주》에서 메이어를 포함해 틴들, 스토크스, 헬름홀츠, 레일리, 윌리엄 톰슨의 이름을 거론하며 이들조차도 자신의 주장에 반대하지 않을 것이라며 양식을 가진 사람은 파동 이론, 즉 소리가 공기의 파동일 뿐이라고 주장하는 것은 어리석은 행동이라고 주장했다.

홀은 레일리의 수리 음향학의 성과를 비판하는 데에도 서슴지 않았다. 홀은 레일리가 막을 다루는 복잡한 식을 통해 고막의 운동을 기술하려고 했으나 그것은 고막에 대한 잘못된 이해에 바탕을 둔 것이라고 했다. 해부학이 밝혀낸 것은 고막이 북의 가죽처럼 탄탄하게 펼쳐져 있어서 소리가 들어오면 동정적으로 반응해 레일리가 풀어낸 식에 따라 소리를 내이로 전달해주는 것이 아니라는 것이다. 고막은 어떤 소리 진동도 일으킬 수 없는 느슨한 조직이다.[100] 홀의 입장에서 레일리의 수리 음향학은 '이해할 수 없는 수학적 신비화(incomprehensible mathematical mystification)'일 뿐이었다. 개가 수백 가지 냄새를 하나의 후각막에서 느끼듯이 고막에 도달하는 각기 다른 음높이를 갖는 음의 성분들의 힘을 민감한 조직인 고막은 감지한다고 홀은 설명했다.

1,600만분의 1인치의 거리를 소리굽쇠가 진동할 때도 소리굽쇠의 소리는 들린다는 실험을 홀의 지시에 따라 카터가 실행했다. 이렇게 미세하게 진동하게 되면 가장 빠른 곳에서도 그 속력은 2년에 1인치(2.54cm) 정도, 즉 가정에 비치된 시계의 시침 끝의 2만 5,000분의 1의 속력으로 움직이기 때문에 공기는 압축되지 않고 흘러가게 되는데 이런 경우에도 소리가 들린다는 점은 파동 이론으로 설명할 수 없는 현상이라는 것이다.[101]

카터는 초당 256회의 진동을 하는 쾨니히 소리굽쇠를 사용했다. 강하게 진동시킨 후 그것을 바로 세운 채로 손으로 잡고 있었더니 4분 후에 귀를 대보거나 고무 튜브를 통해서 들어보아도 소리가 들렸다. 소리굽쇠의 진폭을 측정해보니 15분의 1인치(0.15cm)였다. 15초 후에 진폭은 60분의 1인치(0.02cm)로 줄어들었다. 15초 후에는 하늘에 비춰 보아도 소리굽쇠

100 Swander, *A Text-Book on Sound: The Substantial Theory of Acoustics*, p.205.

101 Ibid., pp.175～177.

의 진폭은 거의 보이지 않았다. 진폭을 재보니 다시 진폭이 4분의 1이 줄어 240분의 1인치였다. 다시 15초가 지나자 확대경을 사용해서 보아도 진동은 보이지 않았고 진폭이 다시 4분의 1이 줄었다고 추정해보면 960분의 1인치였다. 4분에는 16×15초가 있으므로 그리하여 4분이 지나면 진폭은 640억분의 1인치가 된다고 생각했다. 이 거리를 1초에 512번 왕복할 것이므로 1초에 1억 2,300만분의 1인치를 움직이게 된다. 1년에 3,150만 초가 있으므로 이 속도는 4년에 1인치 움직이는 속력이 된다. 최대 속력으로 따지면 2년에 1인치의 속력이고 이것은 홀이 추정한 3시간에 1인치의 속력의 5,000분의 1에 해당했다.

카터의 보고를 들은 홀은 그의 공적을 치하하며 틴들과 헬름홀츠의 책에서 피력된 소리의 발생 원리를 비웃었다. 홀은 틴들의 『소리에 관하여』에서 "진동하는 소리굽쇠의 가지가 신속하게 진행한다고 상상해보자. 그것은 앞쪽에서는 즉시 공기를 압축하고 뒤로 물러날 때에는 뒤에 부분 진공을 남긴다. 이 과정이 후속하는 진행과 퇴각에서 계속 일어난다. 소리굽쇠의 전체 기능은 공기를 이렇게 압축하고 희박화시키는 것이다"라는 구절을 인용했다. 헬름홀츠의 『음의 감각』에서는 "그[진자의] 경로의 양쪽 끝에서 진자는 천천히 움직이며 가운데에서는 빠르게 움직인다. 같은 방식으로 움직이지만 훨씬 빠르게 움직이는 것 중에서 우리는 소리굽쇠를 들 수 있다"라는 구절을 인용하면서 이런 언급을 무색하게 만드는 카터의 실험 결과를 칭송했다.[102]

홀은 소리의 발생이 아주 느리게 움직이는 음원에서 이루어져 매질의 압축을 동반하지 않을 경우에 음원은 오로지 매질의 가동성(mobility)에만 의

102 Ibid., p.180.

존해 소리를 발생시킬 수 있다고 했다. 물의 경우에 압축성(compressibility)이 아주 작아서 공기의 1만분의 1밖에 되지 않지만 가동성은 공기와 거의 비슷하다. 물이 힘을 받아 본래 자리를 이탈했을 경우에 입자의 크기나 속력에 관계없이 복원시키는 것은 가동성에 의존해 입자가 이동하여 일어난다. 그러므로 매우 느린 운동이 일어날 때 공기 중에서 가동성이 압축성을 대신해 공기 입자를 복원시키는 것이 이상할 일도 아니라는 것이다.

미국인이 이러한 독특한 과학 이론을 제시한 것은 유럽에서 수입한 물리학을 충분히 이해하고 그것을 철학적으로 소화하려는 주체적인 노력이 있었기 때문에 가능했다. 미국인들 스스로 유럽의 지적 종속에서 벗어나 스스로 독자적인 경지를 개척하려는 의욕이 강했기 때문에 실체 철학은 출현할 수 있었다. 실체론적 음향학은 소리의 본질에 대해 기존의 이론이 매질의 빠른 움직임 또는 그러한 운동이 인간이나 동물의 감각기에서 일으키는 인상(impression)에 대한 의식의 지각으로 보는 것을 반대하고 움직임은 부수적인 것이며 소리의 실체는 소리 힘(sound force)의 전달에 있다는 점을 분명히 하고 있었기 때문에 소리의 동역학적 이론에 대한 반성을 요구하고 새로운 사고방식을 요구했다.

실체론적 소리 이론에 대한 당시 음향학계의 반응은 종교계의 반응과는 대조적으로 냉담했던 것으로 보인다. 홀은 실체 이론의 과학적 논증 전략에 대해 메이어가 반응을 보였다고 했지만 메이어는 그것이 옳고 파동설이 틀릴 가능성에 대해서는 진지하게 고려하지 않은 것으로 보인다. 1892년 『소리와 음악(Sound and Music)』을 출간한 잠(John Augustine Zahm, 1851~1921) 목사는 인디애나 주의 노트르담(Notre Dame) 대학 교수로서 미국의 음악 음향학 전파에 중요한 기여를 한 인물이었지만 저서에서 실체론을 진지하게 고려하지 않았다. 그가 목사였고 그의 책이 19세기 말에 나왔다는 점에서 그는 소리의 실체설을 잘 알고 있었을 것이고 종교적인 이유에서도 우호적인 반응을 보일 수도 있었는데 그는 확고하게 소리의 파동설을 지지했고 소리의 실체설은 저서의 논의에 포함시키지도 않았다.[103]

그렇지만 이러한 과학계의 무관심을 당시 미국 사회에서 지성계의 무관심으로 치부해서는 안 된다. ≪소우주≫의 기고자들은 대부분이 교수, 목사, 박사 등 고등교육을 받은 지성인이었다.[104] 그들은 종교와 과학 문제에 관심이 많았고 이러한 문제에 대해 진지하게 토론하기를 원했다. 그들은 어떤 식으로든 홀의 실체 철학에 동조하고 있었기에 이 잡지에 기고한 것이고 홀 자신도 그들의 글을 널리 알리는 것이 자신이 실체 철학에서 추구하려는 목표를 이루는 길이라고 믿었다. 그렇기 때문에 실체론적 소리 이론은 폭넓은 지식 대중의 관심 속에서 논의되었고 이는 과학의 대중화라는 측면에서도 기여한 바가 컸을 것이다.

과학의 담론을 과학계에만 국한시키지 않고 대중적인 글에 담아서 종교적 논의와 연결시킨 광범위한 담론을 창출한 점은 미국적 독특성이 있는 지적 실행이었다. 미국의 대부분의 초기 대학들이 종교 교육을 위해 설립된 배경을 감안할 때 유물론으로 치닫는 과학을 바로잡으려는 실체론자들의 노력은 미국 지식계에서 일어난 자연스러운 반응이었다. 창조론의 논의가 진화론에 국한해 진행된 반면, 오히려 실체 철학은 과학 전반에 걸친 광범위한 시각의 문제를 취급했기 때문에 더 광범위하면서도 근본적인 문제를 들고 나온 것이었다. 그렇기 때문에 20세기에 들어와서 미국에서 여전히 기독교가 사회 전체적인 영향력을 강력하게 행사하는 분위기 속에서 실체 철학은 홀 생전만큼은 아니지만 지속적인 관심을 끌었다.

103 John A. Zahm, *Sound and Music*(Chicago: A. C. McClurg and Co., 1892), pp.15～17.

104 A. Wilford Hall, *Wilford's Microcosm*(New York: Hall, 1883).

4. 음향 기술의 약진

19세기 미국 음향학에 대해서 논의할 때 잊지 말아야 할 것이 음향 기술의 약진이다. 이것은 전화기와 축음기의 발명으로 대표되는 것으로 기술사에서 빼놓을 수 없는 주제이다. 이 기술들이 현대 사회를 변화시킨 깊이와 범위에 대해서는 다각적으로 연구되었다.[105] 이러한 기술의 출현에 19세기 유럽에서 발전한 과학인 음향학이 기여한 바를 살펴보면 의외로 미미하다. 이 절에서는 전화기와 축음기의 발명과 개선 과정에서 음향 기술이 소리 과학과 어떤 관련을 맺었는가를 살펴보고 19세기 미국에서 음향학이 음향 기술 분야에서 어떤 위치를 점하고 있었는지 밝히려 한다.

1) 전화기의 발명

벨(Alexander Graham Bell, 1847~1922)이 1876년 3월 7일 얻어낸 특허는 역사상 가장 값비싼 특허로서 전화기에 대한 것이었다. 그가 이 특허를 따내는 과정에서 가지고 있었던 음향학 지식은 그렇게 깊지도 않았고 그의 발명에 근본적인 기여를 한 것도 아니었다.[106] 그는 농아에게 말을 가르치

105 대표적인 저작은 John Brooks, *Telephone: The First Hundred Years*(New York: Harper & Row, 1976); Sterne, *The Audible Past: Cultural Origin of Sound Reproduction*; David Morton, *Off the Record: The Technology and Culture of Sound Recording in America*(New Brunswick & London: Rutgers University Press, 2000); James Lastra, *Sound Technology and the American Cinema: Perception, Representation, Modernity*(New York: Columbia University Press, 2000); Andre Millard, *America on Record: A History of Recorded Sound*(Cambridge: Cambridge University Press, 1995); Claude S. Fischer, *America Calling: A Social History of the Telephone to 1940*(University of California Press, 1992) 등이 있다.

106 벨이 특허 서류를 제출한 1876년 2월 14일에 그의 경쟁자로서 특허보호신청서

는 일에 전문적인 지식을 가지고 있었는데 그것은 그의 아버지 대(代)에서부터 이어져온 영역이었다. 그가 전화기를 처음 생각하게 된 것도 농아에게 말을 쉽게 가르치기 위한 방법을 연구하는 과정에서였다.

벨은 헬름홀츠의 음향학 이론을 이해하는 데 초보적인 수준이었을 뿐 발전한 유럽의 음향학 연구 전통에는 유리되어 있었다. 그뿐만 아니라 벨은 전화기를 만드는 데 꼭 필요한 기초적인 전자기 지식 외에는 물리학에 대한 지식도 일천했다. 벨은 외르스테드(Hans Christian Oersted, 1777~1851)의 전자기 유도, 패러데이의 자전기 유도에 대한 지식 외에는 물리학에 대한 전문지식을 공식적으로 배우지 못했다.

벨이 음향학적 실험에 접촉할 수 있었던 기회는 1874년 보스턴에 사는 친구이자 의사였던 블레이크(Clarence J. Blake, 1843~1919)의 권유로 자동소리기록기(phonautograph)에 대해 연구하면서 확보되었다. 이 장치는 소리를 눈에 보이는 표시로 바꾸기 위해 죽은 사람의 실제 귀를 사용하는 장치였다. 말을 하면 귀의 고막이 진동하면서 거기에 연결된 레버를 움직여 그을음이 낀 유리에 파동 형태의 무늬를 만들어내게 되어 있었다. 처음에 이 장치는 벨이 농아를 가르치는 데 도움이 될 것으로 보였는데, 전혀 뜻하지 않게 전화기로 나아가는 계기를 제공했다. 그는 작은 막이 작용해 상대적으로 무거운 뼈를 움직이는 방식에 놀랐고 그런 식으로 공기의 진동을 막대의 진동으로 바꾸고 그것을 다시 전기 신호로 바꿀 수 있으리라고 생각했다. 이로써 벨은 1874년 7월 전화기의 원리를 떠올리게 되었다.[107]

(caveat)를 제출했던 그레이(Elisha Gray, 1835~1901)도 음향학에 대한 전문지식이 부족하기는 마찬가지였다. Lewis Coe, *The Telephone and Its Several Inventors: A History*(Jefferson: McFarland, 1995), p.1.

107 Brooks, *Telephone: The First Hundred Years*, p.40.

이후 벨이 왓슨(Thomas A. Watson, 1854~1934)과 함께 1876년 전화기를 만들어내기까지 음향학적 지식보다는 기계적 작동에 대한 지식이 중요한 역할을 했다.

벨의 꿈을 실현시키는 데 결정적인 기여를 한 이는 그의 조수 왓슨이었다. 벨의 작업에 참여할 당시 왓슨은 보스턴의 찰스 윌리엄스(Charles Williams) 전기 공방의 능숙한 기계공이었다. 그는 벨의 설계를 실현시켰고 전화기를 개선하는 데 실질적으로 기여했다. 1876년 11월 왓슨은 마그네토 전화기(magneto telephone)의 원리를 생각해냈다. 이것은 자기장 속에서 변화하는 전류가 흐르는 도선이 흔들리면서 박판을 진동시키는 방식으로 소리를 내게 되어 있었다. 이것은 현재 사용되는 수화기와 동일한 원리를 이용하는 것이었다. 그 밖에도 왓슨은 '분극' 신호기(polarized ringer)를 개발해 전화를 거는 사람이 전화국에 선을 연결하는 효과적인 방법을 고안했으며, 방음 효과가 있는 전화 부스도 처음 고안해냈다. 이런 점에서 왓슨은 전형적인 기술자였다. 그는 과학 교육을 받은 적이 없었고 문제를 해결하는 방식도 과학자와는 달랐다.

벨과 비슷한 시기에 전화기에 대한 생각에 도달했던 독일의 라이스(Johann Philipp Reis, 1834~1874)나 미국의 그레이는 벨보다 좀 더 전문적인 지식을 가지고 있었다. 라이스는 1834년 겔른하우젠에서 빵 기술자의 아들로 태어났으나 부모를 일찍 여의고 후견인의 도움으로 홈부르크 근처의 프리드리히스도르프에 있는 가니어(Garnier) 학교에 들어갔다. 여기에서 그는 영어와 프랑스어에 특별히 많은 관심을 갖고 공부했다. 4년의 교육을 마치고 그는 마인 강변의 프랑크푸르트에 있는 하셀(Hassel) 학교에 들어가 라틴어와 이탈리아어를 열심히 공부했고 여기서 자연과학과 수학에 대한 관심이 생기면서 교사의 주목을 받았다. 교사는 라이스의 후견인에게 그를 카를스루에 있는 종합기술학교에 보내라고 권고했다.

학교를 마치자 프랑크푸르트에 있는 바이어바흐(J. F. Beyerbach)의 염료 회사에 들어가 도제 수업을 받기 시작한 라이스는 개인교사에게 수학과 물리학을 배웠고 무역학교에서 뵈트거(R. Böttger) 교수의 역학 강의를 들었다. 도제 수업을 마친 그는 프랑크푸르트에 있는 포페 박사(Dr. Poppe)의 학교에 들어가 계속 교육을 받았다. 이 학교에서는 자연사, 역사, 지리학을 가르치지 않았기 때문에 라이스는 동료들을 모아서 서로 이 과목을 가르치기로 했다. 라이스가 맡은 과목은 지리학이었는데 이렇게 처음 가르치는 경험을 한 것이 그에게 선생이 되려는 동기를 부여했다.[108] 이 도시에 머무는 동안 라이스는 프랑크푸르트 물리학회의 회원이 되었고(1851년), 지역 교수들에게 정기적으로 물리학과 화학 강의를 들으며 독일과 해외의 유명한 과학자들과 교류하기도 했다. 거기에는 패러데이, 스터전, 휘트스톤(Sir Charles Wheatstone, 1802~1875) 등이 포함되어 있었다.

라이스는 교사가 되기 위한 준비를 했고 1858년 프리드리히스도르프의 가니어 학교 교사가 되었다. 그는 누구의 도움 없이 스스로 연구를 시작했으며, 1859년 「전기의 복사에 관하여」라는 논문을 포겐도르프(Johann Christoff Poggendorff, 1796~1877)의 ≪물리·화학 연보(Annalen der Physik und Chemie)≫에 보냈으나 게재를 거절당했다.[109] 그는 1860년 전화기에 대한 첫 연구를 시작했다. 그는 곧 전화기를 만들었고 자신의 발명품에 텔레폰(Telephon)이라고 이름을 붙였다.[110] 그는 자신의 기구가 모든 종류의 음을

108 Silvanus P. Thompson, *Philip Reis: Inventor of the Telephone*(London: E. & F. N. Spon, 1883), pp.1~3.

109 Ibid., p.5.

110 'telephone'이라는 명칭을 라이스가 지어낸 것은 아니다. 이 용어는 이미 휘트스톤

동전기(galvanic current)를 통해 원하는 만큼 멀리 보낼 수 있었다고 자서전에 적었다.[111] 그는 최초의 전화기를 자신의 집 뒤에 딸린 작은 작업실에서 만들었다. 그는 가니어 학교의 물리 기구실에서 운동장을 가로질러 교실 중 하나로 도선을 연결했다. 그의 전화기는 악음(樂音)을 전달할 수 있었으나 목소리는 정확하게 전달하지 못했던 것으로 보인다. 그는 여러 곳에서 강연하면서 자신의 발명품을 알렸고, 1862년 포겐도르프의 ≪물리·화학 연보≫에 게재를 시도했으나 거절당했다. 포겐도르프는 소리를 전기로 전달하는 것을 단지 신화로 치부했다. 라이스는 자신이 가난한 학교 선생이기 때문에 거절당했다고 생각했다.[112]

그는 여러 대의 전화기를 만들어 세계 각처에 보냈는데, 그중 하나를 워싱턴의 스미소니언 협회에 보냈다. 라이스가 직접 전화에 대한 강연을 했을 뿐만 아니라 여러 사람이 그의 발명에 대한 강연을 열었다. 기센 대학의 부프(H. Buff) 교수가 2회, 뵈크거 교수가 프랑크푸르트와 슈테틴에서 각각 1회의 강연을 진행했고, 피크(H. Pick) 교수, 뷔르츠부르크의 오잔(G. W. Osann) 교수, 마인츠의 라이스(Paul Reis) 교수 등은 라이스가 발명한 전화기에 대한 강연에 참여했다. 1863년 자유독일학교의 설립자이자 교장인 볼거(Otto Volger), 오스트리아의 황제, 바이에른의 왕 등은 프랑크푸르트를 방문했을 때 라이스를 찾아와 전화의 시범을 구경했다.

그렇지만 그의 발명품에 대해 세상은 마땅히 기울여야 할 관심을 기울

이 1831년 순수하게 기계적인 원리에 의해 나무 막대를 통해서 소리를 전달하는 장치에 붙인 이름이었다. 현재 독일어에서 전화기를 뜻하는 Fernsprecher라는 단어는 1877년 슈테펜(Stephen)이라는 사람이 고전어를 쓰지 말자는 유행에 따라 지은 말이다. Ibid., p.38.

111 Ibid., p.5.

112 Ibid., p.6.

이지 않았다. 프랑크푸르트 물리학회는 그 발명품에 대해 아무런 언급을 하지 않았고 라이스는 이 학회를 탈퇴했다. 나중에 포겐도르프가 라이스의 전화기에 관한 논문을 자신의 학술지에 게재해주겠다고 의사를 밝혔으나 라이스는 정중하게 거절했다. 그는 사람들이 자신의 대단한 발명품을 '철학적 장난감(philosophical toy)'으로만 생각하는 것을 이상하게 여겼다. 그는 자신의 전화기를 가니어 학교에 기증하고 1874년 사망했다.[113] 1877년 벨의 전화기가 유럽에 소개되었을 때 그의 친구들은 죽은 이의 영예를 주장하는 데 소극적으로 대처했다. 1878년 프랑크푸르트 물리학회는 전화 발명가로서 그 학회의 이전 회원인 라이스를 기리기 위해 프리드리히스도르프에 있는 라이스의 묘지에 기념비를 세웠다. 거기에는 라이스가 전화의 발명가로 명시되었다.

독일에서는 전화기의 발명에 과학이 기여한 바가 미국에 비해 좀 더 직접적으로 보인다. 라이스는 상당히 체계적으로 과학 교육을 받은 사람이었고 과학 단체에 소속되어 과학자들과 교류했으며 스스로 과학적으로 문제에 접근했다. 라이스가 전화기를 발명하고 그것으로 특허를 내지 않고 학술지에 논문으로 게재하려고 한 것은 그에게 전화기가 철저한 물리과학적 연구의 산물이었음을 보여준다. 라이스가 불완전하나마 악음을 전선을 통해 전송하는 데 성공할 수 있었던 것은 그가 전자기학을 비롯한 물리적 지식을 충분히 가지고 있었기 때문이었을 것이다.

이 시점에서 라이스의 전화기와 벨의 전화기가 가진 기술적 차이점을 지적하는 것이 필요해 보인다. 라이스는 자신의 전화기에서 단속적 전류(intermittent current)를 사용했고 벨은 물결 모양의 전류(undulatory current)를

113 Coe, *The Telephone and Its Several Inventors: A History*, pp.17~18.

사용했다. 라이스가 사용한 단속적 전류는, 이미 헬름홀츠가 그의 진동 현미경과 모음 합성기를 작동시키기 위해 사용했던 것이었다. 원래 리사주(Jules Antoine Lissajous)가 진동 현미경의 전신(前身)인 비교기(comparateur)를 발명했을 때에는 전기에 의해 소리굽쇠를 지속적으로 진동시키는 장치가 없었다. 진동 현미경은 진동하는 소리굽쇠의 끝에 고정시킨 접안렌즈를 통해 빠르게 진동하는 물체를 봄으로써 진동을 관찰할 수 있게 해주는 기구였다. 가령 빠르게 진동하는 바이올린 현을 관찰하려면 먼저 현에 물에 녹인 녹말 방울을 떨어뜨린 후 건조시켰다. 거기에 빛을 비추어주면 녹말이 빛을 잘 반사하게 되는데 이런 상태에서 현을 진동시키고 현의 진동 방향과 수직의 방향으로 진동 현미경의 접안렌즈가 진동하도록 진동 현미경의 소리굽쇠를 배치하면 접안렌즈를 통해 빛을 반사하는 녹말 방울의 경로가 리사주 곡선을 그리는 것을 볼 수 있었다. 이때 소리굽쇠를 지속적으로 진동시키기 위해서 헬름홀츠는 전자석 두 개를 소리굽쇠의 가지 양쪽에 설치했고 이 전자석에는 단속적 전류를 흘려주었다. 단속적 전류를 만드는 방법은 소리굽쇠에 부착시킨 바늘을 수은에 살짝 담그고 소리굽쇠를 진동시키면 수은과 바늘이 접촉과 분리를 반복하는 것을 이용했다. 수은과 바늘이 모두 전지와 연결되어 하나의 닫힌 회로를 구성하고 회로에 직렬로 연결된 전자석에 의해 소리굽쇠의 가지가 끌리게 만들어놓은 후에 소리굽쇠를 진동시키면 단속적 전류가 발생하고 그 단속적 전류에 의해 소리굽쇠는 주기적으로 끌렸다 밀쳐지기를 반복하면서 바늘을 수은에 담갔다 꺼내는 동작을 계속해 단속적 전류를 만들어냈다.[114] 이 방법은 음향학 실험 연구자들에게 널리 사용되었고, 레일리도 이와 크게 다르지

114 구자현, 「헬름홀츠의 생리학 연구의 특성과 청각의 공명 이론」(서울대학교 대학원 석사학위논문, 1992), 35~36쪽.

<그림 3-5> 라이스 전화기의 열 번째 송화기

출처: S. P. Thompson, *Philip Reis*, p.27.

않은 방법으로 단속적 전류를 만들어 사용했다.

라이스가 전화기를 만드는 데 사용한 방법도 이와 크게 다르지 않았다. 라이스의 전화기는 송화기(transmitter)와 수화기(receiver)로 이루어져 있었는데, 그는 한 가지 형태가 아니라 아주 다양한 형태의 송화기와 수화기를 만들었다. 라이스의 전기를 쓴 영국의 물리학자 톰슨(Silvanus P. Thompson, 1851~1916)은 열 가지 형태의 송화기와 네 가지 형태의 수화기를 소개했다. 송화기 중에서 가장 완성도가 높은 열 번째 형태와 수화기 중에서 가장 완성도가 높은 네 번째 형태를 살펴보겠다.

라이스의 열 번째 송화기는 가장 널리 알려져 있고 시장으로 나간 유일한 형태였다. 라이스의 송화기들은 기본적으로 귀를 모방하는 형태를 취했는데 이러한 특성이 이 송화기에도 드러난다. 정육면체의 상자의 뚜껑(A)에는 팽팽하게 양피지를 씌워 고막을 흉내 냈다(<그림 3-5>). 옆에는

<그림 3-6> 라이스 전화기의 뜨개바늘 수화기

출처: S. P. Thompson, *Philip Reis*, p.34.

주석으로 만든 깔때기(S)에 구멍이 있어 소리가 들어와 양피지를 진동시키게 되어 있었다. 이것은 외이도와 귓바퀴를 흉내 낸 것이다. 그 양피지에는 금속판이 연결되어 있었고 금속판의 한쪽 끝은 전지의 단자(d)에 도선으로 연결되어 있었다. 금속판의 한쪽은 양피지가 진동하면서 다른 삼각도선(b)의 한쪽에 접촉했다 분리되었다를 반복했다. 이 삼각도선을 라이스는 작은 망치(Hämmerchen)라고 불렀다. 상자의 측면에는 보조적인 장치로 전건(電鍵, key)과 전자석이 달려 있었다. 전건과 전자석은 '전화벨' 역할을 하는 것으로 도선의 다른 쪽 끝에 있는 수신자에게 전화를 걸기 전에 먼저 전신으로 신호를 주고받을 수 있게 해놓은 것이었다. 라이스가 그의 송화기에서 사용하는 원리는 불완전한 접촉점에 작용하는 목소리에 의해, 때로는 크게 때로는 작게 회로를 열고 닫는 정도를 다르게 해 전류의 흐름을 조절해주는 것이었다.

라이스 전화기의 여러 수화기 형태 중 최종적인 것은 뜨개바늘(knitting needle) 수화기이다(<그림 3-6>). 이 모형은 뜨개바늘 크기의 금속 막대 양쪽을 받침대에 각각 고정하고 중간 부분의 뜨개바늘은 명주실을 감은 도선으로 코일을 만들어주어 여기에 수화기에서 들어온 단속적인 전류가 흐르면 금속 바늘을 진동시키고 그 바늘은 양쪽 받침대를 통해 밑에 있는 울림 상자(sounding box)를 진동시켰고 상자 위에 뚫려 있는 두 개의 구멍에서 소리가 나와서 위에 있는 뚜껑을 덮어주면 소리가 더욱 집중되어 커지는 효과를 보게 되어 있었다. 옆에 달려 있는 전건은 음성 신호를 제대로 받았을 때 그 사실을 전신으로 발신자에게 알리기 위한 것이다.[115] 이로부터 처음에 수신 상자에 가한 음과 같은 음을 이 공명 상자에서 재생할 수 있었다. 두 상자를 연결하는 도선을 길게 하면 먼 거리까지 똑같은 소리를 전달할 수 있었던 것이 라이스의 전화기였다.[116]

라이스가 자신의 전화기에 관련된 논문을 포겐도르프의 ≪물리·화학 연보≫에 싣기 위해 그렇게 애를 썼던 이유와 포겐도르프가 늦었지만 라이스의 논문을 실어주겠다고 답장을 보낸 것은 전화기가 독일의 음향학 전통 속에서 수행한 과학적 연구 활동의 산물이었음을 보여주는 것이다. 라이스는 음향학자로서 헬름홀츠가 주도하고 있었던 연구를 충실하게 따라가고 있었고 그의 방법과 상당히 유사한 방식으로 소리를 전기로 매개하려고 했다.

반면에 벨은 헬름홀츠의 영향을 받은 것은 사실이지만 독일의 연구 전통과는 다른 맥락에서 연구를 수행했다. 벨은 초기에 물결 모양의 전류를 만들기 위해 강철 막대들로 이루어진 하프(harp)를 사용했다. 그것의 양쪽

115 S. P. Thompson, *Philip Reis*, pp.33~34.

116 S. Garner, *The Telephone: Its History, Construction, Principles, and Uses, with Definitive Instructions on the Making of Telephones, and to which is Added a Chapter on the Phonograph* (London: Simpkin, Marshall, and Co., 1878), pp.8~9.

끝은 강력한 영구자석의 양극에 닿아 있었다. 각각의 끝에 있는 막대들 사이에는 전자석이 있었다. 자석이 전자석 근처에서 움직이면 전류가 전자석을 둘러싸고 있는 코일에 유도되는데 자석이 다가올 때와 멀어질 때 전류의 방향은 반대가 된다. 그러므로 강철 막대 중 하나를 때리면 유도 전류가 코일에 생긴다. 이 전류가 회로의 다른 쪽 끝에 있는 전자석으로 전달되고 거기에서 하프의 막대들이 자신과 동음인 진동을 선별해 진동을 시작해 첫 번째 하프의 소리를 정확하게 재생해낸다. 처음에 두 개의 강철 막대가 동시에 진동하면 중첩에 의해 다른 쪽 하프에는 두 개의 강철 막대가 진동할 것이다. 여러 개의 금속 막대가 동시에 울리면 그 막대 주위의 공기는 합성된 진동으로 진동할 것이다.

벨의 금속 막대 하프는 합성 진동을 전달할 수단을 갖지 못했기에 벨은 그런 방법을 찾아 나섰고 소리자동기록기에서 인간의 고막이 소리를 받아 전달하는 것으로부터 힌트를 얻어 막에 부착된 금속 조각으로 하프의 강철 막대를 대신하는 아이디어를 떠올렸다. 강철 막대가 특정한 진동수의 음을 가지고 있었던 반면에 철 조각은 특정한 고유 진동수를 가지고 있지 않았다. 그는 철 조각을 펼쳐진 막에 부착시킨 전화기를 만들었다. 철 조각은 전자석 위에 있었고 그 전자석은 전지에서 나오는 전류로 항상 자화(磁化)되어 있었다. 그런데 막이 소리로 진동하게 되면 철 조각이 진동했고 그에 따라 전자석 주위에는 진동하는 전류가 형성되었다. 이 전류가 도선을 따라 멀리 전달되었고, 그 진동하는 전류가 방향에 따라 제2의 전자석을 강하게도 하고 약하게도 했으며 자기력으로 제2의 막에 부착된 철 조각을 당겨서 첫 번째 막에서 일어났던 것과 같은 막의 진동을 일으켰다. 처음에 그 효과는 미미한 소리일 뿐 만족스럽지 않았다.[117]

벨은 포기하지 않고 연구를 계속했다. 철 조각의 크기를 변화시킴으로써 모음을 명료하게 재생해낼 수 있었으나 자음은 똑같이 들렸다. 진동하는 전류를 만드는 다른 방법이 시도되었다. 물이 상당한 전기 저항을 가지고 있으므로 얇은 백금선을 꽂은 코르크를 막에 부착했다. 그 코르크를 물에 띄웠고 백금선은 물에 닿았다. 물의 다른 쪽에 도선을 연결했고 그 도선은 전지까지 연결되었다. 이로써 막이 진동하면 백금선이 물에 닿는 길이가 변하면서 도선에 흐르는 전류가 진동했다. 벨은 다양한 액체를 가지고 실험했는데 나중에는 수은에 흑연을 담갔다. 이 방법으로 그는 발음을 전달하는 전화기를 만들 수 있었다. 이 장치가 필라델피아 100주년 기념 박람회에 출품되었다. 이 장치에 대해 윌리엄 톰슨은 "지금까지 나온 놀라운 전신기들 중에서 가장 대단하다"[118]고 평가했다.

하지만 이 방법으로는 만족스럽게 소리를 받지 못했다. 이를 위해서는 철 상자와 진동하는 얇은 뚜껑이 필요했다(<그림 3-7>). 이 장치에서 막은 놋쇠 고리 위에 펼쳐졌고 거기에 철편(A)이 부착되었다. 막의 진동이 철편을 진동시키면 전자석(M)의 코일에 흐르는 전류에 진동이 생기고 그 진동하는 전류가 다른 전자석(M′)을 진동시키면 그것을 둘러싸고 있는 철 상자(I)의 얇은 뚜껑(L)이 진동하면서 소리를 발생시켰다. E와 E′와 같이 접지를 해놓으면 송화기와 수화기를 연결하는 도선은 한 가닥이면 되었다.[119]

벨은 이 장치를 가지고 분명한 발음을 전달할 수 있었지만, 그는 재생되는 음질을 개선하기 위해 계속 노력했다. 전자석을 둘러싸고 있는 코일의 크기를 줄이면 수화기 쪽에서 더 강한 소리를 낼 수 있었고 전류의 유도를 일으키는 것 이상의 코일을 쓰는 것은 저항만을 증가시킨다는 것도 알아

117 Ibid., pp.10~11.

118 Ibid., p.12.

119 Ibid., p.13.

<그림 3-7> 벨 전화기의 철 상자와 뚜껑

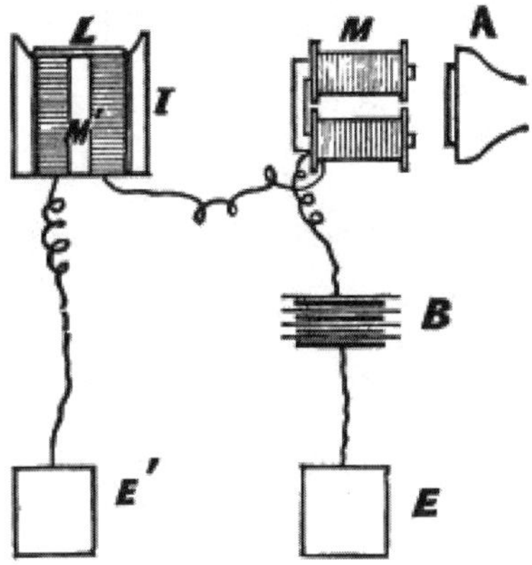

출처: Garner, *The Telephone*, p.13.

냈다. 전자석의 크기와 세기를 변화시키다가 전자석의 심이 영구자석이면 전지는 필요하지 않다는 것도 알아냈다. 철편을 크게 하자 소리도 커졌고 마침내 막은 필요하지 않다는 것도 알아냈다.

전화기의 수화기를 개선하는 단계에서 벨이 라이스의 수화기를 모방했다는 믿을 만한 증거가 있다. 실바누스 톰슨이 지적한 대로 벨은 에디슨이 그랬던 것처럼 라이스의 전화기에 대해 들었고 자신의 수화기가 단 하나의 음밖에는 수신할 수 없었을 때 라이스의 수화기를 모방함으로써 모든 음을 받을 수 있는 수화기를 만들어낼 수 있었다는 것을 법정에서 시인했다. 벨은 영국 특허에서도 스스로를 전화기의 발명자로 주장하지 않았다. 벨이 특허를 요청한 정확한 제목은 '전화와 전화 장치의 개선책들(Improvements in Electric Telephony[Transmitting or causing sounds for Telegraphing Messages] and Telephonic Apparatus)'이었다.[120]

그렇지만 벨의 방식에는 라이스의 전화기에 없었던 특성, 즉 목소리를 전달하는 데 효과적인 근본적 차이가 있었다. 라이스와 그의 지지자들은 라이스의 전화기가 목소리를 전달할 수 있었다고 주장했으나 나중에 전화기를 둘러싼 특허 분쟁이 발생했을 때 라이스 측은 라이스의 전화기로 목소리를 알아들을 수 있게 전달하는 데 실패했다.

왜 그의 전화기가 목소리를 제대로 전달할 수 없었는가에 대해서는 라이스의 전화기와 비슷한 방식으로 단속적 전류를 사용해 여러 개의 크기가 다른 소리굽쇠를 동시에 진동시킴으로써 다양한 모음을 만들어낼 수 있었던 헬름홀츠의 모음 합성기(vowel synthesizer) 원리를 생각해보면 알 수 있다. 헬름홀츠의 장치는 목소리를 전달해 재현하는 장치는 아니었기 때문에 전화기와는 차이가 있었지만 단속적 전류를 사용해 사람의 목소리를 흉내 낼 수 있었다는 것은 중요한 혁신을 이룩한 것이었다. 헬름홀츠는 전화기를 만들기 위해 이 장치를 고안한 것이 아니라 모음의 음색이 다른 이유를 연구하다가 그것은 구강이 각기 상이한 부분음을 강화하는 메커니즘에 의거한다는 것을 발견하고 그 이론을 뒷받침하기 위해 만든 것이었다.[121] 헬름홀츠의 모음 합성기는 단속적 전류를 사용하면서도 서로 기

---

120 S. P. Thompson, *Philip Reis*, p.40.

121 구자현, 「헬름홀츠의 생리학 연구의 특성과 청각의 공명 이론」, 36~38쪽. 라이스의 전기를 쓴 실바누스 톰슨은 라이스의 전화기가 실제로 음성을 전달할 수 있었다고 주장한다. 그의 전화기를 다중 전신기(multiple telegraphy) 중 하나로 치부하는 것은 잘못된 것이다. 다중 전신기는 1870년에서 1876년 사이에 여러 사람에 의해 개발되었는데 라이스는 이들보다 훨씬 먼저 독자적으로 전화기를 발명했다고 말한다. '탄소 전화기(carbon telephone)'를 발명한 에디슨(Thomas Alva Edison, 1847~1931)은 라이스의 발명에 관한 레가트(Legat)의 보고서의 영역본을 읽고 이 연구를 시작했는데 라이스의 전화기에 대해서 이렇게 말했다. "읽거나 말할 때처럼 발음된 개별 단어들은 불분명하게 인지되었다. 하지만 여기에서도 목소리의 음조 변화, 가령 의문의 억양, 감탄, 놀람, 명령 등이 선명하게 표현되었다." 이것으로 라이

음과 배음의 관계, 곧 부분음(partial tone)의 관계를 이루는 소리를 내는 여러 개의 소리굽쇠와 같은 진동수로 조율된 공명기를 짝 지어 소리굽쇠의 소리를 증폭시킴으로써 목소리를 흉내 낼 수 있었다. 다만 이러한 소리굽쇠의 진동 방식에 단속적 전류를 사용했다. 그러나 단속적 전류를 사용해 헬름홀츠가 만들어낸 소리는 소리굽쇠가 내는 조화 진동음의 조합으로 독특한 모음의 특성을 흉내 내는 소리였다.

그렇지만 라이스의 수화기는 단속적 전류를 받아서 단순히 금속 막대를 유도 코일에 의해 진동시키는 방식을 택했다. 유도 코일은 단속적 전류에 의해 특징적인 자기장을 만들어냈고 그 진동하는 자기장에 의해 금속 막대가 진동했다. 이렇게 해서 흉내 낼 수 있었던 것은 송화기의 깔때기에 넣어준 소리의 음높이와 일치하는 소리였다. 그러므로 뒤 몽셀의 판단대로 라이스의 전화기가 악음은 비슷하게 흉내 낼 수 있었을 것이나 목소리의 모음은 제대로 전달할 수 없었을 것이다. 모음은 구강 내에서 특정한 부분음이 강화되고 약화되는 패턴에 의해 특징적인 파형을 가지고 있는데 라이스의 전화기는 단속적 전류를 사용했기 때문에 그것을 제대로 구

스의 전화기가 음성을 전달한 것은 사실이었으나 음질은 그렇게 좋지 않았던 것으로 판단할 수 있다(S. P. Thompson, *Philip Reis*, pp.39~40). 그렇지만 또 다른 증언은 라이스의 전화기가 발음을 잘 전달했다고 전한다. 1882년 전신 기술자 및 전기학자 협회에서 전화기에 대해 발표한 돌베어(Dolbear) 교수는 라이스의 수화기와 송화기는 잘 작동되었고 라이스는 분절적 언어(articulate speech)를 전송하고 수신했다고 했다(Ibid., p.41). 그리고 실바누스 톰슨 자신이 직접 실험해본 결과, 라이스의 전화기는 분절적 언어를 모음과 자음 모두 잘 전달했다(Ibid., p.48). 그렇지만 1879년 전화기에 관한 역사를 체계적으로 정리한 뒤 몽셀은 라이스의 전화기는 음색을 제대로 전달할 수 없었기 때문에 아이들의 장난감 나팔처럼 거친 쉿소리를 냈고 듣기에 '좋지(attractive)' 않다고 했다[Count Du Moncel, *The Telephone, the Microphone, and the Phonograph*(New York: Harper Brothers, 1879), p.20].

현할 수 없었다.

그렇지만 벨의 전화기는 진동하는 전류를 사용했다. 진동하는 전류는 전류가 끊이지 않고 계속 흐름으로써 전류의 방향뿐만 아니라 세기의 변화까지 반영하는 가변 전류(variable current)였다. 그렇기 때문에 벨의 전화기로는 인간의 구강이 만들어내는 복잡한 공기 진동 파형을 그대로 전기 신호로 옮길 수 있었다. 벨의 전화기가 저항을 변화시켜 전류를 변화시키는 방식을 택하든, 전자기 유도 현상을 이용해 금속 단자의 진동을 전류의 진동으로 바꾸든, 모두 연속적인 전류를 사용했기 때문에 목소리의 전달에 성공적이었다.

그런 점에서 보면 그레이도 벨과 동일하게 단속적 전류가 아니라 진동하는 전류를 사용하는 아이디어를 가지고 있었다. 그레이는 벨이 특허 서류를 제출하던 1876년 2월 14일, 같은 날에 약간 늦은 시각이었지만 미국 특허국에 특허보호신청서를 제출했는데 그 안에 벨의 전화기에 대한 특허와 유사한 내용이 담겨 있었다. 특허보호신청 제도는 현재는 미국에서 실시되고 있지 않지만 당시에는 특허와 관련한 근본적인 아이디어를 제출해 그 우선권을 보장받게 해주는 제도였다. 1876년 특허를 출원했더라면 그 우선권은 보장받을 수 있었을 것이라고 그레이는 아쉬워했다. 그레이는 1873년 겨울 연구를 시작했고 1874년에는 이미 어느 정도 완성된 형태의 전화기를 가지고 유럽을 방문할 정도로 연구에 앞서 있었다.[122] 그는 누군가가 자신과 비슷한 연구를 하고 있다는 것에 대해 알지 못했다.

그레이가 처음 만든 분절적 언어 전송기는 얇은 금속으로 만들어진 깔때기에 다양한 크기와 무게의 라이더들(riders)이 깔때기에 가볍게 접촉하

---

122 Elisha Gray, *Electricity and Magnetism*(Toronto: William Briggs, 1900), pp.134~135.

고 있는 형태였다. 소리가 들어오면 깔때기가 진동을 하고 그 진동에 의해 라이더와 깔때기 사이의 접촉의 정도가 변하면서 다양한 세기의 전류를 보내게 된다는 생각이었다. 이를 위해서는 회로의 한쪽에 전지가 연결되어 있어야 했다. 당시에 그레이는 이렇게 크기가 상이한 여러 개의 라이더를 써야 다양한 진동수의 진동을 모두 받아들일 수 있을 것이라고 생각했다. 현대적 관점에서는 단 하나의 접점만으로도 제대로 작동된다면 분절적 발음을 잘 전달할 수 있는데, 당시에 그레이는 다양한 진동음을 받아들이기 위해서는 다양한 막대가 공명을 일으켜야 한다고 생각했다. 이것은 그레이가 크기가 다른 여러 개의 소리굽쇠와 공명기를 채용한 헬름홀츠의 모음 합성기에서 착안해 이와 유사한 설계를 했기 때문일 것이다.

1875년 가을까지 그런 방식의 전화기를 생각하던 그레이는 우연히 길거리에서 아이들이 깡통 밑에 구멍을 뚫고 실을 꿰어 서로 연결한 후 100피트(30.48m) 정도의 거리에서 서로 대화를 주고받는 것을 보았다. 이런 방식의 장난감은 이미 중국에서 2,000년 전에 알려진 것이었는데 그레이는 그것에 대해 들어본 적이 없었다. 그는 자신이 직접 그것으로 대화를 주고받아보고 힌트를 얻었다. 그러나 그는 조화 전신기(harmonic telegraph) 개발을 위해 연구비를 보조받는 상황이었고 그의 파트너에게 전화기에 대한 아이디어를 발전시킬 것을 제안했으나 동의를 얻지 못했다.[123] 그리하여 그는 자신의 아이디어에 그림을 곁들여 정리했고 그것을 특허보호 신청서로 제출하게 되었다.

그레이의 최초 전송기는 회로의 저항을 변화시키는 방식을 채용하고 있었다. 그는 이 문서에서 자신이 "전신을 이용해서 음성을 전송하는 새

123 Ibid., pp.141~142.

로운 기술을 발명했다"라고 적었다. 그는 빈 공간의 끝에 팽팽하게 펼쳐진 막에 전기회로의 퍼텐셜(potential)을 변화시키는 장치를 달아서 가해진 소리에 의해 진동하는 전류를 변화시키면 그 전류가 수신소(receiving station)로 전해지고 거기에 전자석을 포함하는 회로가 있어서 막에 붙어 있는 연철 조각을 흔들게 되면 역시 빈 공간의 끝에 펼쳐진 막이 진동하면서 소리를 만들어내게 된다고 했다.[124]

결국 벨과 그레이는 특허권을 놓고 나중에 심각한 법정 공방을 벌이게 되는데 이때 핵심 쟁점이 된 것이 벨이 특허신청서의 여백에 써넣었고 그레이의 특허보호신청서에는 정식으로 소개되어 있는 가변 저항(variable resistance)에 대한 아이디어를 누가 먼저 알았냐는 것이었다.[125] 그레이 측은 벨이 그레이의 특허보호신청서를 읽었고 나중에 가변 저항에 대한 내용을 특허국 직원의 허락을 받아 여백에 적어넣었다고 주장했다. 물론 이것을 벨은 부인했고 법원도 벨의 손을 들어주었지만 그레이의 주장의 개연성은 여전히 남아 있다.

벨이 특허를 제출할 시점에 그보다는 그레이가 전화기의 실현 가능성에서 앞서 있었던 것은 분명하다. 벨이 실제로 전화기로 음성 통화를 실현시킨 것은 특허 서류를 제출한 후 한 달이 지난 1876년 3월 10일이었다. 벨은 액체 접촉 전송기(liquid contact transmitter)에 대고 "왓슨 군, 이리 오게. 보기를 원하네(Watson, come here. I want to see you)"라고 말했고, 그것을 다른 방에 일하던 왓슨이 들었다. 이것이 인류 최초로 전기를 통해 분명하게 전송된 메시지였다. 그때 벨이 사용한 전송기는 그레이의 아이디어에 의해 작동되는 방식이었다.

124 Ibid., pp.143~144.

125 Coe, *The Telephone and Its Several Inventors: A History*, p.5.

그레이는 조화 전신기(harmonic telegraph)를 특허 낼 정도로 이미 전신 분야에서 전화기를 발명하기 위한 기본적인 이해에 도달해 있었다. 그레이의 조화 전신기는 하나의 회선으로 16개 전신 신호를 동시에 보낼 수 있었다. 이 새로운 기술을 바탕으로 그레이는 전신 사업을 독점하고 있었던 웨스턴 유니언 사(Western Union Company)와 겨루는 우편전신회사(Postal Telegraph Company)를 설립했다.[126] 당시 전신 기술은 전자기학 지식에 토대를 두고 발전하고 있었던 대표적인 과학 기반 기술(science-based technology)이었다. 기본적으로 신호를 잘 보낼 수 있는 전신선을 만들고 먼 거리까지 신호가 잘 전달되게 하는 기술이 필요했고, 해저 전신 케이블의 경우에는 더욱 복잡한 절연과 신호 감쇠의 문제를 취급해야 했다.

이런 점에서 전신 기술에 능했던 그레이는 과학적 지식을 상당히 갖춘 인물이었다. 그는 특히 실험 전자기학에서 상당한 조예를 갖추고 있었기 때문에 전화기를 실현시키기 위해 필요한 기술에 더 쉽게 도달할 수 있었다. 그런 점에서 그레이는 유럽의 앞선 음향학에 대해 벨보다 더 잘 알고 있었고 거기에 전기에 대한 지식까지 겸비해 전화기를 발명하기에 가장 좋은 배경을 가지고 있었다. 다만 실제로 작동되는 기계를 만들지 않았다는 이유로 특허를 내지 않고 특허보호신청서를 낸 것이 실수였다. 작동되는 기계를 만들지 않았으나 일단 특허를 낸 벨은 우선권을 차지했고 이후 거대한 산업의 선두주자로서 돈과 명예를 모두 거머쥐게 되었다. 라이스는 벨이나 그레이보다 전화기에 근접한 장치를 먼저 만들었으나 통화가 가능할 정도의 발음을 전달하는 데는 부족했기에 인정을 받지 못했다.

126 Ibid., p.2.

2) 축음기의 발명

에디슨이 축음기를 발명하는 과정에서도 그렇게 많은 과학적 지식이 활용되지는 않았다. 더구나 유럽에서 19세기 내내 발전해온 음향학에 관한 실험적 지식과 수학적 지식이 에디슨의 축음기 발명 과정에 기여한 바는 거의 없었다. 에디슨 자신이 과학 교육을 제대로 받은 사람이 아니었기 때문에 그의 발명에는 전문적인 과학 지식이 거의 동원되지 않았다. 그는 발명품의 시장성을 미리 가늠해보고 자신의 연구 팀을 조직적으로 운영해 발명을 하곤 했지만, 여전히 시행착오를 반복하면서 옳은 길을 찾아나가는 전통적인 기술의 방법을 채용했다. 이런 점에서는 음향학의 연구 성과는 벨의 전화기가 발명되는 과정에서 더 많이 사용되었다.

축음기는 에디슨의 다른 발명품처럼 시장성이 있다고 해서 발명에 이른 것이 아니라 다른 발명을 하다가 우연적으로 이르게 된 결과물이었다. 이 발명품에 대한 초기 반응도 전화기보다 실용성은 떨어진다는 생각이 일반적이었다. 소리를 녹음한다는 것이 세상을 어떻게 바꾸어놓을지 에디슨 자신도 발명할 당시에는 상상하지 못했을 것이다. 오늘날 많은 젊은이들이 깨어 있는 대부분의 시간 동안 귀에 이어폰이나 헤드폰을 끼고 음악을 들으며 살지 누가 상상했겠는가? 음반 시장이 타이틀 하나로 수백만 장의 판매기록을 세우는 일이 생길 줄 누가 알았겠는가?

에디슨의 축음기 발명 과정은 1877년의 중계 전신기(relay telegraph) 발명과 긴밀하게 연결되어 있다. 자동으로 전신을 받고 그것을 다시 전송하는 이 발명품의 핵심 장치는 전신 부호를 기록하는 회전 원반이었다. 이 밀랍을 먹인 종이 원반 위에는 철필이 움직이며 홈을 만들었고 그것을 뒤집어 돌리면 홈이 돌기로 바뀌면서 철필이 돌기를 다시 전기 신호로 바꿔

<그림 3-8> 초기 형태의 축음기

출처: D. C. Miller, *The Science of Musical Sound*, p.76.

주게 되어 있었다. 그는 이 장치에서 힌트를 얻어 박판을 이용해 소리를 재생하는 장치를 생각하게 되었다.

완성된 에디슨의 축음기는 수화 장치, 기록 장치, 재생 장치 세 부분으로 이루어져 있었다(<그림 3-8>).

수화 장치는 구부러진 관으로 한쪽 끝은 마우스피스에 끼워져 있었고 다른 쪽 끝은 매우 얇은 금속판으로 덮여 소리를 가하면 진동하게 되어 있었다. 이 판의 중앙에는 작은 강철 핀이 부착되어 있어서 판이 진동하면 함께 진동했다. 그 핀은 기록 장치를 구성하는 원통에 있는 홈에 맞도록 조정되어 있었다.

기록 장치를 구성하는 원통은 놋쇠로 만들어졌는데 한쪽 끝에서 다른 쪽 끝까지 V자 모양의 홈이 연속적으로 나선 모양으로 나 있어서 커다란 나사 같은 모양이었다. 이 원통은 수평의 축 위에 장치되었는데 이 축은 양쪽에 베어링에 의해 지지되었고 그 V자 홈에 수화 장치의 강철 핀이 닿게 되어 있었다. 그 축은 원통의 양끝에서 연장되어 있었는데 한쪽 끝에는 나선이 깎여져 있어서 나선 베어링 위에서 움직이게 되어 있었다. 그 끝에는 핸들이 달려 있어서 그것을 돌리면 원통은 길이 방향으로 고정된 강철 핀 앞에서 좌우로 조금씩 움직였다. 주석박(tin foil)처럼 부드럽고 탄성이 없는 금속 띠를 조심해서 원통의 홈 위에 감아주고 수화 장치의 강철 핀을 주석박에 닿게 조정해주면 수화 장치의 판이 진동할 때 핀이 위 아래로 진동하면서 주석박에 깊이가 변하는 홈을 만들었다. 사람이 수화 장치의 관에 말을 하면서 핸들을 돌려주면 문자 그대로 말이 금속 띠에 오톨도톨한 모양으로 각인되었다.

소리를 재현하는 재생 장치는 원뿔 형태의 금속 나팔이었는데 넓은 쪽은 열려 있고 좁은 쪽은 팽팽하게 고정된 종이로 덮여 있었다. 이 펼쳐진 종이 앞에는 수직 방향으로 고정된 가벼운 강철 스프링이 뭉툭한 강철 핀에 닿아 있었다. 그 스프링이 펼쳐진 종이에 팽팽하게 걸쳐진 명주실에 연결되어 스프링이 움직이면 종이막이 진동했다. 재생을 하기 위해서는 원통을 되돌려서 말하기 전의 원래의 위치로 가져다놓고 재생기의 핀을 기록 장치의 핀이 만든 홈의 첫 부분에 들어가게 한 후에 핸들을 녹음할 때와 같은 속력으로 돌리면 강철 핀이 각인된 홈을 따라 움직이면서 주석박에 각인을 만든 진동과 똑같은 진동수와 깊이의 진동이 종이판으로 전달되었다. 그러면 금속성을 띤 목소리가 원뿔형 나팔로부터 나오는 것을 들을 수 있었다. 녹음될 때보다 빨리 돌리면 목소리의 톤이 올라가고 느리게 돌리면 낮은 톤의 목소리가 들렸다.[127] 돌리는 속력을 일정하게 하기 위해 에디슨은 태엽에 의해 장치가 작동되도록 개선했다. 이 장치를 발명하는 과정에서 에디슨에게 필요한 음향학적 지식은 없었다. 소리의 본성, 악음의 원리, 화음의 본성 등의 이해에 집중되었던 당시 유럽의 음향학 지식은 에디슨에게는 없었고 축음기의 발명을 위해 그것이 필요하지도 않았다.

---

127 Garner, *The Telephone*, pp.30~32.

에디슨이 발명한 축음기의 구조와 작동 원리를 이해한 독자들은 그것이 전기 없이 작동되었다는 것에 놀란다. 전화기(電話機)와 달리 최초의 축음기는 전축(電蓄)이 아니었으므로 전기가 필요하지 않았다. 기본적으로 축음기는 기계적 작동에 의해 소리를 기록하고 소리를 재생했다. 그러므로 그것의 작동에는 전기 음향학적 지식이 필요하지 않았다. 소리는 사물의 진동에서 나오며 소리가 닿은 물체는 진동을 일으킨다. 이러한 간단한 지식이 에디슨의 축음기의 핵심 원리였다. 그러므로 축음기의 음질을 개선하기 위한 노력은 기계적인 구조와 메커니즘의 개선을 통해 이루어졌다. 나중에 축음기에 전기적 녹음 원리가 도입되면서 축음기는 녹음기로 거듭나게 되지만 음질을 향상시키기 위한 전기적 원리는 이미 전화 기술에서 충분히 개발되어 있었다.

이 발명품의 상업화 과정에서도 전문적 음향학 지식은 결정적인 기여를 하지 않았다. 축음기를 사무용 받아쓰기 기계(business dictating machine)로 판매하기 위해서는 녹음하고 재생하기에 적당한 원통의 제작이 필수적이었고 이를 위해 가장 적당한 재료로 발견된 것이 밀랍(wax)이었다. 적당한 굳기의 밀랍을 합성하기 위해 화학 지식이 동원되었고 이것의 제법은 비밀에 부쳐졌다. 1900년대가 되어 축음기가 음악을 재생하는 오락적 용도로 널리 사용되기 시작하면서 축음기 자체의 제작보다는 음악을 담은 레코드 원통의 제작과 판매가 중요해졌고, 마스터(master) 원통으로부터 복사본을 어떻게 찍어낼 것인가가 상업화의 관건이 되었다. 우여곡절 끝에 마스터 원통 위를 도금하여 금속박을 입히고 이것을 주형으로 삼아 플라스틱 원통을 찍어내는 방법으로 질 좋은 레코드 원통을 제작할 수 있었다.

1880년대 에디슨의 특허를 침해하지 않는 축음기로서 등장한 그라모폰(gramophone)은 독일 출신의 미국 기술자 베를리너(Emil Berliner, 1851~1929)에 의해 발명되었다. 이 축음기는 원통 대신에 원반을 사용해 소리를 저장했고, 저장하는 방식도 에디슨의 수직 기록 방식이 아니라 수평 기록 방식을 택했다. 수직 기록 방식은 홈의 깊이에 따라 음의 차이를 저장하고 읽어내는 방식인 반면, 수평 기록 방식은 좌우로 진동하는 진폭의 차이에 따라 음의 차이를 기록하게 되어 있었다. 사람들은 음을 재현하는 데 수직 기록 방식이 더 우수하다고 했지만 베를리너는 특허 침해를 막기 위해 수평 기록 방식을 도입했다. 베를리너의 디스크 방식은 마스터 디스크를 만들 경우 원통에 비해 더 쉽게 복제본을 만들 수 있는 장점이 있었기에 에디슨 사와 경쟁을 유지할 수 있었다. 베를리너 방식을 이어받은 존스턴(David V. Johnston)은 1901년에 빅터 축음기 회사(Victor Talking Machine Company)를 설립해 원통 방식과 경쟁하는 원반 방식의 레코드와 레코드 플레이어를 생산했다. 이로써 인공적으로 재생되는 소리가 새로운 시장을 열고 전에 없던 새로운 음악의 장르를 창출하는 데 견인차 역할을 하게 되었다.

5. 미국의 음악 음향학

19세기 동안 미국의 음악적 실행은 유럽의 것을 따라가고 있었다. 음높이인 피치(pitch)가 점점 높아지는 현상도 유럽과 동일했다. 1863년에 건설된 보스턴 음악당에 설치된 큰 오르간(Great Organ)은 4년 전 프랑스에서 제정된 절대 피치인 A4=435cps로 조율되었고 이는 C4=258.65cps에 해당했다.[128] 같은 제작자인 루트비히스부르크(Ludwigsburg)의 발커(Walcker)

가 두 번째 독일 오르간을 보스턴 제1교회를 위해 제작했을 때에도 프랑스 피치에 따라 조율되었다. 그리고 1869년 프랑스 피치는 학교 위원회의 투표에 의해 보스턴의 공립학교에 표준 피치로 선정되었다. 그렇지만 다양한 오케스트라에서 사용하는 악기들은 여전히 높은 피치로 조율되었고 오페라단과 다른 외국의 음악 조직들도 높은 기준을 채택했다.[129] 하버드 심포니 오케스트라가 큰 오르간의 기준으로 조율된 악기를 받았는데 그들이 다른 곳에 가서 연주할 때에는 더 높은 피치에 맞추어 새롭게 악기들을 조율해야 했다. 미국에서 제작되는 오르간은 프랑스 피치로 조율되는 경우가 하나도 없었고 보스턴 밖에서 프랑스 피치가 채용되는 경우도 없었다. 많은 논의 끝에 음악당의 오르간은 새롭게 조율되었다. 미래에는 낮은 피치가 채용되겠지만 현재는 그것의 채용이 느리므로 시조에 맞추는 게 타당하다는 것이 주된 의견이었다. 1871년 큰 오르간은 C4=271cps, 정률된 A4=455.8cps로 조율되었다.[130]

한동안 미국의 악기들은 높게 조율되다가 외국에서 낮게 조율하는 것이 많이 퍼진 후에야 다시 이 문제가 논의되기 시작했다. 1882년 뉴잉글랜드 음악원(New England Conservatory)의 원장인 투르제(Eben Tourjée, 1834~1891)는 프랑스 피치를 도입하겠다고 결정했다. 정확하지 않은 이유에서 표준음을 C4=261cps로 정하고 그에 해당하는 소리굽쇠를 제작한 후 음악원의 오르간은 그에 맞추어 조율했다. 그 후 그 소리굽쇠는 1897년까지 그 음악원

128 절대 피치의 기준을 당시에는 A3로 부르는 경우도 있었으나 여기에서는 혼돈을 피하기 위해 현대적 호칭을 따라 모두 A4로 부르겠다.

129 Charles R. Cross, "Historical Notes Relating to Musical Pitch in the United States," *Proceedings of the American Academy*(1900), pp.453~467 on p.453.

130 이 오르간은 1884년에야 다시 낮게 조율된다.

의 표준으로 사용되다가 258.65cps의 새로운 소리굽쇠로 대체되었다. 이로써 이전의 소리굽쇠를 기준으로 조율된 악기가 A4=435cps를 표준으로 조율된 악기와 음높이가 다소 다른 문제가 비로소 해소되었다.

이후에 미국의 악기들은 꼭 프랑스 피치를 따르지는 않아도 이전보다는 다소 낮게 조율되는 경향을 띠었다. 1882년 토머스(Theodore Thomas, 1835~1905)의 오케스트라는 프랑스 피치보다 조금 높은 타협 피치를 채택했다. 그것은 A4=437.4cps이었다. 보스턴 심포니 오케스트라는 A4=448.5cps인 높은 피치를 채택하다가 1883년 가을부터 프랑스 피치를 표준으로 채택했고 이러한 선택은 다른 미국의 오케스트라로 빠르게 퍼져나갔다.[131] 오케스트라의 이러한 선택으로 피아노나 오르간도 오케스트라와 협연하기 위해서는 같은 음높이로 조율해야 했지만 피아노나 오르간이 단독으로 연주될 경우에는 대부분 이를 따르지 않았고 더구나 제조업자들은 이를 따르지 않는 경우가 일반적이었다.

1889년 필라델피아에서 열린 미국 음악교사협회(National Music Teachers' Association) 모임에서 이 협회는 프랑스 피치를 채택했고, 1891년 밀워키에서 미국 음악가연맹(National League of Musicians)은 긴급하게 이 기준의 채택을 추천했다. 제조업자들도 1891년 3월 31일 뉴욕에서 열린 피아노 제작자협회(Piano Manufacturers' Association)의 모임에서 전체 미국이 단일한 피치를 사용하는 것이 바람직하다는 것에 동의하고 위원회를 임명했다. 이 위원회는 많은 자료를 모아서 논의를 거친 결과로 A4=435cps를 기준으로 추천했고 이것이 협회에서 채택되었다. 그리고 이 새롭게 채택된 기준을 '국제 피치(International Pitch)'로 부르기로 했다.[132] 이로써 국제

131 Cross, "Historical Notes Relating to Musical Pitch in the United States," p.454.

132 Ibid., p.455.

피치는 미국에서 일반적으로 널리 채용되었으나 콘서트에 사용하는 피아노는 다소 높게 A4=440cps로 조율하는 경향이 있었는데, 이것은 1834년에 제정된 슈투트가르트 피치와 같았다.

이렇게 미국에서 계속해서 변하는 피치에 대해서 정리해줄 필요성을 느낀 이가 있었다. MIT의 물리학과 로저스 연구소(Rogers Laboratory)의 크로스(Charles R. Cross, 1848~1921)가 그 사람이었다. 그는 소리굽쇠를 모아서 5분의 1초까지 잴 수 있는 시계를 이용해 소리굽쇠의 진동수를 측정했다. 그와 함께 측정 작업을 수행한 사람들은 굿윈(H. M. Goodwin), 맨스필드(A. N. Mansfield), 웬델(G. V. Wendel), 버게스(E. Burgess)였다. 이 측정은 표준적인 쾨니히의 소리굽쇠를 이용해 맥놀이 수를 세는 방식으로 진행되었다.

크로스는 이미 1880년 밀러(William T. Miller)와 한 차례 수집된 자료를 바탕으로 「보스턴과 인근의 음악적 피치의 현황에 관해(On the Present Condition of Musical Pitch in Boston and Vicinity)」라는 논문을 써 ≪미국 이과학(耳科學) 학술지(American Journal of Otology)≫에 실었고, 여기에 새로운 소리굽쇠들을 가지고 측정한 정보를 추가해 1900년 ≪미국 과학 아카데미 회보(Proceedings of the American Academy of Science)≫에 제시했다.[133] 크로스의 노력은 유럽에서 엘리스(A. J. Ellis, 1814~1890)가 1880년에 『음악적 피치의 역사(On the History of Musical Pitch)』를 출판하기 위해 했던 작업에 비견할 만하다.[134] 엘리스는 유럽의 여러 지역의 악단과 오페라단, 파이프 오르간 등의 기준이 되는 음의 진동수를 측정해 피치가 어떻게 변천

133 Ibid., p.456.

134 Ku, "British Acoustics and Its Transformation from the 1860s to the 1910s," pp.395~423 on pp.400~402.

해왔는가에 대한 실측적 정보를 제시했다. 크로스는 그와 비슷한 일을 미국에서 행했다.

그의 측정은 미국 전역에 걸쳐 있기보다는 보스턴 일원에 한정되어 있었지만 그러한 노력은 미국의 음악 음향학도 유럽의 위상을 따라잡기 위해 부단히 발전하고 있었음을 보여주는 사례이다. 이 측정 정보는 당시 미국에서 사용되는 많은 소리굽쇠가 쾨니히에 의해 제작된 것이었음을 보여주는데 쾨니히의 것 말고도 미국 자체 내에서 생산된 것이 상당수에 이르는 것을 통해서 미국도 19세기 말에 이르면 자체적으로 음향 기기를 조달할 수 있는 물적 여건을 갖추게 되었음을 보여준다. 여전히 전문적인 기구는 유럽에 의존하고 있었지만 간단한 기구는 미국 내에서 자체 조달하는 일이 가능해졌다.

1870년대까지 미국에서는 음악 음향학의 교육적 가치에 대해 그렇게 공감하는 이들이 없었으나 1880년대부터 이에 대한 관심이 커지면서 본격적으로 음악원이나 대학에서 음악 음향학을 가르치기 시작했다. 이전에는 그런 의식이 거의 전무했던 미국에서 음악을 배우는 사람들이 소리에 관련된 물리적 법칙에 대한 이해를 가지고 있어야 한다는 의식을 갖기 시작한 것이다.[135] 음악과 과학은 서로 긴밀하게 연결되어 있어서 소리의 본성과 법칙을 알지 못하고서는 가장 단순한 화음조차 설명할 수가 없다는 생각이 음악 전문가들의 의식에 자리 잡았다. 그들은 음악도 과학적으로 연구되고 추구되는 것이 바람직하다고 생각하게 되었다. 이러한 인식은 유럽에서는 19세기 후반에 이미 공유되고 있었다.[136] 이러한 맥락에서

135 Clarence Hamilton, *Sound and Its Relation to Music*(Philadelphia: Oliver Ditson Co. 1912), p.v.

136 Ku, "British Acoustics and Its Transformation from the 1860s to the 1910s," p.400.

독일에서는 음악 학교나 대학에서도 음악 음향학을 정식 교과목으로 정하고 헬름홀츠의 『음의 감각』을 공부시켰다. 엘리스도 영국 음악 학교에서 음향학을 가르칠 필요성을 공감해 헬름홀츠의 책을 번역하고 음악가의 입장에서 상세하게 주석을 달았다. 런던과 케임브리지의 대학들은 학생들이 음악 학위(musical degree)를 받기 위해서는 음향학을 포함하는 시험을 치러야 한다는 규정을 정했고, 1880년대 다른 대학도 교과 과정에 음향학을 추가함으로써 이러한 제도를 따라갔다.[137]

미국에서는 잠 목사의 활동이 두드러졌다. 1891년 그는 워싱턴 D.C.의 미국 가톨릭 대학 등지에서 음악 음향학에 대해 강의를 했고 이 훌륭한 강의를 책으로 내달라는 요청이 쇄도하자 원고를 정리해 이듬해 『소리와 음악』을 출간했다.[138] 잠은 이 책이 "그 예술[음악]을 더 잘 이해하게 해주고 화음(musical harmony)의 아름다움과 경이를 지적으로 더 잘 이해하게 해주는 데" 도움주기를 기대했다.[139] 이 책은 그동안 이루어진 음악과 관련 있는 음향학적 연구를 자세히 정리해 체계적으로 제시했다. 책 내용이 주로 유럽에서 이루어진 연구를 담고 있었지만 메이어 같은 미국 음향학자들의 연구도 충실하게 포함시켰다. 그렇지만 잠은 이 책에서 자신의 연구는 소개하지 않았다. 이는 그 자신이 음악 음향학을 열심히 잘 가르치는 선생이기는 했으나 스스로 독창적인 연구를 하는 데에는 능하지 않았음을 보여준다.[140] 이러한 한계가 있었지만 음악 음향학을 가르치기 위한 교재 성

---

137 John Broadhouse, *Musical Acoustics or the Phenomena of Sound as Connected with Music* (London: William Reeves, 1881), p.vii.

138 Zahm, *Sound and Music*, pp.7~8. 이 책의 원고를 자세히 읽고 고칠 것들을 제안한 이가 메이어였다.

139 Ibid., p.8.

격을 띠는 책들이 19세기 말부터 20세기 초에 걸쳐 미국에서 꾸준히 발간되어 이 분야에 대한 교육적 관심이 높아진 것을 드러냈고 또 이 책들을 통해 음악 음향학은 미국에서 더욱 그 가치를 인정받게 되었다.

1916년에 발간된 밀러(Dayton Clarence Miller)의 『악음의 과학(The Science of Musical Sound)』[141]도 음악 음향학에 관한 강의를 묶어서 발간한 책이었다. 이 내용은 밀러가 1914년 로웰 연구소(Lowell Institute)에서 행했던 대중적인 강연이었다. 밀러는 음악이라는 예술은 오래되었지만 음악의 과학(science of music)은 생긴 지 얼마 되지 않았고 음악과 과학의 관계 또한 마땅히 받아야 할 관심을 많이 받지 못했다는 점을 지적했다.[142] 밀러는 19세기 동안 이루어진 중요한 실험 음향학의 발전을 반영한 강의를 목적으로 실제 실험 장치로 실험을 수행하고 실험 장치의 사진을 곁들여서 설명을 덧붙였다.[143]

음향학이 아직 실용적 가치가 불확실하던 시절에 음향악이 음악 이론을 제공해준다는 것은 음향학을 연구할 가치가 있게 만들어주는 중요한 이유가 되었다.[144] 더구나 음향학이 음악 시험 과목으로서 중요한 위치를 점유

140 Ibid., pp.56~57. 잠은 헬름홀츠의 인공 모음 합성기를 직접 제작해 재현 실험을 했다. 하지만 결과가 그렇게 만족스럽지 않았기 때문에 소리가 '기이하다(fanciful)'고 묘사했다. Ibid., p.246.

141 Dayton Clarence Miller, *The Science of Musical Sound*(Norwood: J. S. Cushing Co., 1916).

142 Ibid., pp.1~2.

143 밀러가 메이어의 연구 성과에 대해 같은 미국인이면서도 전혀 언급하지 않은 것은 기이하다. 그가 메이어와 긴밀하게 교류했던 잠의 책을 주된 인용처로 사용했으면서도 메이어의 연구에 대해 언급하지 않은 것은 설명이 잘 되지 않는다. 잠이 그의 책에서 메이어를 적극적으로 인용했던 것은 메이어가 그의 책을 검토하고 많은 조언을 주었기 때문이라는 생각에 더욱 무게가 실린다.

144 John Cook, *Sound and Physical Basis of Music*(London and Edinburgh: W. & R. Cham-

했다는 것도 음향학을 가르치고 배우고 연구해야 할 이유가 되었다. 또한 음악의 과학적 원리를 이해하는 것은 악기를 개선하고 새로운 악기를 개발하는 데 이론적 토대를 제공했다는 점에서도 실용적 가치를 가졌다.[145]

6. '새로운' 음향학

이 절에서는 20세기 초 미국에서 등장한 '새로운' 음향학의 특성을 살펴보려 한다. 실용적이면서도 수학적인 특성이 강화된 새로운 음향학은 물리학과 결별한 공학적 분야로서 독립적인 위상을 부여받게 된다. 이러한 중대한 변화는 제1차 세계대전을 거치면서 더욱 확실해지는데, 먼저 20세기 초 수중 음향학의 발전 과정을 살펴보고 이 과정을 거치면서 미국에서 새로운 음향학이 어떻게 출현하게 되는지 알아본다.

1) 20세기 초의 수중 음향학

20세기 초 유럽의 음향학은 19세기 동안 가장 앞서 나갔던 음향학의 실험 전통과 이론 전통이 융화되어 음향학이 물리학의 한 분야로서 확고한 지위를 굳혀나가는 과정을 거쳤다. 동시에 음악 음향학은 여전히 음악 교육에서 그 유용성을 계속 인정받으면서 음악을 위해 음향학을 연구하는 일이 지속되었다. 그러다가 발발한 제1차 세계대전은 음향학의 실용성을

bers, 1877), pp.3~4.

145 구자현, 「19세기 음향학과 음악의 교감」, ≪이화음악논집≫, 11(2007), 81~102쪽.

새로운 측면에서 발견하는 계기가 되었다. 독일 유보트(U-boat)의 공격이 전쟁에서 중요한 변수로 떠오르자 이를 막아내기 위한 전략으로 유보트의 엔진 소리를 탐지해 위치를 알아내기 위한 도구로서 하이드로폰(hydrophone)이 널리 사용되었고 그 연구를 통해 음향학의 실용성에 대한 인식이 확산되었다. 이 과정에서 아스딕(ASDIC)[146]이 고안되고 수중 음향학 분야는 군사 기술로서 그 가치를 크게 인정받게 된다.

1870년대 말 전화기가 발명되면서 이것을 수중에서 소리를 감지하는 목적으로 쓰려는 시도가 있었다. 그때에는 등대에서 선박과 안개 신호를 주고받기 위해 소리를 감지할 필요가 있었기 때문이었다. 1889년 미국 등대국은 캔자스 대학의 블레이크(L. I. Blake)가 설계한 수중 경고종 및 마이크로폰 시스템(underwater warning bell and microphone system)을 도입했다.[147] 몇 년 후 벨과는 독립적으로 전화기를 발명한 그레이는 블레이크가 비슷한 연구를 했다는 것은 모른 채 먼디(A. J. Mundy)와 함께 수중 종 및 마이크로폰 시스템을 개발했다. 그레이는 이 장치를 하이드로폰이라고 불렀다. 이 이름은 전에는 심박동 소리를 강화하기 위해 청진기에 부착한 물자루를 지칭하는 용어였다. 그레이의 하이드로폰은 탄소 버튼 마이크로폰(carbon button microphone)이 부착된 두꺼운 금속 박판이 달린 금속 상자였다. 물속의 음파가 수압의 변화를 일으키면 그것이 박판을 떨게 해 탄소 버튼의 전기 저항을 변화시켜서 선상에 있는 전화 수화기에 비슷한 진동

146 연합군 잠수함 탐지·조사 위원회(Allied Submarine Detection & Investigation Committee)에서 개발한 수중 탐사 방법. 이 위원회의 머리글자를 따서 아스딕이라 불렀다.

147 W. D. Hackman, "Underwater Acoustics and the Royal Navy, 1893-1930," *Annals of Science*, 36(1979), pp.255~278 on p.256.

을 일으켰다.[148] 이 장치의 시장성을 간파한 먼디는 몇 사람과 함께 1901년 수중 신호 회사(Submarine Signal Company)를 설립했다. 이 회사는 수중 신호의 초기 발전에 중요한 역할을 했다.

수중 경고종은 등대나 등대선 아래, 여울목, 난파선, 산호초 등에 설치되어 지나가는 배에 위험을 미리 알렸다. 그 신호는 15km 이상의 범위에 있는 배들에서 감지되었고 배가 방향을 바꾸면서 선체의 앞과 뒤에 달아놓은 마이크로폰에서 감지되는 소리의 세기가 같아지는 위치에서 음원의 위치를 파악할 수 있었다. 음원의 동정은 음원마다 내는 독특한 진동수에 의해 이루어지도록 설계되었다. 1912년에 이르러서 이 체계는 잘 정립되어 널리 사용되었다. 종들은 주요 해안을 따라 설치되었고 대서양 정기 여객선이나 화물선은 마이크로폰을 장착하고 있었다.

잠수함 공격에 대한 우려가 본격화된 것은 1880년대 영국에서였다. 영국 해군 어뢰 학교(Torpedo School)의 1882년 연례 보고서에는 영국 군함 버넌(H. M. S. Vernon) 호에 최초의 잠수함 감지기를 장착했다고 언급되어 있다. 이 장치는 매키보이(C. A. McEvoy)가 고안한 유도 천칭(induction balance)이었다. 잠수함이 다가오면 이론상으로는 전기적 평형이 교란되면서 유도 전류가 발생하며, 그 교란된 유도 전류는 전화 수화기에 소리를 발생시킨다. 그렇지만 이후의 보고서에 이 장치는 다시 등장하지 않았다. 1893년과 이듬해에 매키보이는 하이드로폰을 고안했다. 그는 블레이크의 수중 마이크로폰에 대해 들었겠지만 두 장치는 개념과 원리가 달랐다. 매키보이의 장치는 적의 배가 접근하는 것을 경고하기 위해 고안된 것이었다. 이 수중 음향 탐지 장치의 개발은 1896년에 이루어진 어뢰 학교에서의 무

148 Ibid., p.257.

선 전신에 대한 탐지 장치 개발보다 먼저 시작되었다. 매키보이의 하이드로폰은 끝이 열린 잠수 종(diving bell)에 넣은 마이크로폰을 주의 깊게 해저에 설치해 넘어지거나 물이 차지 않게 함으로써 종 안의 공기가 수중 음파에 의해 운동하도록 해놓아 이 운동으로 백금 띠(platinum strip)를 진동시키면 그에 따라 회로에 흐르는 전류가 변하는 것이 해저 케이블에 의해 해안의 제어판(control panel)까지 전달되었다. 백금 띠의 진동이 전화 수화기에서 들리거나 갈바노미터의 바늘을 움직이는 것으로 표시되었고 잘 조절해주면 종을 울리게 할 수도, 램프를 켤 수도, 총포가 발사되게 할 수도 있었다. 그렇게 하면 장치를 계속 지켜볼 필요도 없었다.

다른 형태의 하이드로폰 설계가 1903년까지 어뢰 학교에서 계속 시도되었다. 이 기구의 작동 범위는 180m에서 640m였고 해저에 고정시키는 형태였으며 모두 해안에서 제어되었다. 마이크로폰은 모두 공기가 채워진 통 속에 장치되었기에 이후 제1차 세계대전 때 나오게 될 하이드로폰과는 달리 박판이 직접 물에 닿지 않았다.[149]

소리의 방향을 알아내는 것은 어려운 문제 중 하나였는데 포물경 초점에 마이크로폰을 놓는 방법이 시도되었다. 비스듬하게 포물경에 부딪친 소리는 모두 마이크로폰에 모이지 않기 때문에 음원의 위치에 따라 마이크로폰에 모이는 소리의 세기가 달라질 것이라는 아이디어가 이 방법의 근간을 이루었다. 하지만 포물경의 크기나 음원에서 나오는 소리의 파장을 변경시켜보면서 철저하게 연구가 수행되지는 않았다. 1903년 어뢰 학교는 해군본부에 하이드로폰이 별로 믿을 만하지 못하다고 보고했다. 적의 배의 접근을 조작자(operator)에게 알려줄 다양한 시스템이 시도되었으

149 Ibid., p.258.

나 어느 것도 성공적이지 못했다.

1900년 영국 해군은 잠수함에 대한 공중의 멸시를 뒤로 하고 미국의 전기 보트 사(Electric Boat Company)에 잠수함을 주문했다. 이로써 대(對)잠수함 대책도 더불어 고려되었다. 1901년 먼디의 실험은 수중 종과 마이크로폰 시스템으로써 수행되었다. 이후 몇 년간 영국 잠수함 신호 회사(British Submarine Signal Company)가 영국의 등대선에 수중 종을 장착하고 전화 수화기를 배에 장착했다. 이 체계를 배 사이의 통신 수단으로 쓸 수 있겠다는 제안이 있었고, 이에 따라 1909년 항해 학교(Navigation School) 교장, 잠수함 탐지 단장(Inspecting Captain of Submarines), 신호 학교(Signal School)의 감독자를 위원으로 하고 어뢰 학교 교장을 위원장으로 하는 위원회가 출범했다.[150] 그들은 잠수함 신호 장치를 안전한 항해의 목적 외에 배 사이의 신호 보내기, 즉 음향 원거리 통신(sound telegraphy)을 위해 사용하는 것을 고려하려고 했다.

추가로 이 위원회는 경쟁하는 두 체계의 실효성을 조사하는 역할을 맡았다. 그 두 체계 중 하나는 미국 잠수함 신호 회사가 시도한 것으로 좌현과 우현 탱크에 단방향 마이크로폰(single microphone)을 장착하는 방식이었다. 다른 방법은 이 미국 회사의 영국 지사에 있는 가드너(John Gardener)가 개발한 것으로 직접 선체에 개조된 마이크로폰을 장치하는 것이었다. 이 방법은 잡음이 너무 많아 교란이 심했다. 반면에 미국 장비는 가격이 비쌌다. 그리하여 두 장치가 모두 구입되었고 테스트되었다. 허비(R. G. Hervey) 대위는 선체에 구멍을 뚫고 거기에 1,024cps로 조율된 박판을 달고 그 중심을 가드너의 하이드로폰에 연결해서 전체는 작은 강철 탱크로 씌우자

150 Ibid., p.259.

고 제안했다. 그것의 효과는 더 비싼 미국 장치와 비슷했다. 1911년까지 영국 해군은 미국의 수화기를 배 30척에 장착했고 가드너의 장치는 배 11척, 허비-가드너 개선안은 배 4척과 잠수함 1척에 장착했다.[151]

1912년 독일의 유보트 대부분은 수중에서 모스 부호를 이용해 소리로 통신을 주고받았다. 영국의 잠수함들도 새로운 수중 신호 장치를 장착하고 취항했다. 그중에는 잠수함 신호 회사가 개발한 전기-기학적(electro-pneumatic)으로 작동되는 종이 있었다. 그렇지만 그렇게 효과적이지는 않았으므로 제1차 세계대전이 발발하기 직전에 영국 해군은 효과적인 수중 잠수함 감지 장치나 효과적인 수중 신호 전달 시스템을 갖고 있지 못했다. 1913년 미국의 잠수함 신호 회사가 개발한 수중 소리 전달 시스템은 페선던(Fessenden) 진동자였다. 이것은 1초에 540회 진동했는데 커다란 강철 박판이 물속에서 직접 물과 접촉하면서 진동해 신호 전달 효율이 높았다. 이 장치는 1912년 타이타닉 호가 빙산과 부딪쳐 침몰한 후 수중 물체를 탐지하는 데 관심이 높아진 것이 개발의 계기가 되었다. 영국의 기상학자 리처드슨(L. F. Richardson, 1881~1953)은 1912년 수중 물체 탐지를 위해 초음파를 이용하는 장치로 특허를 냈으나 실제로 만들지는 않았고 페선던(Reginald Aubrey Fessenden, 1866~1932)이 전자기 코일을 이용해 처음으로 작동하는 장치를 제작해 1914년 2마일(3.21km) 밖에 있는 빙산의 메아리를 감지해냈다. 이 장치는 신속하게 영국 해군에 의해 구입되었고 곧 전쟁이 발발하면서 잠수함의 탐지를 위해 기능이 특화되었다. 이 일을 맡은 곳은 어뢰 학교였고 몇 년 안에 페선던 진동자의 다른 버전이 여럿 개발되었다. 이론적 연구는 물속에서 진동하는 박판의 진동수와 감쇠율(damping coeffi-

151 Ibid., p.259.

cient)에 대한 맨체스터 대학 수학 교수 램(Horace Lamb, 1849~1934)의 수학적 분석에 토대를 두고 이루어졌다. 실험적 연구는 박판의 공명 진동수에 대해 이루어졌고 밸브 증폭기에 의해 약한 신호를 증폭하는 방식으로 그 진동자를 수신기로 사용하는 방법에 대한 실험 연구가 이루어졌다.[152] 1917년 무선 전신과 수중 소리 통신에 대한 연구가 어뢰 학교에서 포츠머스의 신호 학교로 이관되었다. 신호 학교에서는 초음파 실험 연구를 시작했으며, 고주파 메아리 탐지 연구도 계속했다.

제1차 세계대전이 발발한 1914년, 영국 해군은 잠수함에 대한 대책을 제대로 마련해놓지 않았었다. 독일 함대는 영국 함대와의 정면 대결에서 이길 수 없었기에 유보트와 기뢰로 개별 군함을 침몰시켜 영국 해군을 약화시키는 전술을 펼쳤다. 그러나 소해정이 끄는 기뢰방어기(paravane)로 기뢰는 쉽게 제거되었고, 훨씬 빠르고 현대화되었으며 잘 무장된 전함에 유보트는 무력했다. 영국 해군에 의해 독일의 항구가 봉쇄당한 상태에서 1917년에 이르자 전쟁은 소강상태에 들어갔다.

식량 수입의 중단으로 민간인들이 굶주리게 되자 독일은 유보트를 동원해 상업 선박에 대한 무제한 공격을 감행했다. 독일은 그것이 미국의 참전을 가져오리라는 것을 알았지만 그렇게 하지 않았어도 미국이 참전할 것이라고 예상했기 때문에 큰 문제가 되지는 않았다. 이 방법으로 독일은 영국인들을 굶주리게 할 수 있다고 믿었지만 그것은 오산이었다. 특히 영국의 대잠수함 대책이 효과를 보기 시작했다. 대학 민간 과학자와 해군 장교들로 구성된 연구 팀이 조직되어 연구 협력을 이뤄냈던 것이다. 그렇지만 영국 해군은 과학을 전적으로 의지하지 않았기에 과학 팀의 장교들은

152 Ibid., p.260.

그곳에서의 활동으로 진급을 위한 좋은 경력을 쌓지 못했다. 여전히 포병과 같은 전통적인 병과가 진급에 유리했다. 그렇지만 제1차 세계대전이 끝나면서 모든 것이 바뀌었고 과학은 영국 해군에서 승인된 분과로 자리를 잡았다.

제1차 세계대전이 발발했을 때 영국은 독일의 군사력을 얕보고 전쟁이 곧 승리로 끝날 것이라고 생각했으나 의외로 독일은 과학자를 동원해 개선된 무기를 내놓음으로써 영국을 놀라게 했다. 그 결과 1915년 5월 영국에서 과학·산업 연구자문위원회(Advisory Council for Scientific and Industrial Research)가 출범했고, 이듬해 12월 과학·산업연구부(Department of Scientific and Industrial Research)로 승격했다. 또한 영국 해군에 민간인으로 조직된 발명·연구평의회(Board of Invention and Research, BIR)가 귀속되어 민간의 지혜를 군사 무기로 탈바꿈하는 일을 맡았다.

유명한 과학자였던 톰슨(Joseph John Thomson, 1856~1940), 크룩스(Sir William Crookes, 1832~1919), 러더퍼드(Sir Ernest Rutherford, 1871~1937), 브래그(William H. Bragg, 1862~1942), 스트럿(Robert J. Strutt, 1875~1947) 등이 참여한 BIR은 여섯 부문 – ① 비행선과 일반 항공술, ② 잠수함과 무선 전신, ③ 해군 건조(naval construction), ④ 방공 장비, ⑤ 화기(ordnance)와 탄약, ⑥ 항공기, 폭탄, 폭격조준기 장비 – 으로 나뉘어 활동했다. 각 부문은 과학자 3~4명과 서기 역할을 하는 해군 장교 1명으로 이루어진 소위원회로 구성되었는데, 1917년 12월 재조직된 후 연구 업무는 새로 만들어진 실험연구부(Department of Experiments and Research)로 이관되었다.

BIR이 존재했던 26개월 동안 3만 7,500건의 아이디어가 접수되었는데, 1만 4,000건이 잠수함에 관한 것이었음은 이 분야에 대한 민간의 관심을 대변해준다. 그중에서 진지하게 연구할 것은 많지 않았으나 여섯 부문 중에서 '잠수함과 무선 전신' 부문이 가장 많은 연구비를 받은 것은 대잠수함 분야에 대한 관심도가 높았음을 보여준다. 잠수함을 전기적·자기적·광학적 방법으로 탐지하자는 아이디어가 많이 나왔지만 가장 많은 성과를 본 것이 음향학적 방법이었다. 이것은 전후에 이 분야의 연구가 활성화되는 배경이 되었다.[153]

영국 해군의 하이드로폰 연구는 호크레이그(Hawkeraig)에서 수행되었는데, 1916년 브래그가 연구소장을 맡았으며 해군 장교들과 갈등을 겪은 후 1917년 하리치(Harwich)의 파크스턴 키(Parkeston Quay)로 연구 팀을 옮겼다. 대학과 사설 연구소에서도 많은 연구가 이루어졌는데 러더퍼드도 맨체스터 대학에서 수중 음향학을 연구했다. 러더퍼드 밑에서 원자 물리학을 공부하던 우드(A. B. Wood, 1890~1964)와 제라드(H. Gerrard)가 BIR에서 수중 음향학을 공부하게 된 것은 러더퍼드의 권고 때문이었다. 이 두 사람은 전쟁 동안 이 분야의 연구에서 중요한 기여를 했고 전후에 우드는 계속 이 연구를 확장시켜나갔다.

BIR에서는 다양한 하이드로폰을 만들었다. 하이드로폰의 기본은 마이크를 장착한 장치를 수중에 일정한 깊이로 설치하는 것인데 특정 지역의 방어를 위해서 해안에서 일정한 거리에 하이드로폰을 일정한 간격으로 설치해놓았다. 그러면 이 지역으로 적의 잠수함이 접근할 때 가장 가까운 곳의 하이드로폰은 강하게 엔진 소리를 탐지하고 다른 하이드로폰은 약하게 엔진 소리를 탐지하므로 여러 하이드로폰에서 오는 전기 신호를 관측소에서 비교함으로써 적 잠수함의 위치를 계산할 수 있었다. 이러한 방식으로 영국은 적 잠수함을 여러 대 궤멸시켰다. 또 다른 형태의 하이드로폰은 잠

153 Ibid., p.264.

수함에 장착되었다. 이 경우에 자체의 엔진 소리로 인한 교란을 막기 위해서 잠수함은 엔진을 끈 상태에서 상대방 잠수함의 소리를 감지했다.

하이드로폰에는 단방향 방식과 양방향 방식이 있었다. 양방향 방식은 여러 곳에서 오는 소리를 모두 감지할 수 있다는 장점이 있었지만 앞쪽과 뒤쪽에서 오는 신호를 구분하는 데 난점이 있었다. 단방향 방식은 특정한 방향에서 오는 소리만 감지할 수 있었지만 일단 소리를 잡으면 음원의 위치를 쉽게 파악할 수 있었다. 하이드로폰은 일반적으로 1,000cps의 진동수를 사용했으며, 물속에서 들리는 여러 가지 소음을 줄이고 엔진 소리에 특화시킨 공명기를 이용했다. 여러 단점에도 여러 형태의 하이드로폰이 영국 해군의 잠수함에 장착되어 전쟁을 승리로 이끄는 데 기여했다. 전쟁이 끝날 무렵 거의 5,000대의 비방향성 하이드로폰과 3,500대의 방향성 하이드로폰이 영국 해군에 의해 사용되고 있었다. 그러나 실제 하이드로폰을 사용해 잠수함을 찾아내 격침시킨 사례는 그리 많지 않았기 때문에 영국 해군은 수동적인 감지 장치의 한계를 인식하고 있었다.[154]

1917년 영국의 연구 팀은 하이드로폰의 여러 가지 단점을 해결하기 위해 적극적으로 잠수함을 탐지하기 위한 장치를 연구하기 시작했다. 이 연구는 프랑스의 물리학자 랑주뱅(Paul Langevin, 1872~1946)이 프랑스 정부의 지원을 받아 시작한 연구가 시발이 되었다. 이것은 잠수함의 선체에서 반사되는 음향학적 수중파의 반사를 탐지하는 방식이었다. 영국 해군은 이 비밀 장치를 '아스딕'이라고 불렀다.[155] 그러나 이 장치는 제1차 세계대전 중에는 실용화되지 않았다. 제1차 세계대전이 끝나기 직전에 개발된 아스딕의 잠재적 효용에 대해 영국 해군은 긍정적이었고 이로써 영국 해

154 Ibid., p.272.

155 제2차 세계대전 중 미국에서 이 장치를 소나(sonar)라고 부르게 되었다.

군은 전간기(戰間期)에 아스딕을 계속 개발했다.

랑주뱅이 처음 실험에서 이용한 것은 정전 스파크 전송기와 탄소 수신기였는데 별로 성공적이지 못했다. 압전 효과가 알려져 있었지만 적당한 증폭기가 없었기 때문에 실용화가 어려웠다. 1817년 초 에콜 센트랄(Ecole de Centrale de T. S. F.)에서 고주파 증폭기를 개발하자 랑주뱅은 그것을 채용해 스파크 전송기와 석영 수신기(quartz receiver)를 제작해 최초의 신호를 주고받는 데 성공했다. 1917년 4월 그는 석영 변환기(quartz transducer)의 개발에 착수했고 곧 성공을 거두면서 1918년 설계를 완성했다. 그것은 얇은 석영판들을 금속판들 사이에 샌드위치처럼 끼워 넣은 모양이었다. 전체 두께가 공명을 결정짓게 되어 있었다. 그 진동수는 5만cps였다.

BIR에서 일하고 있었던 보일(Robert William Boyle, 1883~1955)이 랑주랭을 방문하여 그의 장치를 보고 돌아가 연구한 끝에 1818년 3월 보일과 그의 팀은 457m 떨어진 잠수함으로부터 반사되는 아스딕 메아리를 검출하는 데 성공했다. 유사한 연구가 미국에서도 진행되었다. 이렇게 진행된 연구는 제2차 세계대전이 발발할 시점에는 충분히 실용화되어 독일이 잠수함으로 재무장하는 것을 연합국이 허용하는 수준으로 나아갔다.

영국에서 대잠수함 탐지 연구를 주도했던 해군 장교 라이언(C. P. Ryan)은 실용적인 연구 성과를 빠르게 내는 것에 치중해 기초적이거나 이론적인 연구는 선호하지 않았다. 이러한 태도가 하이드로폰의 실용화에는 도움이 되었으나 아스딕과 같은 새로운 기술을 창출하는 데는 무력했다. 1917년 BIR이 문을 닫게 된 것도 기초적이거나 이론적인 연구를 우선시하는 민간인 과학자들과 알려진 지식을 활용해 요구에 맞는 기술을 당장 창출하기를 요구하는 해군 장교들 사이의 갈등이 원인이었다. 이러한 국방 연구 체제도 전간기를 거치면서 많이 변화되어 이론적 연구와 기초 연구를 토대로 한 연구도 많이 허용하게 됨으로써 아스딕 신호에 영향을 미치는 수중의 다양한 조건이 이론적으로 검토되는 가운데 아스딕 신호 발생과 탐지를 위한 최적의 조건도 검토되었다. 수중 음향학은 점차 다양한 물리학과 공학적인 기술들과 결합하면서 음향학을 기술적인 성격의 실용적 분야로서 정립하는 계기를 마련했다.

2) 수리 음향학의 진로

1910년 램의 『소리의 동역학 이론(The Dynamical Theory of Sound)』이 런던에서 출간되었고, 1925년 제2판이 출간되었다. 램은 자신의 책이 헬름홀츠와 레일리의 책에 비하면 기초적인 내용을 담고 있으며, 더 깊이 있는 내용을 알려고 하는 이들은 레일리의 책을 볼 것을 권고했다. 레일리의 책 이후 확고한 이론적 토대를 마련한 영국의 수리 음향학은 램의 책에 이르러서 그 자체로 수학적 정당화 논리 위에 확고하게 정립되었다. 램은 『소리의 동역학 이론』이 수학적이며 그 자체로서 충분하기 때문에 실험적 논의는 배제한다고 명시했다.[156]

레일리의 저술이 1870년대 말에 집필될 때에는 그 책의 기본적인 지향이 수학적이면서도 실험에 대해 지대한 관심을 표명했고 실험을 통해 제시된 수학적 이론의 정당화를 추구했다.[157] 레일리의 책 이후에 수리 음향학은 더욱 확고한 이론적 가치를 확보했고 이 책에 제시된 수학적 방법이 다른 물리 분야의 문제 풀이에 광범위하게 활용되면서 수학적 이론 자체

156 Horace Lamb, *The Dynamical Theory of Sound*, second Dover ed.(New York: Dover, 1960), p.iii.

157 구자현, 『레일리의 음향학 연구의 성격과 성과』(파주: 한국학술정보, 2008), 147~158쪽.

가 실험과는 별도로 정당한 가치를 부여받게 되었다. 음향학적 진동만을 대상으로 하는 것이 아니라 음향학적 진동을 실례로 삼아서 모든 진동을 다루는 수학적 논의의 보고로서 레일리의 책은 그 가치를 수리 물리학에서 인정받았다.

음향학적 진동에 대한 논의를 일반화된 진동의 논의를 위한 사례로 사용하는 태도는 램에게도 그대로 이어졌다. 램은 진자를 이용해서 강제 진동의 운동 방정식을 세우고 미분 방정식을 풀어 해를 제시하고[158] 강제 진동수 p와 진자의 자연 진동수 n의 대소 관계에 따라 진자의 다양한 진동 모드가 생길 수 있음을 설명했다. 특히 $n > p$일 때에는 강제 진동과 진자의 진동이 위상이 같지만 $n < p$일 때에는 강제 진동과 진자의 진동이 위상이 반대가 됨을 언급했다. 저자는 이것을 개념적으로 알기 쉽게 진자로 설명했다.

<그림 3-9>의 왼쪽은 강제 진동수가 자연 진동수보다 작을 때를, 오른쪽은 강제 진동수가 자연 진동수보다 클 때를 나타낸다. 모든 경우에 진자는 C점을 고정시키고 O점을 흔들어주는 것과 같은 운동을 하게 된다. 그러므로 왼쪽은 진자의 진동과 강제 진동의 위상이 일치하고 오른쪽은 진자의 진동과 강제 진동의 위상이 반대가 된다. 그리고 저자는 이러한 강제 진동의 특성을 확인할 수 있는 다른 사례로 영이 주목해 설명했던 조수 운동을 제시한다.[159] 거의 고정된 달과 태양의 인력을 지구 위의 해수가 받아서 해수면이 높은 곳과 낮은 곳이 생긴 상태에서 지구가 자전하면서 지구상의 한 지점에서 해수는 지구의 자전 주기에 따른 강제 진동을 하게 된

158 운동 방정식: $\frac{d^2x}{dt^2}+n^2x=f\cos pt$, 해: $x=A\cos nt+B\sin nt+\frac{f}{n^2-p^2}\cos pt$

159 Lamb, *The Dynamical Theory of Sound*, pp.17～19.

<그림 3-9> 강제 진동의 두 가지 진동 모드

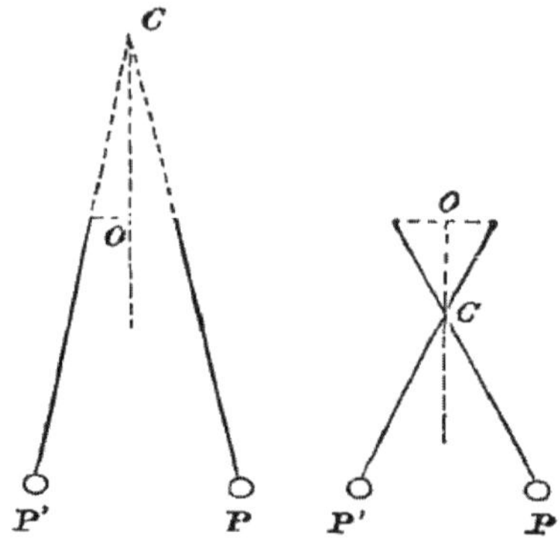

출처: Horace Lamb, *The Dynamical Theory of Sound*, p.17.

다. 그런데 적도 근처의 해수를 살펴보면 달 아래에 해수가 놓이는 지점의 해수면이 낮고 반대로 달과 90도의 각도를 이루는 해역의 해수면이 높은 현상이 나타난다. 이것은 해양이 가지고 있는 자연 주기(free period)가 지구의 자전으로 생기는 교란력(disturbing force)의 주기보다 짧기 때문에 일어나는 현상이라는 것이다.[160]

램은 『소리의 동역학 이론』에서 레일리가 다룬 적이 있는 음향학적 진동계인 현, 막대, 막, 판, 기주, 파이프, 공명기 등을 하나하나 수학적으로 취급함으로써 수리 음향학의 맥을 이어갔다. 레일리가 세부적인 실험적 현상을 수학적으로 구명하는 데 상당히 많은 분량의 논의를 할애함으로써 주제의 방대함과 취급의 깊이를 추구한 것과는 대조적으로 램은 일반적인 논의로 연결시키기 용이한 대표적인 현상에 논의를 한정했다.[161]

160 이것은 영이 이미 일찍이 지적한 사례이다. 구자현, 『레일리의 수력학·전기학 연구』(파주: 한국학술정보, 2008), 82~83쪽.

램의 책이 레일리의 책과 상당히 유사하면서도 차별화되는 또 하나의 특성은 실험에 대해 상세한 기술을 하지 않고 있다는 점이다. 레일리는 수학적인 논의를 자신의 주된 목적으로 삼으면서도 연구의 성향에 걸맞게 실험 과정을 재현 가능할 정도로 상세히 묘사하는 경우가 많았다.[162] 반면에 램은 서문에서 자신의 책이 실험에 관한 책이 아니기 때문에 실험에 대해서 자세히 기술하지 않겠다는 점을 분명히 했다.[163]

이렇게 수리 음향학이 실험과의 거리를 점점 멀리하는 경향은 헬름홀츠의 저술부터 시간의 경과에 따라서 일관되게 나타났다. 헬름홀츠는 수학적 연구를 많이 수행했지만 1862년에 출판한 『음의 감각』에서 수학적 논의는 모두 부록으로 돌려서 본문에는 수식이 등장하지 않도록 했는데 이는 수학적 논의를 이해할 수 있는 독자가 많지 않다는 인식에서 나온 조치였다. 당시 독일에서 음향학은 수학적인 분야이기보다는 실험 분야였다. 헬름홀츠는 선도적으로 수학적인 연구를 수행하고 있었지만 그것을 제대로 이해할 수 있는 독자는 많지 않았다.

헬름홀츠가 처해 있었던 상황은 레일리가 『음향 이론』을 출간하던 1877년의 영국 상황과는 사뭇 달랐다. 독일에서도 이론 물리학이 독립된 교수좌를 확보하는 경우가 많아졌고 오직 수리 물리학만을 연구하는 클라우지우스(Rudolf J. E. Clausius, 1822~1888) 같은 물리학자도 출현했다. 영국에서도 케임브리지 대학에서 수학 트라이포스를 준비하면서 훈련된, 능력 있는 수리 물리학자들이 학계에 포진하고 있었으므로 수리 음향학은 충분히 학계에서 논의되고 받아들여질 수 있는 상황이었다. 오히려 윌리엄 톰

161 Lamb, *The Dynamical Theory of Sound*, pp.iii~viii.

162 구자현, 『레일리의 음향학 연구의 성격과 성과』, 131~136쪽.

163 Lamb, *The Dynamical Theory of Sound*, p.iv.

슨과 테이트가 『자연철학 논고(A Treatise on Natural Philosophy)』를 써서 역학 분야에서 한 일을, 그리고 맥스웰이 『전기자기론』을 써서 전자기 분야에서 한 일을 누군가가 음향학 분야에서 해주기를 기대하고 있었다.

이렇게 수리 물리학은 영국에서 점차 확고한 존재 지위를 부여받게 되었다. 수리 물리학이 실험 물리학에서 분리되어 독립적인 지위를 획득해 나가는 과정은 20세기 들어와서도 지속되었고 램의 음향학 책은 이러한 경향을 잘 반영하고 있었다. 여기에서 한 걸음 더 나아가는 수학화의 과정은 미국에서 이루어지게 된다.

램은 음향학 책을 집필하면서 여전히 질량을 갖는 입자가 다양한 힘을 받으면서 일으킬 수 있는 다양한 운동을 우선적으로 고려하면서 진동과 파동을 취급한다는 점에서 진동에 관한 동역학적 이론에 머물러 있었다. 때로는 힘을 받는 입자가 전하나 에테르처럼 질량을 갖지 않는 것으로 확장될 수 있었지만 여전히 모든 진동계는 동역학적인 계로서 유비적으로 해석될 수 있었다. 그런 점에서 램의 수리 음향학은 여전히 실험적 사실에 긴밀하게 의존하면서 논의를 전개하고 있었다. 유럽에서는 이런 방식으로 물리학에서 수리 음향학의 가치가 정당화되었지만 미국적 맥락에서는 수리 음향학의 가치를 인정받는 방식이 유럽적 맥락과는 많이 달랐다.

3) 20세기 초 미국의 실험 음향학

20세기 들어와서도 미국의 물리학 교육은 여전히 실험과 기구 중심이었다. 19세기 후반에 계속 그랬던 것처럼 여전히 물리학의 핵심을 이루는 것은 힘과 물질과 기계에 대한 체계적인 이해였다. 이러한 목적을 달성하기 위해서 수학 교육은 대학의 교육 목표에서 그다지 강조되지 않았다. 19

세기 초부터 수학을 빅토리아 시대의 가치를 실현시키기 위한 지적 훈련의 도구로 생각했던 영국의 상황과는 매우 대조적이었다. 20세기 초에도 영국에서는 성직자조차도 뛰어난 수학 실력을 갖춘 자가 적임자로 여겨지는 풍조가 여전했다. 물리학자를 훈련하기 위해 실험 연구 결과를 해석하고 지도하는 수학은 중요한 수단으로 주목을 받고 있었다. 그렇지만 미국의 대학은 여전히 기술적 응용 가능성을 대학이 전수해야 하는 으뜸의 지식 가치로 파악했다. 그러나 20세기 초 미국의 기술적 약진은 물리학을 열심히 공부해야 할 이유가 되었다.[164]

20세기에 들어와 음악 홀이 널리 음향학적으로 지어지기 시작하면서 음향학적 지식이 음악의 이해에 요구된다는 인식이 더욱 확산됨과 동시에 좀 더 나은 음향을 얻기 위한 건축 설계에 대해 관심이 높아졌다. 음악 홀에서 연주되는 음악이 객석 여러 지점에 앉아 있는 관객 누구에게나 잘 들릴 수 있도록 건물을 설계하는 것이 중요해지면서 잔향뿐만 아니라 소리의 진동수와 세기에 따른 반사와 흡수 등 건축 음향학의 지식이 성공적인 설계를 위한 중요한 요소로 부각되었다.

이와 관련해 연구를 시작한 새빈은 실험 연구를 통해 수학적 공식을 수립함으로써 미국 음향학의 실용성을 크게 증진시키는 계기를 마련했다. 하버드 대학 물리학과에서 강의실의 음향학적 구조를 개선하라는 요청을 받고 시작된 새빈의 연구는 잔향 시간을 정확하게 측정하고 잔향 시간에 영향을 미치는 공간의 크기, 공간 면의 상태, 음원의 특성 등 다양한 요소를 정량적으로 고려함으로써 신기원을 이루었다.

이전에 유럽에서도 이루어지지 않았던 이러한 건축 음향학의 정량화된

164 George A. Hoadley, *Essentials of Physics*(New York: American Book Co., 1918), pp.3~4.

연구는 미국 음향학이 건축 공학에서 중요한 분야로서 편입되고, 미국의 음향학자들이 기술자로서 인식되고 기술에 관련된 연구와 작업으로 큰 부를 쌓는 계기를 마련했다. 새빈이 잔향 공식을 수립한 것은 정량화로 나아가는 첩경이기는 했으나 수리 음향학을 진작시키지는 못했다.

제1차 세계대전 발발 전에 미국 해군이 과학적 연구를 수행한 동기는 영국 해군과 비슷했다. 제1차 세계대전 동안 군사 연구는 많은 위원회에 의해 운영되는 연구들로 분할되었는데 이것을 조직화하려는 노력은 실패를 거두었다. 가장 높은 수준에서는 국가방위위원회(Council of National Defense)가 존재했는데 이 기구의 목적은 국가의 안보와 복지를 위해 산업과 자원을 조직하는 것이었다. 미국 해군의 연구를 도운 위원회는 해군자문위원회(Navy Consulting Board)와 국가연구평의회(National Research Council, NRC)가 있었다. 전자는 에디슨이 주도하면서 공학자 위주로 이끌었기에 국립 과학 아카데미와 미국 물리학회는 배제되었다. 이 위원회는 영국의 BIR과 유사한 역할을 하여 민간인들이 내는 아이디어 중에서 연구할 가치가 있는 것을 선별해 연구를 수행했다. NRC의 역할도 BIR과 비슷했다. 다양한 군사 연구기관을 연결하고 대학이나 민간 기관에서 이루어지는 연구를 조직화하고 연합국의 과학 활동을 보고했다. 그리하여 대서양 양안의 과학자들은 미국과 영국에서 이루어지고 있는 수중 음향학 연구에 대해 잘 알게 되었다. 특히 미국의 연구자들은 프랑스의 랑주뱅과 영국의 보일이 수행하는 초음파 반향 감지 실험에 관심이 많았다.

잠수함 탐지에 대한 미국의 관심은 1917년에 참전하면서 커졌다. 수중신호 회사, 제너럴 일렉트릭 사, 서부전기회사가 매사추세츠 주 나한트(Nahant)에 있는 근거지에 모든 자원을 결집시켰다. 1917년 5월 말부터 7월 초까지 영국, 프랑스, 미국의 과학자들이 모인 가운데 전시 연구에 관한 회의가 열렸다. 6월 14일부터 사흘간에 걸쳐 대잠수함 조치를 논의했는데 BIR 대표로 러더퍼드도 참가했다. 러더퍼드는 전기를 쓰지 않는 하이드로폰에 대한 자신의 연구에 대해 웅변적으로 보고했고, 프랑스 팀은 랑주뱅의 초음파 실험에 집중했다. 결과적으로 미국은 상당한 에너지를 이 두 연구에 쏟아 붓고 몇 개월 만에 그들의 하이드로폰을 영국과 프랑스의 배에 장착했다. 그렇지만 그들의 전시 초음파 연구는 그렇게 성공적이지 않았다.[165]

미국인이 만든 최초의 하이드로폰은 SC관이었다. 그것은 공기가 들어찬 공명하지 않는 두 개의 고무 관(bulb)을 가로대의 양쪽 끝에 장착하고 거기에 청진기 장치를 연결해 귀까지 연결한 것이었다. 이 장치의 기본적인 아이디어는 메이어의 토포폰(topophone)에서 나온 것으로 보인다.[166] 이 장치가 특별히 방향을 찾는 데 큰 능력을 발휘한 것은 메이어가 일찍이 착안했던 아이디어에 기초했다. 다만 공기 중에서 소리를 듣던 것을 물속에서 듣는 것으로 바꾸었을 뿐이었다. 능숙한 조작자는 음원이 오른쪽에 있는지 왼쪽에 있는지 알 수 있었고 소리의 세기를 통해 대략적인 거리도 파악할 수 있었다. 전쟁이 끝날 무렵 이 장치 450대가 영국 해군에 의해 사용되었다.

미국이 영국, 프랑스, 독일에 비해 음향학이 크게 뒤처져 있었음에도 제1차 세계대전이 한참 진행되는 시점에 시작한 수중 음향학 연구에서 두드러진 성과를 낼 수 있었던 것은 전통적으로 실용적인 연구에 강한 점과 새롭게 심화되는 수리 음향학적 진보에 힘입었기 때문이었다. 에디슨과 같은 인물이 전쟁 연구를 이끈 것은, 미국이 무기 개발에서 실용적 기계의

165 Hackman, "Underwater Acoustics and the Royal Navy, 1893-1930," pp.266~267.

166 이 책의 241~244쪽을 참고.

역할이 핵심적인 부분이라고 생각했기 때문이었다. 이런 점에서 과학자들은 보조적인 역할을 감당해야 한다는 사고가 전쟁 연구를 기획했던 이들에게 자리 잡고 있었다. 물론 과학자들이 주도가 된 전쟁 연구도 있었지만 연구 성과가 두드러지지는 않았다. 오히려 미국은 과학자들의 아이디어가 바로 기술자와 공학자의 실제적인 아이디어와 결합해 실용적인 기계 장치로 도출되는 데 유리한 시스템을 갖추고 있었다.

하이드로폰을 실용화하는 데에서도 이러한 강점을 발휘해 미국의 장치는 빠르게 영국으로 역수출되었다. 이와 더불어 미국에서는 전화를 개발한 이후 그것을 실용화하기 위한 부단한 노력이 이루어짐으로써 1910년대는 이론 음향학의 토대를 새롭게 다져나가는 시기였기 때문에 이러한 노력이 수중에서 소리가 가장 빠르고 정확하게 목표물에 도달하도록 하기 위한 조건을 찾아내는 데에도 유리하게 작용했다. 모든 것을 시행착오적 실험을 반복함으로써 찾아가는 것이 아니라 이론적 추론 과정을 통해 최적의 조건을 찾아내고 결과만을 실험으로 확인하는 방식이 주효했다. 이렇게 수중 음향학은 제1차 세계대전을 거치면서 미국에서 음향학이 확고한 기술적 기초를 획득하는 중요한 장이 되었다.

4) 미국의 전화 산업과 음향학

미국 음향학에서 수학의 비중이 점차 높아지고 수학화된 이론적 연구가 중요해진 것은 전화 기술과 관련이 깊다. 전화 산업이 급성장하면서 전화선은 미국 전역으로 거미줄처럼 펴져나갔고 1920년대가 되면 거의 모든 사업장과 가정에 전화가 가설되었다. 이렇게 전화 산업이 비약적으로 팽창하면서 전화기의 통화 음질을 개선하려는 노력도 더욱 활발하게 전개되었다.

전화기의 음질을 개선하는 일은 대학에서 수학적 훈련을 받은 전기 공학자들에게 맡겨졌다. 전화 기술자들은 전기 신호를 효과적으로 보내고 음성을 되도록 원음에 가깝게 재생해내려면 변하는 전류(variant current)의 특성을 결정짓는 여러 가지 요소의 영향을 분석해야 하고 말소리의 특성에 대한 이해도 필수적이라는 것을 인식하게 되었다. 이를 위해 그들은 더 높은 수준의 음향학적 이해가 필요했고 이러한 필요에 맞는 연구는 이미 유럽의 맥락에서 이루어져 있다는 것을 깨닫고 그것을 적극적으로 수용하고 이해하고 응용하려고 노력했다.

이러한 흐름의 중심에 AT&T, 서부전기회사(Western Electric Company), 벨 연구소(Bell Laboratory)가 있었다. 벨은 1876년에 전화기를 발명하고 코네티컷 주의 뉴헤이븐에 벨 전화회사(Bell Telephone Company)를 세웠으며, 몇 년 안에 미국 주요 도시에 지역 교환 회사를 설립했다. 미국 전화·전신회사(American Telephone and Telegraph, AT&T)는 뉴욕과 시카고의 장거리 전화를 위해 설립된 회사로 1899년 벨 전화회사의 자산을 사들여 벨 시스템(Bell System)을 독점했다. 그 후 AT&T는 장거리 전화를 관장하는 장거리 AT&T(AT&T Long Line), 장비 생산을 맡은 서부전기회사, 연구 개발을 담당하는 벨 연구소, 지역 교환 시설을 담당하는 벨 운영회사(Bell Operating Companies), 이 네 개의 자회사로 구성되었다. AT&T는 미국 정부로부터 독점권을 보장받음으로써 1984년 해체되기까지 세계 최대의 전화 기업으로서 지위를 누렸다.

서부전기회사는 벨의 경쟁자였던 그레이가 1872년에 주식을 사들여 바턴(Enos M. Barton)과 동업을 시작하면서 붙인 회사 이름인 서부전기제조회사(Western Electric Manufacturing Company)에서 유래했다. 이 회사는 여러 가지 전기 제품을 생산했는데, 전신 사업에 관심이 있었던 그레이는 당시 거대 전신 기업이었던 웨스턴 유니언 사에도 기기를 공급했다. 웨스턴 유니언 사는 1875년 서부전기제조회사 주식의 상당 부분을 그레이가 냈던 전화기에 대한 특허보호신청과 함께 사들였고, 벨 전화회사와 전화기 발명 특허에 대한 법적 공방을 벌였다. 결국 1879년 웨스턴 유니언 사는 패소하면서 전화 사업에서 손을 떼게 되었고 서부전기회사는 1881년에 벨 전화회사로 넘어갔다. 1899년 벨 전화회사가 AT&T로 탈바꿈했고, 1915년 서부전기회사는 뉴욕에서 AT&T의 부속회사로서 통합되었다. 이후에 서부전기회사는 AT&T의 전화 네트워크에 연결되는 모든 부품과 기기를 생산했다. 다른 회사의 제품은 AT&T의 네트워크에 연결되지 못하게 했으므로 독점 시장은 엄청나게 팽창되었다. 당시 전화기는 모두 회사에서 임대한 것으로 사용자들은 매달 전화기 임대료와 사용료를 지불해야 했고 이렇게 거둬들인 수익이 엄청났다. 이러한 체제는 변하지 않고 1970년대까지 지속되었다.

벨 연구소는 1880년 프랑스 정부가 전화 발명의 공로로 벨에게 수여한 볼타 상의 상금으로 설립한 볼타 연구소(Volta Laboratory)에서 시작되었다. 여기에서 벨은 소리의 기록과 전송에 관한 연구에 집중했고, 포토폰(photophone)을 개발했다. 벨은 이 특허를 미국 축음기회사(American Gramo phone Company)에 팔았고 그 돈으로 볼타 사무소(Volta Bureau)를 만들어 '청각장애자에 관한 지식의 증가와 확산'을 위해 노력했다. 볼타 사무소는 1893년 새로운 건물을 소유하게 되었는데 여기에 벨 연구소도 함께 자리했다. 1925년 서부전기회사연구소(Western Electric Research Laboratories)와 AT&T의 공학부가 통합되어 벨 전화연구소(Bell Telephone Laboratories)가 되었다. 이 회사는 전화 장비와 교환 장비에 대한 연구 개발을 주목적으로 삼았지만 그것과 관련 있는 다른 많은 연구도 수행했고 몇 가지 기초 연구도 수행해 노벨상 수상자까지 배출했다.

전화 산업의 발전과 함께 전화 기술은 눈부시게 발전했다. 기술과 더불어 이루어진 미국 음향학의 발전에 크게 기여한 인물 명단에서 플레처(Harvey Fletcher, 1884~1981)를 빠뜨릴 수 없을 것이다. 1929년 새로 설립된 미국 음향학회에서 중심 역할을 맡고 초대 회장이 되었던 플레처는 1884년 유타 주의 프로보(Provo)에서 태어났다. 모르몬교의 배경을 가지고 있던 플레처는 평생 신앙을 유지했으며, 아버지가 55세의 나이로 귀가 먼 것을 계기로 소리에 관심을 갖게 되었다. 플레처가 시카고 대학을 졸업할 즈음 서부전기회사에서 부사장으로 일하고 있던 주잇(Frank Baldwin Jewett, 1879~1949)은 친구인 시카고 대학 물리학 교수인 밀리컨(Robert Millikan, 1868~1953)에게 전자 증폭(electron amplification)을 연구할 수 있게 '새로운 전자 물리학(electron physics)'의 훈련을 받은 사람을 추천해달라고 요청했다. AT&T는 네트워크 특성이라는 어려운 문제로 고심하고 있었고 약한 네트워크 신호를 증폭하기 위해 전자를 이용할 필요가 있다는 것을 깨달았던 것이다. 밀리컨은 플레처를 추천했다. 플레처는 박사학위를 받기 위한 연구 과정에서 전자의 전하를 측정해 전자의 존재를 확실하게 보여주는 연구를 수행한 적이 있었다. 1911년 플레처는 시카고 대학에서 최우수 성적으로 박사학위를 받았다. 그는 서부전기회사의 제의가 있었지만 모교인 브리검 영 대학(Brigham Young University)으로 돌아가 물리학 학과장을 맡았다.[167]

서부전기회사의 자리는 밀리컨 밑에서 공부하던 아놀드(H. D. Arnold,

167 Jont B. Allen, "Harvey Fletcher's Role in the Creation of Communication Acoustics," *The Journal of the Acoustical Society of America*, 99(1996), pp.1825~1839, on p.1825.

1883~1933)에게 돌아갔다. 그는 1913년부터 1914년까지 전화 네트워크를 위한 진공관 개발에 노력했다. 1915년 1월 아놀드가 개발한 최초의 전자 진공관 증폭기가 네트워크에 도입되었다. 플레처는 이 기술에 큰 관심을 갖게 되었다. 그리하여 1916년 주잇이 다시 AT&T에 합류할 것을 권유했을 때 플레처는 서부전기연구소(West Electric Research Laboratories)에 들어갔고 거기에서 멘토이자 동료가 된 크랜들(Irving B. Crandall, 1891~1927)과 함께 일했다. 제1차 세계대전 중인 1918년 플레처와 크랜들은 독립적으로 음향학 연구 프로그램을 개발했다. 전후에 그들은 자신들의 프로그램을 하나로 합쳤다. 1927년 크랜들이 사망하자 플레처는 전화 네트워크를 개선하는 그의 일을 넘겨받았다. 1928년 음향학 연구실장이 된 플레처는 벨 시스템에서 점차 중요해지고 있었던 발화(speech)와 청음(hearing)의 문제를 연구하는 일을 책임지게 되었다.

1916년부터 1949년까지 AT&T의 벨 연구소에서 플레처가 도입한 인간의 청 지각(auditory perception)에 관한 중요한 개념은 현대 청음 연구의 토대가 되었으며 많은 새로운 기술적 발전에서 중요한 역할을 담당했다. 1918년 플레처는 사람이 어떻게 말소리를 듣고 이해하는지에 대해 정량화하고 모델을 만드는 힘든 일을 시작했다. 그는 벨 연구소 공학자들과 함께 세계에서 가장 큰 전화 네트워크에서 필요한 표준 기술을 수립하는 일을 수행했다. 1920년 플레처와 그의 팀은 그 당시에 불확실하게 알려져 있던 절대 청각역(absolute threshold of hearing)을 결정하는 일을 시작했다. 이 측정은 압력 발생과 측정의 음향학적 기준의 개발을 요구했고 관련 기술의 발전을 가져왔다. 1922년 플레처는 청각역을 시험하기 위한 기구인 오디오미터(audiometer)에 대한 연구를 시작했고, 1926년 전화 하울링(howling)의 문제, 즉 전기음향 시스템 양의 피드백 현상을 연구했다. 이것은 네트워크의 피드백을 연구한 최초의 사례였다.

1920년에 시작된 플레처의 발화 품질(speech quality)에 대한 연구는 전화 네트워크에서 발화 품질을 평가하는 어려운 문제를 해결할 방법을 찾는 일이었다. 그와 그의 팀은 발화의 명료도(articulation)와 음량(loudness)을 측정하는 절차를 고안했다.[168] 플레처가 정의한 명료도는 전화 채널에 의해 수정된 발화의 음소(phonemes)와 음절(syllables)을 음성 기호로 올바르게 나타낼 수 있는 가능성을 의미했다. 명료도는 말하는 사람, 채널, 듣는 사람의 결합된 특성으로, 내용의 이해를 요구하지 않았다. 이상적인 조건에서 명료도는 평균 98.5%였다. 1922년 플레처는 ≪프랭클린 협회 학술지≫에 명료도에 대한 최초의 논문을 실었다. 이 논문은 명료도에 미치는 필터링의 효과를 다루었는데, 플레처는 하이 패스(high-pass) 필터와 로 패스(low-pass) 필터를 발화에 가해 높은 명료도 대역(high articulation band)과 낮은 명료도 대역(low articulation band)이 비선형 변환 이후에만 더해질 수 있다는 것을 보였다.[169] 그는 이 비선형 변환을 명료도 지수(articulation index)라고 불렀다.

음량은 인지적 강도를 지칭하는데 세기, 진동수, 스펙트럼 대역 등 다수의 변수와 자극의 시간적 특성, 그리고 청취의 방식에 의존한다. 벨 연구소에서 최초의 음량에 대한 연구는 매켄지(Donald MacKenzie)와 크랜들이 함께 수행했고 등음량선(iso-loudness contour)은 킹즈베리(B. A. Kingsbury)가 1927년에 결정했다. 이 곡선은 똑같은 음량의 음이나 다른 진동수를 갖는 좁은 대역의 소음 간 관계를 기술해준다.

플레처가 한 일은 매우 복잡해서 여러 해가 걸렸지만 그것은 오늘날의

168 Ibid., p.1826.

169 Ibid., p.1827.

전화가 있도록 하는 데 큰 기여를 했다. 그는 통신 음향학(communication acoustics)과 발화 및 청음 분야를 개척했다. 전화, 청음, 의사소통 분야에서 그의 기여는 누구도 따라갈 수 없다는 평가를 받고 있다.[170]

5) 전화 기술과 수리 음향학

전화 기술을 위해 알아야 할 과학적 지식은 매우 폭이 넓었는데 특히 음향학에 관련된 전 분야의 지식이 망라되었다. 이러한 지식의 대부분은 유럽에서 19세기를 걸치면서 얻어진 것이었는데 미국에서도 조금씩 독창적인 연구가 더해지고 있었다. 20세기로 접어들면서 전화 산업이 엄청난 규모로 성장하면서 음향학적 지식의 가치는 더욱 중요해지기 시작했고 전화 기술자를 양성하는 대학의 학과는 음향학에 대한 폭넓은 지식을 가르치고 전화 기술에 필요한 새로운 지식을 실험과 수학을 통해 얻어내는 일을 하게 되었다.

1917년 미국에서 출판된 전화 가설에 대한 기술 서적인 『전화 장치: 발전 및 이론 개설(Telephone Apparatus: An Introduction to the Development and Theory)』을 보면 전화 가설의 기술적 원리를 이해하기 위해서는 "대수학, 삼각함수, 미적분, 직류와 교류를 지배하는 법칙을 포함하는 물리학에 대한 지식이 있어야 한다"[171]라고 했다. 이 책을 쓴 셰퍼드슨(George Defrees Shepardson, 1864~1926)은 미네소타 대학 전기공학과 교수였다. 그는 전화 기술은 단순히 말을 전달하는 것이 아니라 직접 또는 간접으로 연관되어

---

170 Ibid., p.1837.

171 George D. Shepardson, *Telephone Apparatus: An Introduction to the Development and Theory*(New York: D. Appleton and Company, 1917) p.ix.

있는 공장과 조직 전체에 관련된 것이라고 했다.[172] 그러므로 전화 시스템에 대한 이론적·실천적 세부 사항을 온전하게 논의하기 위해서는 지식의 거의 전 분야, 즉 물리학, 공학, 경영학, 재정학, 법학, 심리학 등을 섭렵해야 한다고 했다. 전화 기술을 좁게 잡아 전화국의 건설과 운용, 전화선과 교환국의 연결 등으로 한정하더라도 물리학, 화학, 수학, 전기 공학의 기초 원리에 대한 폭넓은 이해와 전화 기술에 국한된 응용과 개발에 대한 지식을 가지고 있어야 한다는 것이다.

셰퍼드슨은 이 책의 독자들이 수학에 대한 충분한 지식이 없다면 내용을 이해하기 어려울 것이라고 걱정했다. 그렇지만 온전하게 이해하기 위해서는 수학적 사고 과정을 따라가는 것이 필요하다고 생각했기 때문에 그는 절충적인 대안을 추구했다. 그것은 50여 년 전에 헬름홀츠가 『음의 감각』을 쓸 때 같은 걱정을 하면서 취한 전략과 유사했다. 셰퍼드슨은 본문에서는 수학적 유도 과정의 결론만을 제시하고 상세한 유도 과정은 부록으로 돌렸다. 이것은 1910년대 미국 전화 기술의 현주소를 가늠하게 해준다. 그것은 전화 기술이 실험적 과학에 토대를 둔 수준에서 수학적 이론을 필수적으로 요구하는 수준으로 전이되는 과정에 있었음을 보여준다.[173] 많은 전화 기술자들이 수학적 훈련을 받지 못했으나 이제는 그런 훈련을 받아야 할 필요성이 강조되고 있었다.

『전화 장치』에서 인용된 출전은 미국이 전화 기술에서 기술적 기초를 탄탄히 다져가고 있음을 보여준다. 이 책이 주로 인용하는 출전은 ≪미국 기술 및 과학 아카데미 회보(Proceedings of American Academy of Arts and Sciences)≫, ≪미국 전기공학협회 학술지(Journal of the American Institute of

172 Ibid., p.viii.

173 Ibid., p.ix.

Electrical Engineers)≫, ≪미국 전화 학술지(American Telephone Journal)≫ 등 미국 자체의 출판물들이었다. 미국은 전화기의 발명이 이루어진 곳일 뿐만 아니라 전화가 가장 먼저 상용화되고 전화가 가장 신속하게 전파된 곳이므로 전화 기술에서도 독보적인 선도자 역할을 했다. 1909년 유럽에서의 통화는 49억 3,700만 건인데 비해 미국에서의 통화는 126억 1,700만 건이었다. 가설된 전화선의 길이는 전 세계적으로는 2,700만 마일(4,345만 2,288km)이었고 전신선은 750만 마일(1,207만 80km)이었다.[174] 또한 1911년까지 투입된 자금은 전 세계적으로 전화 장비 15억 6,177만 7,000달러, 전신 장비 7억 772만 달러, 해저 전신 케이블 장비 3억 5,000만 달러에 달했다. 이 설비로부터 거둬들인 총수익을 살펴보면 1915년 무선 통신을 제외하고 미국에서만 전화에서 3억 5,000만 달러, 전신에서 1억 달러의 수익을 올렸다. 이 데이터는 처음에는 전신선을 빌려서 사용되었던 전화가 20세기 초가 되자 전신을 뛰어넘어 주된 통신의 수단으로 자리 잡았으며, 이 산업으로 파생된 경제적 효과가 엄청나다는 것을 말해준다. 당연히 전화 기술의 개선을 위한 연구에도 엄청나게 많은 비용이 투입되었고 향후 더 많은 연구비가 투입될 가치가 있다는 것에 누구나 동의하고 있었다.

셰퍼드슨은 『전화 장치』에서 소리의 기본적인 발생 메커니즘과 전달 방식에 대해 알려져 있는 기초적인 지식부터 전달했다. 그는 소리의 가청대역을 초당 10회부터 초당 4만 5,000회까지 다소 넓게 잡았다. 음악에서 사용되는 범위는 40부터 4,000으로 거의 7옥타브를 포함하는 범위로 보았다. 이런 음악 음향학의 지식은 보즌켓(R. H. M. Bosanquet, 1841~1912)이 『브리태니커 백과사전』에 쓴 '음악(Music)'이라는 항목에서 따왔다.[175] 가

174 Ibid., p.3.

175 Ibid., pp.10~11.

장 중요한 말소리의 진동 범위는 초당 100에서 5,000회 범위이고 가장 중요한 언어 정보는 초당 600에서 1,200회 범위에서 전달된다고 보았는데, 틴들의 책에 권위를 두었다. 진동수의 문제가 전화 기술에서 중요한 이유는 가장 민감한 영역이 700에서 3,000 사이인데 이 영역을 벗어난 소리는 더 많은 에너지를 전화기에 가해야만 사람이 들을 수 있기 때문이었다. 이것에 대해서는 독일의 물리학자 빈(Wilhelm Wien, 1864~1928)과 영국의 물리학자 레일리가 실험적으로 연구했다.[176] 전화 기술을 위한 음향학적 지식에는 사람이 발음할 수 있는 모음과 자음이 200개에 이르며 하나의 언어에는 50개 정도가 사용된다는 음성학적 지식도 포함되었다. 영어에는 42개 또는 43개의 소리가 포함되는데 그것을 26개의 문자로 표현한다고 했다.[177] 더불어 인간의 발성 구조에 대한 해부학적 지식도 포함되었다. 셰퍼드슨은 발성 기관의 구조를 이해하고 자음이 발음되는 방식이 어떻게 다른지를 다루었다.

셰퍼드슨은 말소리의 조성(composition)에 대해 많은 연구가 이루어졌다고 했는데, 이는 유럽에서 19세기 동안 연구된 탁월한 연구들을 지칭하는 것이었다. 특히 모음은 연속적이기 때문에 분석하기가 더 용이했다. 처음에 모음 이론은 1832년에 발표된 윌리스(Robert Willis, 1800~1875)의 실험을 논의하면서 휘트스톤이 정리했는데, 전화 발명자인 알렉산더 그레이엄 벨의 아버지 벨(A. Melville Bell, 1819~1905)은 1867년에 쓴 『눈에 보이는 말(Visible Speech)』에서 구강에서의 변이가 모음 간의 큰 차이를 만들어낸다고 말했다. 헬름홀츠는 각각의 모음은 목소리의 일반적인 음높이에 거의 무관하게 고정된 음높이를 가지고 있으며 여러 모음이 단음이 아니

176 Ibid., p.11.

177 Ibid., p.21.

라 둘 또는 그 이상의 성분을 가지고 있다는 것을 보였다.[178] 쾨니히도 비슷한 주장을 했고 더 정교한 방법에 의해 성분음의 수가 확장되었고 러트거스 대학(Rutgers College)의 베비어(Louis Bevier)는 1900년에서 1905년 사이에 축음기를 분석 도구로 사용해 수행한 실험 연구에서 다양한 모음의 특징적인 음은 기음의 음높이에 거의 무관하다는 것을 확인함으로써 헬름홀츠의 고정된 공명 이론(fixed-resonance theory)을 지지했다.[179]

이렇게 전화기는 그것이 발명된 이후 계속 시장을 확대해나가면서 특별히 음성학 분야에 대한 미국인의 관심을 확장시켰으며 그러한 특정한 진동수의 음성 신호를 전기 신호로 효과적으로 바꾸어 전달하기 위한 연구, 즉 전기음향학적 연구에 큰 노력이 집중되면서 과학 발전의 속도가 가속화되었다.

1920년대 미국 응용 음향학을 선도한 곳은 벨 연구소였다. 전화 가설이 활발하게 전개되는 상황에서 전화기를 통해 양질의 소리를 전달하려는 연구가 활발하게 전개되었다. 벨 연구소는 전화 기술을 개선하는 데 우선적인 관심이 있었지만, 기술적 문제에만 연구의 범위를 한정하지 않고 폭넓은 기초 연구를 수행했다. 기초 연구는 실험과 수학적 문제를 대상으로 모두 활발하게 전개되었다. 당장에는 기술적 응용이 예상되지 않더라도 언젠가는 관련된 연구 성과를 응용할 수 있으리라는 기대가 공유되었다.

또 한 가지 주목할 점은 벨 연구소가 음향학을 연구하기 위한 교육에도 기여했다는 것이다. 그 당시 벨 연구소의 연구자였던 크랜들의 저술을 보면 응용 음향학을 위해 진동에 관한 광범위한 관심사 속에서 벨 연구소의 연구자들이 영국의 음향학자인 레일리와 램의 연구를 충실하게 이해하고

---

178 Ibid., pp.28~29.

179 Miller, *The Science of Musical Sound*, p.217.

그것을 심화시키려는 노력을 경주했고 구성원 간에 이러한 정보를 전달하기 위해 정규적인 세미나를 열었음을 알 수 있다.[180] 또한 그의 저서는 MIT 전기공학과에서 교재로 사용되었는데, 이 저술은 그들의 연구가 확실한 수학적인 토대 위에서 이루어졌음을 보여준다.

또한 5장의 내용은 건축 음향학으로서 미국에서 근래에 이루어진 새빈의 연구에 토대를 두고 있었다. 이것은 미국이 음향학의 전수자의 지위를 벗어나서 이제 창조자로서의 지위를 확보해가고 있음을 드러냈다. 실제로 벨 연구소에서 1920년대 후반에 이루어진 연구는 응용 음향학에서 중요한 성과로 인정할 수 있는 것들이 많았다. 미국인은 실험 음향학에서 독창성을 확보할 뿐 아니라 수리 음향학에서도 독창성을 확보해나가고 있었다. 또한 전화 기술의 진보를 위해 고등 수학에 토대를 둔 진동 이론에 대한 이해가 중요해지고 있었다. 이러한 맥락에서 1920년대 후반에 레일리의 수리 음향학 책인 『음향 이론』의 재판이 인쇄되었다. 레일리의 수리 음향학이 새로운 차원에서 더욱 요긴해진 것이다.

미분 방정식의 수립과 풀이를 주된 내용으로 한 수학적인 논의가 크랜들의 책의 주된 내용을 이루고 있었기 때문에 이런 내용은 매우 이론적이고 순수하게 수학적인 것처럼 보인다. 이런 성격의 수리 음향학은 레일리의 책에서도 발견되지만 전혀 다른 맥락에서 추구된 것으로 보인다. 그러한 논의가 미국적 맥락에서, 더구나 벨 연구소 같은 기업체 연구소에서 어떤 동기에 의해 추구될 수 있었을까?

크랜들은 저서의 초두에서 강제된 감쇠 진동(forced damped vibration)을 위한 미분 방정식을 수립하고 그것의 해를 찾아가는 과정을 자세히 서술

---

180 Irving B. Crandall, *The Theory of Vibrating Systems and Sound*(New York: D. Van Nostrand Co., 1926), p.v.

했다. 이러한 논의는 현대의 대학 역학 교재에서 흔히 발견되는 형태보다 더 일반화되어 있는 수학적 논의이다. 크랜들은 자신의 논의를 동역학적 계로 한정하지 않고 모든 진동계에 적용할 수 있는 일반적인 논의를 전개함으로써 순수하게 수학적인 논의에 집중했다. 레일리나 램이 여전히 음향학적 진동을 논의의 출발점으로 삼고 동역학적인 진동과 파동 현상을 수학적으로 기술하려고 했던 것과는 성격이 많이 달라졌다. 크랜들의 논의에서는 음향학적 현상에 관련된 실험적 사실을 수학적으로 해명하려는 동기 자체가 매우 미약하고, 구체적인 사례로 제시되는 것 대부분도 전기 기술의 개선 중에 발견되는 전기 진동과 관련된 음향학적 문제였다.

이러한 수학 중심의 서술 방식은 두말할 나위 없이 19세기 말 미국에서 출판된 물리학 교재나 음향학 책에서는 찾아보기 힘든 특성이었다. 이렇게 다분히 수학적인 복잡한 논의가 자세히 서술되고 더 나아가 대학에서 교육될 수 있었던 근거는 이러한 수학적 논의가 기술적 문제 해결에 결정적인 실마리를 제공해주기 때문이었다. 실례로 크랜들은 강제된 감쇠 진동의 해가 다음과 같이 안정된(steady) 부분과 일시적인(transient) 부분으로 이루어짐을 보였다.[181]

$$\xi = \frac{\Psi_0}{\omega Z}[\sin(wt-\phi) - Qe^{-\Delta t}\sin(n't+\theta)]$$

그러고 나서 크랜들은 초기 단계에서 일시적 진동은 계속 진폭이 작아지면서도 강제 진동에 의해 맥놀이를 일으키고, 이런 간섭의 결과로 전체 진폭은 점차 점근적으로(asymptotically) 증가해 일시적 진동이 사라졌을 때 안정한 상태 값에 도달하게 됨을 지적했다. 이러한 진폭의 증가가 일어나

181 Ibid., p.12.

는 동안 이 진동의 겉보기 진동수는 일시적 진동의 진동수도 아니고 가해지는 강제력의 진동수도 아닌, 둘의 가변적 결합 값으로 일시적 진동이 사라짐에 따라 안정 상태의 진동수에 접근하는 모습을 보인다고 해석했다. 이러한 논의의 중요성을 그는 실용적 예를 통해 제시했다.

전화 수화기의 박판(diaphragm)으로부터 귀에는 종종 일시적인 음이 들리곤 하는데 이는 박판을 진동시키는 주기적인 추진력(driving force)이 박판의 으뜸 자연 진동수(principal natural frequency)와 일치하지 않을 때 일어난다는 것이다. 통화 품질을 높이려는 실제적인 문제의 해결을 위해 이 현상에 대한 과학적인 이해가 이루어진 것이다. 크랜들은 더 나아가서 공진(resonance) 조건을 고려해 전화기에서는 추진력이 다양한 진동수를 가지고 들어오기 때문에 이에 대해서 제대로 반응하려면 공진이 너무 좁은 범위에서만 극명하게 일어나지 않고 넓은 범위에서 일어나도록 하는 것이 필요하고, 이를 위해서는 자연 진동 때문에 생기는 진동에 대한 감쇠 효과를 크게 해주는 것이 효과적임을 지적했다.[182] 이로써 전화기에서 발생하는 기술적인 결함을 해결하기 위한 실제적인 대응이 계에 대한 수학적인 이해를 통해서 달성될 수 있음이 드러났다. 이후의 논의에서도 크랜들은 수리 음향학이 전화기의 성능을 개선하기 위해서 필수적인 수단임을 여러 사례에서 보일 수 있었고 당장 실제적 응용이 발견되지 않는 경우에도 기계에 대한 수학적 이해는 기술상의 진보를 가져올 수 있는 생산적인 활동으로 간주될 수 있었다.

미국에서 수리 과학의 정당화는 기술과 긴밀히 맞물려 이루어지고 있었다. 기술의 실제적인 문제의 풀이에서 수학적 논의는 복잡한 기술적 문

182 Ibid., pp.13~15.

제의 이해와 해결에 핵심적인 역할을 한다는 믿음이 널리 퍼져나가고 있었다. 19세기 후반 영국적 맥락에서 레일리의 수리 음향학이 실험으로 발견된 현상에 대한 설명에서 정당성을 확보했고, 20세기 초 램의 수리 음향학이 초판과 재판을 통해 물리학 전반에서 진동계의 수학적 취급을 위한 기초 지식의 전달이라는 과학적 목적으로 정당화되었다. 반면에 20세기 초 미국적 맥락에서 크랜들의 수리 음향학적 논의는 유럽적 맥락과는 조금 다르게 실용적인 기술상 문제의 해결에서 그 정당성을 확보했다.

미국의 전화 기술자들은 전화 기술을 개선하는 데 수리 음향학이 매우 요긴하다고 여겼다. 미국 음향학회 초대 회장이 된 플레처도 하울링 문제와 관련된 연구 주제를 폭넓게 연구했고,[183] 레일리의 음향학 저술이 1826년 재인쇄되었을 때 플레처가 이 책의 서평을 써서 적극적으로 환영한 것은 레일리의 수리 음향학이 전화 기술자들에게 깨우쳐주는 진동계에 대한 수학적 취급 기술의 가치 때문이었다.[184]

전화 기술에서 전기 신호와 연관해 소리를 다루는 기술은 다른 전기 음향 기기에도 그대로 적용될 수 있었으므로 그 기술적 파급 효과는 매우 큰 것이었다. 가령 미국에서 1930년대 축음기를 전기 장치에 의해 개선하면서 소리를 진동수별로 분석해 필요한 진동수 대역을 강화하는 이퀄라이징(equalizing) 기법이 도입되었다. 녹음 기술자들은 스피커, 디스크, 철필 등의 상태에 따라서 특정한 진동수의 음이 약화되는 경우가 있었으므로 이 문제를 해결해 최대한 원음에 가까운 재생이 이루어지도록 조절해주었다.

---

183 Ibid., p.102.

184 Harvey Fletcher, "Book Review of The Theory of Sound by Lord Rayleigh," *Proceedings of the Institute of Radio Engineers*, 16(1928), pp.181~191.

이러한 과정에서 부분음에 대한 음향학 지식이 개입했다. 이러한 지식은 이미 전화 기술자와 라디오 기술자들에 의해 활용되고 있었기 때문에 그것을 녹음 기술에 도입하는 것은 오히려 쉬웠다. 이것은 미국에서 음향학의 지식이 기술에 본격적으로 적용되고 있었음을 보여준다. 이러한 과정에서 레일리의 『음향 이론』은 표준적인 텍스트로서 미국의 음향 기술자들에 의해 널리 사용되었고 음향 기술에서 수리 음향학을 필수적인 지식으로 만들어갔다.

제4장

메이어와 음향학

19세기 미국의 가장 뛰어난 음향학 연구자였던 메이어는 미국 음향학이 유년기에 머무를 때 앞선 유럽의 음향학을 배워왔을 뿐만 아니라 독창적인 실험 연구를 통해 유럽에서도 명성을 얻어 미국 음향학의 위상을 높였고 유럽의 음향학을 미국으로 전달하는 데에도 중요한 기여를 했다. 그는 음향학자로서의 뛰어난 명성으로 음향학에 대한 대중적 관심을 이끌었고 그가 대학 교육을 통해 끼친 영향력을 고려할 때 19세기 미국 음향학의 발전에서 그의 영향력은 매우 크다고 할 수 있다.

이런 점을 미루어볼 때 20세기 들어와 미국에서 음향학이 새로운 국면을 맞이하면서 산업과 결합되고 고도로 수학화된 실용적 분야로서 유럽을 크게 압도하게 된 것과 메이어와 음향학의 관계를 어떻게 설정해야 할지 정리해두는 것이 미국 음향학의 흐름을 읽는 데 중요하다. 이 장에서는 먼저 메이어의 생애와 과학을 살펴보고 이어서 메이어의 음향학 연구 내용과 성격을 규명하면서 메이어의 음향학 교육의 특성을 살핌으로써 그것이 20세기 초 새로워진 미국 음향학과 어떠한 관계를 맺는지 고찰할 것이다.

1. 메이어의 생애와 과학

메이어는 1836년 11월 13일 메릴랜드 주 볼티모어의 프랭클린(Franklin)가에 있는 아버지의 집에서 태어났다. 그의 아버지 찰스 프레더릭 메이어(Charles Frederick Mayer,1795~1864)는 성공한 변호사로 메릴랜드의 상원의원이 되었고 볼티모어 앤드 오하이오 철도회사(Baltimore and Ohio Railroad)의 변호사였다. 메이어의 할아버지는 1784년 스위스에서 볼티모어로 이주했는데, 그의 고국 뷔르템베르크(Würtemberg)의 미국 영사로서 왕을 섬기면서 동인도 선박회사를 운영했다. 메이어의 형인 프랭크(Frank)는 회화에 재능을 보였지만 메이어는 과학에 흥미를 보였다. 그는 곤충 채집부터 별 연구까지 과학에 관련된 여러 가지 활동에 빠져들었다.[1] 형제는 볼티모어에 있는 성 마리아 가톨릭 대학(Catholic College of St. Mary's)을 다녔다. 그곳에서는 과학을 가르치지 않았고 고전의 번역과 성인(聖人)의 삶에 대한 학습이 교육의 주종을 이루었으므로 메이어는 그곳의 교육 시스템에 반발할 수밖에 없었다. 그는 과학에 대한 열정을 채우기 위해 혼자서 과학 기구를 만들면서 공부했다. 그는 16세 때 기계공학자의 공방과 설계실을 다니면서 기계와 기계 설계에 대해 배웠다. 이 기간에 메이어는 실험 물리학자로서 필요한 기구 제작에 대한 방법을 잘 익혔다. 그 후 그는 2년간을 분석 화학(analytic chemistry)을 공부하는 데 바쳤다.

그즈음 새로 설립된 스미소니언 협회의 총재가 된 헨리가 볼티모어를 방문했다. 그는 찰스 메이어의 집에 초대되었고 다락방에 있는 메이어의 장치를 보게 되었다. 그때부터 일평생 이어진 두 사람의 우정이 시작되었

1 Alfred G. Mayer and Robert S. Woodward, *Biographical Memoir of Alfred Marshall Mayer 1836-1897*(National Academy of Sciences, Washington,1916), pp.243~244.

다. 기계 제작에 특별한 재능을 보이던 메이어는 헨리의 영향을 받아 기술보다 순수 과학 쪽으로 관심이 기울어졌다. 헨리의 도움으로 메이어는 대학에 자리 잡을 기회를 얻었으며, 가장 생산적인 시기에 그의 영향을 받았기 때문에 헨리를 '과학에서의 아버지(father in science)'라고 불렀다. 메이어는 소리, 열, 빛, 중력 등 다양한 주제에 대해 연구했고 많은 과학 측정 기구를 제작했다. 그는 연구 논문 54편과 책 5권을 포함해 출판물 100건을 내놓았다.[2]

메이어는 1855년 메릴랜드 대학(University of Maryland)의 물리학 및 화학 교수좌(Chair of Physics and Chemistry)에서 20세의 나이로 첫 물리학 강의를 시작했고, 그의 첫 논문 「탄산을 위한 새로운 장치(A New Carbonic Apparatus)」도 같은 해에 나왔다.[3] 이 논문은 물리학과 화학에 대한 메이어의 연구의 첫 번째 성과였다. 이 논문은 기계에 대한 전문적인 지식과 화학 지식을 결합한 연구로서 정밀한 측정을 통해 물리학에도 기여했다. 이 논문은 독일에서 재인쇄될 정도로 내용이 훌륭했다. 2년 후 그는 1,000분의 1mg의 질량을 추정할 수 있는 장치에 관한 논문을 발표했다.[4] 그 논문은 미세한 유리 섬유의 편향을 이용하여 미세한 질량을 추정하는 방식을 소개하는 것이었다. 그 후 10년간 그는 더 이상 과학 논문을 발표하지 않고 교육에 전념했다. 그는 메릴랜드 대학에서 물리학과 화학을 가르쳤다. 1858년 그는 미주리 주의 풀턴(Fulton)에 있는 웨스트민스터 대학(Westminster Colle-

2 I. B. Cohen, "Mayer, Alfred Marshall," C. C. Gillispie(ed.), *Dictionary of Scientific Biography*(New York: Scribner, 1970), vol.8, pp.230~231.

3 A. M. Mayer, "A New Carbonic Apparatus," *American Journal of Science*, 19(1855), p.422.

4 A. M. Mayer, "The Estimation of the Weights of Very Small Portions of Matter," *American Journal of Science*, 23(1857), pp.39~40.

ge)에 자연과학 찰스 교수(Charles Professor of Natural Sciences) 자리를 얻게 되었다. 그는 그곳에서 물리학, 수학, 동물학 과정을 개설했고 실험에 의해 물리학을 가르치는, 당시로서는 독특한 과정을 열었다.

메이어는 남북전쟁이 일어나자 포병으로 참전하려고 했으나 주정부가 허락하지 않자 1863년 프랑스로 건너가 파리 대학에 학생으로 등록했다. 그는 생리학, 화학, 물리학을 수강했는데 실험의 대가인 르뇨의 강의에 강한 인상을 받았다. 그는 학위 없이 1865년 미국으로 돌아와 게티즈버그의 펜실베이니아 대학에서 물리학 및 화학 교수가 되었다. 그곳에서도 그는 교육에 전념하면서 『물리학 강의록(Lecture Notes on Physics)』를 집필했다. 그것이 1868년 필라델피아의 ≪프랭클린 협회 학술지≫에 발표되었고[5] 독립된 책으로도 나왔다. 1866년 펜실베이니아 대학은 이례적으로 그에게 박사학위를 수여했는데, 이것이 그가 받은 유일한 학위였다. 1867년 그는 베슬리헴(Bethlehem)에 새로 설립된 리하이 대학(Lehigh University)의 물리학 및 천문학 교수로 임명되었다.[6] 그는 그곳에서 잘 갖추어진 실험실을 갖게 되었고 우호적인 분위기에서 실험 연구를 수행할 수 있었다. 그 후 연구 업적을 인정받은 그는 필라델피아의 미국 철학회(American Philosophical Society)의 회원으로 선출되었다. 그는 리하이 대학의 이사 중 한 명인 세이어(Robert H. Sayre, 1824~1907)의 지원을 받아 천문관측소를 얻게 되었다. 그는 천문대를 스스로 설계하고 장비를 갖추었다. 그는 6인치

5 A. M. Mayer, "Lecture Notes on Physics," *Journal of the Franklin Institute*, 84(1867) pp.321~329, Part 2; 85(1868), pp.35~44, 113~121, Part 3, pp.183~196, Part 4, pp.249~257, Part 5, pp.328~335, 400~405; 86(1868), pp.48~83, 109~119, 177~186, 253~258, Part 6, pp.336~343.

6 Mayer and Woodward, *Biographical Memoir of Alfred Marshall Mayer 1836-1897*, pp.248~249.

(15.24cm) 적도의식(equatorial) 망원경을 사용해 토성 표면의 타원 무늬를 관찰해 보고했고, 오로라에 대한 연구를 수행했다. 1869년 8월 7일 정부의 임명을 받아 일단의 천문학자를 이끌고 아이오와 주 벌링턴(Burlington)에서 개기일식 사진 41장을 전통적인 습식 방식을 이용해 뛰어난 해상도로 촬영해 명성을 얻었다.[7]

같은 시기에 메이어는 순수하게 물리적인 문제에 관심을 기울였다. 그것은 폭포에서 떨어진 물이 얻은 열의 측정이었다. 그는 트렌턴(Trenton) 폭포와 나이아가라(Niagara) 폭포를 연구 대상으로 삼았다.[8] 1872년 그는 열이 전도되는 물체의 표면에 어떤 화학물질을 발라두면 그 물질이 온도 변화에 따라 색깔이 변하는 성질을 이용하여 전도되는 열이 물체 표면에서 진행하는 것을 추적하는 방법을 고안했다.[9] 그는 동일한 방법을 태양 표면의 열 분포 연구에 적용했다.

1871년 메이어는 뉴저지 주의 호보컨(Hoboken)에 새로 설립된 스티븐스 공과대학의 총장 모턴(Henry Morton, 1836~1902)의 초청을 받아 물리학과를 맡게 되었다. 그는 이후 25년간 이 대학에서 물리학을 가르쳤다. 그는 당시로서는 미국에서 장비가 가장 잘 갖추어진 실험실을 얻었다. 그는 그곳에서 소리에 대한 일련의 실험을 수행하면서 미국에서 그 분야의 선두에 서게 되었다. 그는 『지구, 거대한 자석(The Earth, a Great Magnet)』이라

7 A. M. Mayer, "The Solar Eclipse of August 7, 1869," *Journal of the Franklin Institute*, 88, October(1869), pp.249~275, 303; *Reports of Observations of the Total Eclipse of the Sun, August 7 1869*(Nautical Almanac Office, 1869), pp.129~149.

8 A. M. Mayer, "On the Thermo-dynamics of Waterfalls," Proceedings of the American Association for the Advancement of Science, Salem meeting, 1869.

9 A. M. Mayer, "On a Precise Method of Tracing the Progress and of Determining the Boundary of a Conducted Heat," *American Journal of Science*, 4(1872), pp.37~40.

는 책에서 투사 갈바노미터(projection galvanometer)라는 새로운 형태의 갈바노미터를 제시했고[10] 이 혁신은 이후 다른 물리 실험실에서 널리 사용되게 되었다. 그는 『애플턴 미국 백과사전(Appleton's American Cyclopedia)』의 '소리', '스펙트럼', '현미경' 등 항목을 집필했고[11] ≪미국 과학 학술지≫와 ≪월간 대중과학(Popular Science Monthly)≫에 일반적인 주제의 과학 기사를 많이 실었다.

그는 과학적 연구에 어울리는 사회 활동을 많이 했다. 앞서 언급했듯이 그는 미국 철학회 회원이었으며, 1872년 미국 과학 아카데미(National Academy of Sciences)의 회원으로도 선출되었다. 또한 그는 센추리 클럽(Century Club) 회원이었고 ≪미국 과학 학술지≫의 부편집장을 맡기도 했다. 열렬한 스포츠맨이었던 그는 몇 년간 교수직에서 물러나 사냥과 낚시에 전념한 적도 있었다. 그는 특히 플라이 낚싯대와 카누를 잘 다루었는데, 1884년 자신이 발명한 낚싯대로 인조 미끼 던지기(minnow casting) 대회에서 전국 챔피언이 되기도 했다. 그는 1883년 『미국의 숲과 물에서 총과 낚싯대로 하는 스포츠(Sport with Gun and Rod in American Woods and Waters)』라는 낚시와 사냥에 대한 책을 출판한 적도 있었다.

메이어가 과학사에서 주목받은 이유는 그가 수행한 실험이 당시 분자나 원자의 구조를 탐구하는 데 시사하는 바가 컸기 때문이다.[12] 1878년 메이어는 자석으로 바늘 몇 개를 만들어 그것을 N극이 위를 향하도록 코르

10 A. M. Mayer, *The Earth, a Great Magnet: A Lecture Delivered before the Yale Scientific Club*(New Haven: Yale University Series No.9, 1872).

11 A. M. Mayer, "Sound," *Appleton's American Cyclopedia*, vol.15(1876), pp.174~188; "Spectrum," Ibid., pp.238~250; "Microscope," vol.11, pp.513~523.

12 H. A. M. Snelders, "A. M. Mayer's Experiments with Floating Magnets and Their Use in the Atomic Theories of Matter," *Annals of Science*, 33(1976), pp.67~80.

크 마개에 하나씩 꽂아 물 위에 띄웠다. 그는 분자 속에서 원자들이 어떻게 배열되는지를 보여줄 요량이었다. 자석들은 서로 똑같은 힘으로 밀치면서 물 위에 떠 있었다. 그는 더 강한 자석의 S극을 그 자석들 위로 가져갔다. 그는 각각의 바늘이 어떤 평형 패턴을 유지하는지 알아보려 했다. 그는 약간 의외의 결과를 얻었다. 바늘들은 바깥쪽으로 밀려나와 배열되려고 했던 것이다. 3개에서 5개 사이의 바늘은 각각 삼각형, 사각형, 오각형을 이루려고 했다. 그런데 6개의 바늘을 띄우자 하나가 가운데로 가고 나머지가 오각형을 이루었다. 더 많은 자석을 띄우자 바깥쪽에 하나의 껍질(shell)을 형성하려고 했다.

이에 대해 윌리엄 톰슨이 즉각적으로 보인 반응은 이것이 그의 소용돌이 원자(vortex atom)에 힌트를 준다는 것이었다. 윌리엄 톰슨은 기둥 모양의 소용돌이가 공통의 무게 중심 주위를 돌면서 동적 평형을 유지하고 있는 역학적 예시로서 이 실험 결과를 사용했다. 그 밖에 많은 물리학자들도 분자 구조에 대한 유비로서 이 실험을 인용했다. 영국의 조셉 톰슨은 1897년부터 1907년 사이에 그의 건포도 빵 원자 모형에서 전자들이 배열되는 일반적인 법칙에 대한 통찰력을 주는 것으로 메이어의 실험을 사용했다.

과거에 메이어를 유명하게 만들었던 자석 실험은 그의 연구 중에서 극히 미약하고 부수적인 활동이었다. 그는 과학사에서 그보다 더 중요한 일을 많이 했다. 다음 절부터는 그가 가장 많은 시간과 관심을 쏟았던 물리학 교육과 주된 연구 분야였던 음향학 연구에 대해 자세히 살펴봄으로써 그가 행한 과학 활동의 실제 모습을 살펴보려 한다.

2. 메이어의 과학 교육론

1868년에 출간된 메이어의 『물리학 강의록』에는 1부(Part I)만 실려 있다. 1부에서 다루고 있는 주제는 그가 물리학에서 어떤 주제를 중요하게 여겼는지 보여준다. 메이어의 강의 노트가 당시 미국에서 이루어지고 있었던 물리 교육의 전형을 보여준다고 하기는 어렵다. 그의 책을 당시 미국에서 사용하던 다른 물리학 교재와 비교함으로써 그 성격을 더 확실히 알 수 있을 것이다. 이 절에서는 먼저 메이어의 강의 노트의 내용을 살펴본 후 당시 미국에서 사용하던 다른 교재를 소개하고 비교하도록 하겠다.

메이어의 연구는 유럽의 과학 전통에 깊이 뿌리 내리고 있었다. 그는 특히 헬름홀츠의 영향을 많이 받았다. 이는 그가 물리적 현상을 논의하면서 감각과 지각 문제에 깊은 관심을 보이는 것에서 드러난다. 그는 소리와 빛이 감각과 지각을 통해 사람에게 인지되는 과정에 깊은 관심이 있었다. 그는 감각의 주체로서 사람에 관심을 기울였다.[13] 그런 점에서 그의 물리학 강의는 유럽에서 이루어진 물리학 강의와 맥을 같이하고 있다고 볼 수 있다. 이런 점은 그가 음향학을 연구하면서도 소리의 인지적 측면에 지대한 관심을 기울인 것에서도 알 수 있다.

자연의 법칙과 규칙성에 대해 그는 영의 관점을 따랐다. 비슷한 원인이 비슷한 효과를 낸다는 점에서 자연 법칙은 자연의 법칙성에 대한 규정을 담고 있다고 본다.[14] 윌리엄 톰슨과 테이트의 『자연철학 논고』에 소개된 과학 탐구의 방법을 인용한 것을 보면, 메이어가 이 책의 수학적 논의를

13 A. Mayer, *Lecture-Note on Physics*(Philadelphia: The Journal of the Franklin Institute, 1868), p.4.

14 Ibid., p.5.

제대로 이해하지는 못했을지라도 그것이 제시하는 과학 방법론을 자세히 참고했음을 알 수 있다.[15] 메이어가 『자연철학 논고』 1867년판을 참고해 1868년에 『물리학 강의록』을 출판한 것에서는 유럽에서 이루어지는 최신 연구에 민감한 관심을 갖고 있었음이 드러난다. 그리고 밀(John Stuart Mill, 1806~1873)의 『논리학 체계(A System of Logic)』에서 베이컨(Francis Bacon, 1561~1626)의 방법론에 대한 논평을 따온 것을 보면, 메이어가 과학 방법론에 대한 철학적 관심이 상당히 높았음을 알 수 있다.[16]

메이어는 물리 과학을 무기적(inorganic) 부류와 유기적(organic) 부류로 나누고, 무기적 부류를 다시 천상 현상(celestial phenomena)과 지상 현상(terrestrial phenomena)으로 나눈다. 천상 현상을 다루는 물리 과학에는 천문학과 기상학이 포함되고, 지상 현상을 나누는 물리 과학에는 물리학, 화학, 지질학(광물학 포함)이 포함된다. 유기적 분야에는 식물학과 동물학을 넣었는데 이 분야가 모두 물리 과학에 포함된다는 관점이 특이하다. 메이어는 이런 분류 방식이 자신의 독특한 것이 아니라 헨리의 것임을 밝힌다.[17]

그는 유비가 귀납의 방법에서 발휘하는 중요한 역할을 지적하고, 이는 자연의 통일성으로부터 유래되는 방법임을 밝힌다.[18] 메이어는 이렇게 얻어진 유비가 가설이 되어 새로운 발견으로 이어지는 사례에 대해 해박한 과학사적 지식을 서술하면서, 가설과 이론의 차이를 논의한다. 즉, 가설은 가능한 원인에 의한 현상의 설명이며, 이론은 실재적 원인에 의한 현상의 설명이라는 플루랭스(Jean Pierre Flourens, 1794~1867)의 견해를 소개한다.

15 Ibid., p.8.

16 Ibid., p.9.

17 Ibid., p.5.

18 Ibid., p.10.

그러므로 그가 말하는 이론이란 사실과 그 사실의 관계를 다루는 법칙의 모음이다. 이러한 견해는 전기를 가설적인 유체로 보고 설명하려 했던 헨리의 입장과도 일치하는 것임을 메이어는 밝힌다.

그는 “엄밀히 말해서 현 상태 과학의 어떤 이론도 진실의 실제적 표현이라고 볼 수 있는 것은 없다”는 헨리의 견해를 인용함으로써 과학의 방법론적 한계를 직시하고 최종적인 진리의 담지자는 신이라는 헨리의 견해에 공감한다. 메이어는 과학 방법론에 대한 헨리의 견해를 그의 ‘존경스러운(admirable)’ ‘물리학 강좌 요목(Syllabus on a Course of Lectures on Physics)’에서 인용했고 이보다 더 간명하게 이 입장을 정리한 사례가 없다고 덧붙임으로써 헨리에 대한 존경과 그로부터 받은 영향력이 지대함을 드러낸다.[19]

메이어는 모든 물리적 현상을 운동 또는 운동의 결과로 본다.[20] 이것은 그가 역학 이외의 물리적 현상을 역학적 맥락에서 이해하려는 의도를 가지고 있었음을 보여준다. 그는 천문학, 역학, 음향학, 광학, 열학, 화학, 식물학, 동물학에서 운동은 시간과 공간을 반드시 포함한다는 점에서 이러한 분야들이 운동에 관계된다고 본다. 이것은 메이어에게는 역학이 물리학에서 가장 중요한 분야였음을 드러낸다. 그러한 역학적 현상을 가시적으로 보여주는 대표적인 현상이 소리였다.

메이어는 현대의 물리학 교과서에 비해 과학의 방법론을 특별히 강조하고 있다. 선험적 방법(a prior method)과 귀납적 방법(inductive method)을 소개하고 근대 과학의 두드러진 성공은 후자로 말미암았으며 그것의 체계화는 1620년 베이컨의 『신기관(Novum Organum)』에서 비롯되었음을 밝

19 Ibid., p.11.

20 Ibid., p.4.

힌다.[21] 베이컨의 방법론에 대한 메이어의 관심은 특히 미국적인 과학을 추구하는 데에서 베이컨이 제시한 과학의 유용성에 대한 믿음이 상당한 영향을 미쳤음을 드러낸다. 메이어는 진정한 과학에 대한 테스트는 그것의 유용성에 있다는 베이컨의 말을 인용하고, 프랭클린도 전기의 용도에 대한 질문을 받았을 때 "아기의 용도는 무엇인가"라고 되물었다는 이야기를 전하며 당장 실용성이 없어 보이는 지식도 나중에 실용성을 갖게 될 수 있다는 견해를 드러냈다. 이런 점에서 메이어도 과학의 유용성에 대한 믿음을 가지고 있었다고 판단할 수 있다.[22]

메이어의 실험에 대한 강조와 관심은 그가 과학 방법론에 대한 일반론의 소개를 마치자 바로 측정 실험을 언급하는 것에서 드러난다.[23] 메이어는 길이의 단위를 소개하면서 야드나 피트 같은 단위가 미국에서 널리 사용되는 데에는 영국이 결정적인 영향력을 행사했고, 무게의 단위인 온스를 정한 것도 영국인 허셜(John Herschel, 1792~1871)이었다는 점을 언급한다.[24] 마찬가지로 미터법의 제정에서 프랑스는 측정 기술의 선진성을 드러냈다고 평가한다. 메이어가 보기에 영국이 미터법에 굴복하지 않을 수 있었던 것은 자체적인 측정 기구의 정밀성 확보가 이루어졌기 때문이었고 미국은 영국의 영향을 받아 미터법을 따르지 않았다.

이후에 메이어가 소개하는 길이의 측정 기구인 버니어(vernier), 수직계(cathetometer), 마이크로미터(micrometer screw), 구면계(spherometer), 비교계(comparator) 등은 그 발명자가 모두 유럽인이어서 정밀 측정 기구의 유럽

21 Ibid., p.5.

22 Ibid., p.10.

23 Ibid., p.11.

24 Ibid., pp.12~14.

의존성을 드러낸다.[25] 미국에서 측정 기구를 우선적으로 요구했던 기관은 해안 측량대였다. 그렇지만 19세기 중반까지 미국은 이러한 측량 기구들 중 어느 것도 개발하지 못했고 프랑스나 영국에서 수입된 것을 사용했다. 이런 점에서 미국에서 정밀 측정에 토대를 둔 물리 연구를 수행하는 데에 어려움이 많았고 그것은 메이어도 마찬가지였다.[26] 측각 마이크로미터(reading micrometer), 반사 고니어미터(reflecting goniermeter), 스피릿 레벨(spirit level) 역시 각도를 재기 위한 용도로 일찍부터 유럽에서 개발되었고 미국으로 전래되었다.[27] 메이어는 무게 단위로 그레인(grain)과 그램(g)을 소개한다. 그레인은 화씨 62도의 1세제곱인치(16.38cm^3)의 증류수가 30인치(76.2cm)의 기압에서 252.456그레인(16.35g)이 나간다는 것을 기준으로 했고, 프랑스에서 유래한 그램은 섭씨 4도의 증류수 1cm^{3}가 진공 속에서 1g이 나간다는 것을 기준으로 했다고 설명한다.[28]

시계에 대해 메이어가 얼마나 알았는가는 중요하다. 그가 나중에 개발한 파동 분석 방법은 정밀하게 시간을 잴 수 있는 방법에 대한 이해와 고안을 토대로 했기 때문이다. 메이어는 『물리학 강의록』에서 당시에 사용되던 시간 측정 장치를 소개했다. 천문 시계는 1658년 네덜란드의 하위헌스가 개발한 것으로 추를 달아 중력에 의해 회전하는 기계 장치를 데드비트(dead-beat) 착탈 장치(escapement)에 의해 작동시켰다. 같은 해 영국의 훅은 용수철 태엽(spring balance)을 시계 장치에 도입했다. 크로노미터는 매우 정확하게 제작된 기계 장치와 주의 깊게 보상되는 평형 바퀴(balance-

25 Ibid., pp.15~17.

26 Ibid., p.19.

27 Ibid., pp.21~22.

28 Ibid., p.23.

wheel)를 갖춘 시계로 1초에 두 번 소리가 났다. 1,000분의 1초까지 잴 수 있는 등속 회전 원통(uniformly revolving cylinder)은 영이 개발했고, 케이터(Henry Kater, 1777~1835)의 방법은 작은 주둥이에서 일정한 압력으로 흐르는 수은의 무게로 작은 시간 간격을 재게 되어 있었다.[29] 휘트스톤은 회전 거울(revolving mirror)을 발명해 1834년에 전기의 속도를 측정했다. 아라고는 휘트스톤의 회전 거울을 받아들여 1834년 프랑스 학사원에서 그것으로 빛의 속도를 재는 일을 주도했다. 푸코(J. B. L. Foucault, 1819~1868)는 회전 거울을 개선해 1850년 1,500만분의 1초까지 정확하게 측정했다. 그가 회전하는 거울과 고정된 거울 사이의 거리를 4m, 회전 거울의 회전 속도를 초당 800회로 조정했을 때 처음 빛을 발사한 위치에서 빛이 회전 거울에서 반사되어 고정 거울로 갔다가 거기에서 반사되어 다시 회전 거울로 돌아오고, 다시 거기에서 반사되어 원래의 위치로 돌아왔을 때 처음 빛이 발사된 위치와의 거리 차가 0.3mm였다. 1862년 푸코는 장치를 개선해 회전 거울과 고정 거울의 간격을 20m로 늘렸다. 그 결과 그가 얻은 광속은 초속 18만 5,177마일(29만 8,013.49km)로 천문학적 관측에 의해 얻은 값과 미세한 차이였다. 메이어는 이 문제에 대해서는 정통했는데, 프랑스 학사원의 들로네(Charles-Eugène Delaunay, 1816~1872)가 쓴 「광속에 관한 에세이」를 스미소니언 협회를 위해 번역했기 때문이었다.[30]

메이어의 과학에서 수학은 실험 연구를 잘 수행하는 데 필요한 수준이었다. 그는 우선 측정 결과를 해석하기 위해 오차 처리에 필요한 수학적 지식을 제시한다. 이러한 오차 처리에서 가장 중심에 있는 것이 최소 제곱법이었는데, 메이어는 이러한 방식으로 데이터를 처리하기 위해 필요한

29 Ibid., p.4.

30 Ibid., p.27.

수학적 지식을 가지고 있었고 그것이 실험 연구자에게 필요하다고 생각했다.[31] 메이어가 실험 연구에 수학을 사용하는 다른 방식은 상수를 포함하는 가설적 수식을 세우고 실험을 통해 상수를 결정하는 방식으로 연구를 수행하는 것이었다.

메이어는 위도 x에 따른 초진자의 길이를 $L = a + bsinx$와 같은 형식으로 제시하고 실험을 통해 상수 a와 b를 결정하는 방식을 소개한다.[32] 그는 이러한 방식에 의해 실험을 수행하고 실험 결과를 다시 최소 제곱법으로 정리함으로써 정량적 실험을 수행하는 것이 바람직한 실험 방법이라고 믿었다. 또 다른 믿음은 실험 물리학자에게 수학이 유용한 경우는 그래프를 그려서 실험 데이터를 정리했을 때 법칙에 이르기 쉽다는 점이었다.[33] 이를 위해 메이어는 좌표와 다양한 수학적 함수에 대한 이해가 필요하며 수학적 그래프에 대한 이해를 통해 데이터의 경향을 더 정확하고 쉽게 이해할 수 있다고 한다. 가령, 어떤 지역의 온도의 변이를 관측해 그래프로 나타내면 요동하는 모습을 볼 수 있는데 그것을 분석해 최고 온도와 평균 온도 등을 분석할 수 있고 그것으로써 특정한 지역의 기후에 대해 전반적으로 분석할 수 있고 여러 지역과 비교도 할 수 있다는 점을 메이어는 지적한다.[34]

메이어가 가장 중요하다고 생각한 물리학의 법칙은 에너지 보존 법칙이었다. 그는 전통적인 관점에 따라 에너지를 힘이라고 부른다. 메이어는 마이어(Julius Robert Mayer, 1814~878)의 관점을 따라 힘(force)이라는 용어

31 Ibid., pp.33~37.

32 Ibid., pp.38~39.

33 Ibid., p.44.

34 Ibid., pp.46~48.

를 사용했는데 그것은 뉴턴의 힘이 아니라 에너지(energy)였다. 메이어는 힘을 운동의 원인으로 정의하면서 힘은 질량에 속력의 제곱을 곱한 값과 같으며, 질량에 일정한 저항을 극복하면서 지나온 거리를 곱한 것과 같다고 보았다. 전자는 라이프니츠의 활력(vis viva)과 같고 후자는 일종의 일-에너지 정리를 표현한 것이다. 1842년 마이어가 제시한 힘에 관한 법칙을 메이어는 19세기에 이루어진 가장 탁월한 지적 성취로 간주했다.[35]

메이어는 포병의 경험을 제시함으로써 이러한 개념이 실제적 개념임을 강조한다. 즉, $2v$의 속도로 날아간 포탄이 뚫은 표적의 깊이는 v의 속도로 날아간 포탄이 뚫은 표적의 깊이의 4배이고, $3v$의 속도로 날아간 포탄은 9배의 깊이를 뚫는다는 것이다. 메이어는 이러한 사실이 비슷한 시기에 이루어진 줄의 정교한 실험을 통해 확증되었음을 자세히 제시한다. 그에게는 1파운드(0.45kg)의 추를 1피트(0.3m) 떨어뜨렸을 때 물통의 온도가 얼마나 올라가느냐가 힘과 열 사이의 관계를 보여주는 것으로 인식되었고, 당연히 힘의 단위는 foot·pound(피트·파운드), 프랑스의 단위로는 kg·m(킬로그램·미터)였다.[36] 그는 423kg·m가 1kg℃와 같다고 이 관계를 표현한다.

메이어는 이 힘을 에너지라고 부를 수 있다고 하고, 그 용어는 영에서 비롯되었음을 언급한다. 그는 에너지라는 용어를 본격적으로 도입하면서 운동 에너지와 퍼텐셜 에너지로 에너지를 구분하고 역학적 에너지 보존 법칙을 정식화한다. 그뿐만 아니라 모든 에너지를 가시적 에너지(visible energy)와 분자적 에너지(molecular energy)로 구분하고 그것들 사이의 손실 없는 전환이 가능함을 제시한다. 가시적 에너지의 범주에는 운동 에너지

35 Ibid., p.64. 메이어가 마이어보다 더 수학적으로 정교한 헬름홀츠의 힘의 보존 개념을 소개하지 않은 점은 특이하다.

36 Ibid., pp.67~68.

와 위치 에너지를 넣고, 분자적 에너지에는 전기, 복사열, 흡수된 열의 운동 에너지, 빛, 분자 퍼텐셜 에너지, 전기적 격리에 의해 야기되는 퍼텐셜 에너지, 화학적 격리에 의해 야기되는 에너지 등을 포함시킨다.[37]

메이어는 재료의 특성에 관한 논의로서 응집(cohesion), 부착(adhesion), 배척(repulsion)에 대해 상당한 분량을 할애한다. 그는 같은 종류의 물질 사이의 당기는 힘에 의해 일어나는 응집, 다른 종류의 물질 사이의 당기는 힘에 의해 일어나는 부착, 같은 재료 사이에 작용하는 배척을 관련시켜 다양한 물질의 특성을 논의한다.[38] 응집 부분에서는 표면장력과 모세관 현상에 대해 논의했고, 부착 부분에서는 액체와 기체의 혼합에 대해서도 논의하고, 배척에서는 압력에 따른 뉴턴 링(Newton's rings)의 변화나 곤충이 물 위를 걸을 수 있는 이유를 논의한다.

메이어는 에너지 보존 법칙에 버금가는 물리학의 이론으로 보스코비치(Roger Joseph Boscovich, 1711~1787)의 원자론을 제시한다. 그는 데모크리토스(Democritos, BC 460~BC 370)가 창시하고 가상디(Pierre Gassendi, 1592~1655)와 뉴턴 등이 부활시켜 새로운 현상을 설명했던 원자론에 대한 광범위하고 정교한 논의를 1759년에 전개한 보스코비치를 가장 위대한 과학자의 범주에 넣는다. 그는 흥미로운 이 이론이 19세기에 들어와 돌턴(John Dalton, 1766~1844), 줄, 톰슨(Benjamin Thompson), 패러데이, 틴들 등에 의해 경험적으로 지지받았다고 소개한다. 메이어는 원자가 모여서 분자를 이루고 분자가 모여서 물질을 이루는 입자를 이룬다고 하면서 원자들 사이의 인력과 척력에 의해서 고체·액체·기체의 특성을 설명할 수 있다고 한다. 이는 인력이 먼 거리에서 강해지는 반면 척력은 가

37 Ibid., p.71.

38 Ibid., pp.80~89.

까운 거리에서 강해지는 특성에 의해 원자들의 다양한 배치와 운동이 일어나는 것으로 설명한다.[39]

미국에서 19세기 후반에 사용되었던 대표적인 물리학 교재는 예일 대학에서 물리학과 화학과 자연사를 가르친 실리먼(Benjamin Silliman, 1779~1864)이 집필한 『물리학 또는 자연철학의 원리(Principles of Physics, or Natural Philosophy)』로 1858년에 처음 출판되었고 1860년에 재판이 나왔다.[40] 저자는 이 책이 대학과 중등학교 교재로 출간되었음을 분명히 한다. 700쪽에 이르는 분량으로 가히 당시 물리학이 포괄하는 모든 연구를 총망라하는 성격의 이 책의 구성을 보면 19세기 후반에 미국에서 가르치던 물리학이 어떤 내용으로 이루어져 있는지 파악할 수 있다.[41]

1부 고체와 유체의 물리학

- 1장 도입
- 2장 물질, 힘, 운동
- 3장 중력
- 4장 기계 이론, 역학

2부 물질의 3태(three states)

- 1장 분자력
- 2장 다른 종류의 입자 사이에 작용하는 분자력

---

39 Ibid., pp.91~92.

40 저자 자신이 시인하듯이 이 책의 '자연철학'은 당시 미국에서 물리학을 의미하는 것이었고, 물리학이라는 용어보다 더 자주 사용되었다. Silliman, *Principles of Physics, or Natural Philosophy*, p.4.

41 Ibid., pp.xi~xvi.

3장 수력학

4장 탄성 유체, 곧 기체

5장 진동(undulations)

6장 음향학

3부 무게 없는 작인들(imponderable agents)의 물리학

1장 빛

2장 열

3장 전기[42]

실리먼의 교재를 메이어의 교재와 비교해 살펴보면 당시 미국 물리학의 특성과 메이어의 독특한 과학 교육관을 함께 파악할 수 있다.

실리먼은 책의 첫 부분에서 과학의 방법론으로 특별히 귀납법을 소개한 점에서는 메이어와 같았으나 그 방법을 메이어처럼 그렇게 중요하게 취급하지는 않았다. 이는 메이어가 방법론을 특히 강조해 그 역사와 원칙을 책의 첫 부분에서 상세하게 다루었던 것과는 대조가 된다.[43]

두 책의 힘에 대한 관점의 차이도 두드러진다.[44] 우선 실리먼이 힘을 운동을 일으키거나 수정하는 원인으로 본 점에서는 메이어와 크게 다르지 않다. 그는 힘을 발생 원인에 따라 세 범주로 구분한다. 물체 간의 인력인 중력, 빛과 열과 전기 현상의 미지의 원인, 동물의 운동을 일으키는 미지의 작인으로서 생명이 그것이다. 이는 메이어가 힘을 소개하면서 중력을 언급하지 않고 힘을 에너지와 동일한 용어로 쓰면서 에너지 보존 법칙으

42 Ibid., pp.11~25.

43 Ibid., pp.2~3.

44 Ibid., pp.17.

로 바로 들어간 점과 차이가 난다. 실리먼은 '상형(常衡) 파운드(pound avoirdupois)'를 힘의 기본 단위로 소개한다. 상형 파운드는 16온스(0.45kg)를 1파운드(0.45kg)로 하는, 영국과 미국에서 사용되는 무게 단위이다. 그런 점에서 그는 무게의 단위와 힘의 단위를 같다고 본다. 반면 메이어는 물체를 이동시키는 데 드는 일로서 힘을 정의해 힘의 단위를 '피트·파운드'로 소개한다. 둘 다 미국에서 물리학을 가르치고 있었지만 힘의 개념과 단위가 다르다. 실리먼은 힘을 재는 기구로 일종의 용수철 저울인 동력계(dynamometer)를 소개하고 이 기구의 원리에 대해서 작은 글씨로 소개한다. 다양한 기구에 대해 그림과 작은 글씨로 소개하는 방식은 이 책에서 실리먼이 계속해서 취하는 방식이다. 실리먼은 실험과 실험 기구를 중요하게 여기는 점에서 메이어와 마찬가지다. 둘 다 모두 당시 물리학을 확고한 실험적 토대에 세우려는 의도를 가졌다고 볼 수 있다.

실리먼은 힘의 소개에 이어 평형의 과학인 정역학, 힘과 그로부터 비롯된 운동을 다루는 동역학을 자세히 소개한다. 그는 여기에서 힘의 평형 문제를 매우 중요하게 취급한다. 그는 힘의 합성과 분해를 비롯해서 힘을 제대로 이해하고 다루기 위한 개념을 체계적으로 소개한다.[45] 구심력과 원심력을 중심력의 종류로 소개하고 그 힘을 받는 물체의 운동에 대해 자세히 서술한다.[46] 뉴턴의 힘의 개념을 채용한 실리먼은 1부 3장에서 뉴턴의 중력 이론을 자세히 소개한다.[47]

2부에서는 물질의 특성을 집중적으로 다루는데 여기에서 핵심 개념은 분자력(molecular force)이다. 분자력에는 응집력과 부착력이 존재해 표면장

---

45 Ibid., pp.20~23.

46 Ibid., pp.29~33.

47 Ibid., pp.38~40.

력이나 모세관 현상 같은 다양한 성질을 설명할 수 있다.[48] 당시 분자력의 차원에서 다양한 물질의 현상이 다루어진 것은 20세기 초 본격적으로 출현하게 된 미소 물리학(microphysics)으로 나아가기 위한 기반이 된다. 실리먼은 이러한 물질의 현상을 설명하기 위한 기초로서 메이어와 마찬가지로 원자 가설을 모든 설명의 토대로 삼는다.

실리먼은 물리학의 원리를 제시하면서 수학적 서술은 중시하지 않는다. 그의 물리학은 물리 과학에 관한 방대한 정보를 포함하는 것이지만 그러한 정보는 경험 과학의 성격을 갖는 것이었지 수학적 연역을 통해서 얻어지는 것은 아니다. 그러므로 그의 책에서 수식은 좀처럼 찾기 힘들다. 특히 미분 방정식을 비롯한 해석학적 기초조차 다루고 있지 않다. 이런 점은 메이어의 강의록과 매우 유사한 특성이다. 당시 미국의 물리학 교육이 실험 위주로 이루어졌고 이런 점에서 학생을 키워내는 데 집중되었지 수학적 훈련을 통해 이론 물리학자를 키워내려는 움직임과는 거리가 멀었다.

이것은 유럽의 상황과는 매우 대조된다. 19세기 유럽 과학을 선도하고 있었던 독일에서는 이미 19세기 후반에 이론 물리학 교수좌가 여러 대학에 만들어져서 전문적으로 수리 물리학을 훈련받고 그것에 대한 집중적인 연구를 수행하는 연구자들이 다시 대학에서 실험 물리학과 나란히 수리 물리학을 학생들에게 가르치고 훈련시키고 있었다. 프랑스에서도 이미 18세기 후반부터 수학자라고 부를 수 있는 사람들이 물리학 분야에서 탁월한 연구 성과를 내고 있었고 그러한 전통은 19세기에도 계속 이어지고 있었다. 영국에서도 19세기 초부터 적극적으로 프랑스의 해석학을 수입해 대학 개혁을 추진했고 케임브리지 대학을 중심으로 수학적 훈련을

48 Ibid., pp.109~112.

모든 학생에게 부과하는 교육이 이루어졌다. 이러한 배경 속에서 수학에서 탁월한 수준으로 훈련받은 연구자가 대거 배출되었다.

미국인들도 유럽으로부터 동일한 성격의 과학을 받아들이기 위해서 많은 노력을 경주했다. 그렇지만 과학적 연구의 기반이 18세기까지도 거의 전무했던 미국적 특수성 때문에 유럽의 수준을 따라잡는 것은 그렇게 쉬운 일이 아니었다. 한 지역의 사람들이 다른 선진 지역의 과학을 도입할 때 가장 먼저 배워가는 것이 정보적 지식이다. 이 정보적 지식에는 경험 과학적 지식과 수학 공식화된 간단한 정보가 포함된다. 그다음은 실험을 재현하는 단계로 나아간다. 이를 위해서는 실험 기구를 확보하는 것이 필수적인데 초기에는 실험기구를 수입해 충당하는 방식을 취하다가 시간이 지나면서 실험 기구를 직접 제작하는 단계로 나아간다. 일반적으로 실험 기구를 자체 제작하는 단계로 나아가는 데는 수십 년의 시간이 소요되며, 그동안 뛰어난 연구자는 수입된 기구를 사용하거나 그것을 개조하거나 조합해 독창적인 실험적 성과를 창출해내기도 한다. 그러므로 창조적 실험과 실험 기구의 자체 조달의 단계에 이르게 되면 경험 과학은 온전하게 전파되었다고 볼 수 있다.

이에 비해 수리 과학의 전파는 좀 더 느리게 일어난다. 단순 정보 수준의 수학적 지식을 넘어서서 고차원의 수학을 바탕으로 한 과학은 수학을 배우는 어려움으로 늦추어진다. 그러므로 처음에는 발전한 지역에서 만들어진 수학적 지식을 이해하는 데 치중하게 된다. 이 단계에 이르기 위해서는 좀 더 많은 시간이 걸리지만 때로는 뛰어난 수학적 재능을 갖춘 이들이 심지어 공식적인 교육을 받지 않고 책만을 보고 독학으로 제대로 된 이해에 도달하는 경우가 있다. 그다음은 독창적인 수학적 이론을 창출하는 단계인데 이는 제대로 된 수학에 대한 이해를 토대로 한다. 그렇다고 해서 제대로 된 수학에 대한 이해에 도달한 이들이 모두 독창적인 수학적 이론을 창출해내는 것은 아니다. 그렇지만 수학의 이해라는 진입 장벽이 너무 높기 때문에 경험 과학의 전파에 비해 수학적 과학의 전파는 훨씬 지체되게 마련이다. 일반적으로 독창적인 수학적 이론을 창출하는 단계로 나아갔을 때는 이미 실험 과학에서는 독창적인 업적이 한참 나온 뒤인 경우가 많다.

메이어와 실리먼의 책은 실험을 재현하는 단계에 도달한 미국 물리학의 수준을 보여준다. 정보적 지식을 흡수하는 일을 계속하면서 이들은 실험을 재현하기 위한 노력을 활발하게 경주했고 이를 위해 필요한 기구를 수입하는 일에도 열심이었으며 이러한 기구를 자력으로 생산하는 단계로 나아가려 했으나 그런 단계는 19세기 말까지 온전하게 실현되지 않았다. 물론 메이어는 19세기 후반에 음향학의 어떤 분야에서는 실험을 재현하고 더 나아가서 독창적인 연구를 수행하는 단계로 나아갔지만 수리 음향학에서 요구하는 수학의 이해라는 장벽 앞에서는 무력했다.[49]

2부 3장에서 진동을 다루면서도 실리먼은 진동과 파동에 대한 수학적 분석은 피해간다. 다른 어느 부분보다도 수학적인 취급이 두드러져야 할 부분이지만 실리먼은 그런 부분에서 실험적·경험적 사실을 제시하는 데 주로 초점을 맞춘다.[50] 가령 현에서 진동수를 결정하는 여러 요인에 대해

---

49 우리는 비슷한 무력감을 패러데이, 엘리스, 쾨니히 등의 연구 경력에서 발견한다. 그들은 수학에 대한 체계적인 교육을 받지 못했고 개인적인 노력으로 이것을 극복할 수 있는 수학적 재능을 타고나지 못했다. 미국에서 수리 과학의 수입 과정은 천천히 일어났다. 뛰어난 수학자와 수리과학자들이 훈련을 받으면서 본격적으로 독창적 성과를 내는 일이 19세기 말에 이르러 가능해진다. 깁스(Willard Gibbs)가 대표적인 경우이다.

50 Silliman, *Principles of Physics, or Natural Philosophy*, pp.236~251.

하나하나 지목해 문장의 형태로 제시했지만, 그것을 수식으로 제시하지 않는다.[51]

4장에서도 마찬가지다. 음향학에 대한 이 장도 수학적인 취급이 제시되면 매우 많은 내용이 수학적이어야 했지만 실리먼은 경험적 정보를 제시하는 데 집중한다. 음속을 결정하는 여러 가지 실험, 여러 매질에서 음속을 결정하는 요인에 대한 논의, 소리의 간섭, 회절, 그늘, 반사 등의 현상과 소리에 관련된 여러 가지 간단한 기구 등 경험적이고 실험적인 사실을 소개한다.[52] 그리고 음악 음향학에 대한 간단한 소개가 이어진다. 악음의 정의와 악음의 필수 요소인 음높이가 어떻게 결정되는지에 대한 소개가 있다. 음높이를 재기 위한 측음계의 원리가 소개되고 음계를 형성하는 원리를 소개한다.[53] 실리먼은 음계를 이루기 위해서 측음기로 측정한 진동수의 비율을 소개한다.

C	D	E	F	G	A	B	C′
1	9/8	4/5	3/4	2/3	3/5	8/15	1/2

가장 쉽게 정할 수 있는 C의 진동수로 초당 128회를 잡으면 각 음의 절대 진동수는 다음과 같이 할당된다.[54]

C	D	E	F	G	A	B	C′
128	144	160	$170\frac{2}{3}$	192	$213\frac{1}{3}$	240	256

반음을 도입함으로써 12음을 갖는 반음계(chromatic scale)를 소개하고 이

51 Ibid., pp.239~240.

52 Ibid., pp.255~266.

53 Ibid., pp.268~270.

54 Ibid., pp.271~273.

를 바탕으로 평균율을 소개한다. 그리고 관 내부의 공기 진동을 이용하는 다양한 파이프와 이것에 소리를 내게 하는 마우스피스와 리드(reed)를 소개한다.[55]

음악 음향학에 관한 내용의 소개가 끝나면 좀 더 일반적인 실험 음향학의 지식이 전달된다. 이러한 음향학의 취급 비중은 현재의 대학 물리학 교재에서 음향학이 다루는 비중보다 훨씬 크다. 음향학에 관한 장은 252쪽부터 290쪽까지 39쪽의 분량을 차지한다. 이것은 이 책의 본문 쪽수인 638쪽 중 6.1%에 해당한다. 이것은 이어지는 3부에서 다루어지는 광학이 104쪽(16.3%), 열학이 114쪽(17.9%), 전자기학이 130쪽(20.4%)을 각각 차지한 것과 비교되는데, 당시에 음향학이 물리학 내에서 차지하고 있었던 지위를 대변해준다. 실리먼이 의도했듯이 그는 당시에 물리학 분야에서 이루어지고 있는 최신 연구 경향을 반영해 지식을 전달하려 했으므로 음향학이 물리학 내에서 차지하는 비중은 미미하지 않았다고 볼 수 있다. 다른 주요 물리학 분야에 미치지는 못하지만 음향학은 그 나름대로 중요한 위치를 물리학 내에서 차지하고 있었다. 만약 여기에 수리 음향학까지 고려되었다면 다른 분야의 수리 과학이 추가되더라도 음향학의 비중은 작아지지 않았을 것이다.

무게 없는 작인들을 취급한 3부는 광학, 열학, 전기학 세 부분으로 이루어져 있다. 이 부분에서도 이 책은 변함없이 실험으로 발견된 사실과 그림을 곁들인 실험 기구의 소개로 이어진다. 유럽에서는 이 분야의 수리과학적 발전이 상당히 진전되어 있었지만 실리먼은 그러한 사실을 언급하지 않음으로써 물리학 또는 자연철학을 실험 과학 분야로 만들었다. 이것은

---

55 Ibid., pp.274~277.

당시 미국에서 이루어지던 물리학 교육이 실험 과학 위주였음을 대변해 주는 것이다. 하지만 실리먼 자신이 수리 물리학에 대해 어떤 생각을 가지고 있었는지를 잘 알 수 없다. 수리 물리학을 물리학과는 별도로 존재하는 수학 분야로 생각했는지, 찬란한 발전이 이루어지고 있었지만 자신이 그것을 전달할 능력이 없었기 때문에 피해간 것인지를 분명히 하지 않는다. 하지만 그가 유럽에서 진전되고 있었던 수리 물리학의 큰 발전을 몰랐을 리 없다.

미국에서 유럽의 과학을 빠르게 수입해야 하는 상황에서 일단 실험 과학 부문을 먼저 받아들이는 것이 전략적으로 낫다는 판단을 당시 미국 과학계에서 공유하고 있었을 것이다. 그렇기 때문에 실리먼이나 메이어는 수리 과학에 대한 소개 없이 물리학을 가르치고 그것을 위해 수식이 거의 빠져 있는 물리학 교재를 집필했을 것이다. 물론 그들도 뛰어난 수학적 재능을 갖춘 학생들은 수리 물리학을 배우기 위해서 유럽의 탁월한 저술을 활용하면 된다는 것을 알고 있었다. 그렇지만 당시 미국 대학에서 이루어지고 있었던 교육에서는 물리학을 가르치면서 이러한 수학적 지식을 전달하는 것을 급선무로 여기지 않았던 것이 분명하다. 이것은 실용적인 기술을 중시하는 미국인들의 문화적 성향과도 관련이 있다. 당장 기술에 응용할 수 있는 지식은 실험 물리학에서 충분히 전달해주고 있었다. 더구나 실험 물리학은 실험 기구를 중요시하기 때문에 실험 기구를 이해하고 그것의 활용 능력을 배양하는 것은 대학을 졸업하고 기술 분야로 진출할 학생에게는 매우 유용한 훈련이 된다. 그런 점에서 당시 미국 사회에서 요구하는 물리학은 실용적 가치가 탁월한 실험 물리학이었다. 이런 점은 중등학교 물리학 교재에서도 선명하게 드러난다. 20세기 초 미국에서 출간된 애덤스(Charles Adams)의 교재는 물리 교육이 실용적이면서 정신 훈련에 유

용하다고 선언하고 있다.[56]

실리먼의 교재와 메이어의 교재를 비교했을 때 두드러지는 차이점은 메이어가 에너지 보존을 강조한 반면 실리먼에게는 이런 점이 거의 없다는 것이다. 이것은 에너지 보존에 대한 메이어의 관심이 남다르다고 판단할 수 있는 근거가 된다. 메이어는 자신의 교재에서 여러 가지 형태의 에너지가 서로 전환되는 것을 언급하고 그것들이 소멸되지 않는 절대적인 에너지의 양이 보존되기 때문이라는 점을 특별히 강조했다. 이것은 자연을 통합하는 원리로서 에너지의 중요성에 대한 그의 인식에서 비롯된 것인데 어느 정도는 에너지 보존 법칙의 동시 발견자인 헬름홀츠에게 받은 지적 영향력에서 기인하는 것으로 보인다. 20세기 초 중등학생에게 물리학을 가르치기 위해 집필된 교재에서도 에너지 보존 법칙에 대한 강조는 그렇게 두드러지지 않는다.[57]

3. 메이어의 음향학 연구

메이어는 여러 분야에서 연구를 수행했지만 음향학을 중심적인 연구 분야로 삼았고 그가 유럽에서 과학자로 인정을 받을 때 가장 두드러진 분야 역시 음향학이었다. 그의 음향학 연구는 유럽의 음향학자들이 관심 갖고 있는 문제에 대한 이해를 바탕으로 새로운 연구 성과를 수립하는 과정을 거쳤다. 그는 수학적 훈련을 철저하게 받지 못했기 때문에 수리적인 분

56 Charles F. Adams, *Physics for Secondary School*(New York: American Book Company, 1908), p.3.

57 Ibid., pp.73~79.

야에서 두각을 나타낼 수는 없었지만 실험에 관련된 연구에서 두드러진 성과를 올렸다. 그가 영향을 많이 받은 유럽의 음향학자는 쾨니히, 헬름홀츠, 레일리였다.

1) 공기 진동의 위상 감지 방법 고안

1872년 메이어는 오르간 파이프가 진동할 때 그 주위에 형성되는 공기 진동의 위상을 검출하는 방법을 고안해 음향학 발전에 기여했다.[58] 이 방법은 쾨니히의 액주식 캡슐 불꽃 장치 두 대를 활용하는 것이었다. 쾨니히의 액주식 캡슐 불꽃 장치는 일정한 압력으로 송출되는 가스에 불이 붙어 만들어지는 불꽃을 회전 거울에 반사시켜 상이 보이게 하는 장치이다. 불꽃이 소리에 반응해 진동할 때 회전 거울의 효과에 의해 특정한 순간의 불꽃의 상을 볼 수 있었다.[59] 불꽃이 소리에 반응할 수 있게 만들어주는 부분이 캡슐인데 금속으로 만들어진 공간인 캡슐의 가운데에는 얇은 막이 설치되어 공간을 둘로 가른다. 한쪽 공간에는 가스가 주입될 수 있는 구멍에 호스가 꽂혀 있고 위쪽으로는 가스가 방출되는 구멍이 있어서 거기에서 불꽃이 생기고 다른 쪽 공간에는 소리를 모을 수 있는 나팔을 꽂는 구멍이 있어서 나팔로 모인 공기가 캡슐 가운데의 막을 떨리게 만들었다. 이 떨림에 의해 다른 쪽 공간의 기체의 흐름에 교란이 생겨서 불꽃이 흔들리게 되

58 A. M. Mayer, "On a Method of Detecting the Phases of Vibration in the Air Surrounding a Sounding Body, and Thereby Measuring Directly in the Vibrating Air the Lengths of Its Waves and Exploring the Form of Its Wave-Surface," *Philosophical Magazine*, 44(1872), pp.321~327.

59 David A. Pantalony, "Analysing Sound in the Nineteenth Century: The Koenig Sound Analyzer," *Bulletin of the Scientific Instrument Society*, 68(2001), pp.16~21.

어 있었다.

메이어는 Ut_3 음을 내는 오르간 파이프에 음향학 풀무(acoustic bellows)를 연결하고 오르간 파이프 입구에서의 공기의 진동과 음원에서 떨어진 거리에 놓인 Ut_3의 고유 피치를 갖는 헬름홀츠 공명기 입구의 공기의 진동을 각각 쾨니히의 액주식 캡슐 불꽃 장치의 캡슐로 연결하는 관으로 받아 공기의 진동을 불꽃으로 가시화했고 두 불꽃이 하나의 회전하는 거울에 나타나도록 위치를 조절했다.[60] 메이어는 불꽃의 흔들림으로부터 공기 진동의 위상이 동일한지 정반대인지를 확인할 수 있었고 공명기를 음원에서 멀어지게 하면서 동일 위상이면서 가장 인접한 두 지점 사이의 거리를 재서 소리의 파장을 계산했다. 메이어는 오르간 파이프에서 공명기의 입구를 66cm만큼 떨어뜨렸을 때, 공명기 입구에서 감지된 소리가 만드는 톱니 모양의 불꽃들 사이로 오르간 파이프 입구에서 감지된 소리가 만드는 톱니 모양의 불꽃들이 회전 거울에 나타나는 것을 보았다. 이것은 두 곳의 공기 진동의 위상이 정반대임을 나타냈다. 계속 공명기를 같은 방향으로 움직여 처음의 두 배의 거리에 이르자 이번에는 두 불꽃의 톱니 모양이 일치했다. 그가 계속 공명기를 움직여 처음의 세 배의 거리만큼 떨어뜨렸을 때 두 불꽃의 톱니 모양은 다시 서로의 사이사이에 톱니가 나타나는 형태가 되었다. 이런 식으로 처음에 진동의 위상이 정반대가 된 위치의 여섯 배까지 이동했을 때 위상이 일치하는 것과 반대가 되는 일이 같은 간격으로 반복되었다. 이로써 메이어는 Ut_3(256cps)의 오르간 파이프에서 나오는 소리가 132cm의 파장을 갖는 것을 확인했다. 메이어의 소리의 파장 측정

60 A. M. Mayer, "On a Method of Detecting the Phases of Vibration in the Air Surrounding a Sounding Body, and Thereby Measuring Directly in the Vibrating Air the Lengths of Its Waves and Exploring the Form of Its Wave-Surface," p.323.

방식은 이전에 시도된 어떤 방법보다 정밀하게 파장을 잴 수 있다는 점에서 요긴했다.

다음에 메이어는 두 불꽃의 위상이 정반대가 되는 거리에서 공명기를 멈추고 오르간 파이프 주위에서 같은 거리를 유지하면서 공명기를 움직이자 불꽃의 위상은 여전히 정반대로 유지되었다. 이런 방식으로 메이어는 울리는 오르간 파이프 주위에서 연속적으로 위상이 동일한 점들을 조사해 오르간 파이프 주위에 형성되는 음파의 파면의 모양을 파악할 수 있었다. 그는 오르간 파이프의 위와 아래의 입구에서 나오는 소리는 두 지점을 초점으로 하는 타원체(ellipsoid) 형태의 파면을 형성한다는 것을 발견했다. 이 방법으로 메이어는 깔끔하게 파면의 모양을 결정할 수 있었다. 조금만 제 위치에서 벗어나도 회전 거울에 나타나는 톱니 모양의 불꽃이 이동하는 것을 볼 수 있었기 때문에 정확하게 동일 위상인 점들의 위치를 알아낼 수 있었다.[61]

2) 음향 고온계의 발명

이러한 메이어의 연구는 1872년 음향 고온계(acoustic pyrometer)의 개발로 이어졌다. 메이어는 앞에서 소개된 방법을 사용하면 관이 들어 있는 공기의 온도 변화에 의해 관 속에 들어가는 파장의 수가 어떻게 변하는가를 결정할 수 있고 이 방법을 써서 관이 노출되어 있는 온도를 쉽게 결정할 수 있을 것이라고 생각했다.[62]

---

61 Ibid., p.324.

62 A. M. Mayer, “On an Acoustic Pyrometer,” *Philosophical Magazine*, 45(1873), pp.18~22 on p.18.

기온이 상승하면 그 속에서 음속은 빨라진다. 이에 대해 메이어는 $V=333\sqrt{1+0.00367t}$ 라는 식을 사용했다. 여기에서 V는 t℃의 온도에서의 음속을 m/s의 단위로 나타낸 것이다. 0℃에서의 음속이 333m/s이고 0.00367은 일정한 압력하에서 공기의 팽창 계수를 의미한다. 13m의 금속관을 코일의 형태로 만들어서 온도를 결정하려는 노에 넣고 이 금속관의 한쪽 끝에 Ut_4의 공명기의 작은 주둥이를 연결해놓고 다른 쪽 끝은 쾨니히의 액주식 캡슐에 대어놓는다. Ut_4의 공명기의 넓은 입구 맞은편에는 Ut_4의 음을 내는 오르간 파이프의 주둥이를 놓는다. 오르간 파이프의 주둥이에는 또 다른 쾨니히의 액주식 캡슐을 대어놓는다. 오르간 파이프에서 512cps의 음파를 발생시키면 노와 외부의 온도가 0℃로 같을 때에는 노 안의 금속관에서 음파의 파장은 $\frac{333\text{m/s}}{512\text{Hz}}=0.65\text{m}$이고 13m의 금속관 안에 정확하게 20개의 파장이 들어간다. 그러므로 오르간 파이프 주둥이와 금속관 끝에 대놓은 공명기에 들어오는 소리의 위상이 일치하게 된다. 이것은 각각의 위치에 설치해놓은 쾨니히 액주식 캡슐에서 공기 진동이 감지되어 불꽃의 흔들림을 유발하고 이 흔들림이 회전 거울에 의해 톱니 모양의 불꽃의 상을 만들 때 두 상의 톱니가 일치하는 것을 의미한다.

노의 온도를 점차 높이면 백금관 내부의 음파의 속도가 빨라진다. 이에 따라 음파의 파장이 길어지면서 두 불꽃의 흔들림의 위상에 차이가 생기고 이것은 회전 거울의 불꽃 톱니가 어긋나는 모습으로 나타난다. 노의 온도가 820℃가 되면 $V=333\sqrt{1+0.00367t}$ 에 의해 음속은 두 배가 되고 이로써 금속관 속 공기 속에서 음파의 파장은 두 배가 되어 1.3m가 되면서 이 금속관 속에는 10개의 파장이 정확하게 들어가고 금속관 끝의 공기의 위상은 금속관 첫 부분의 공기의 위상과 일치하게 된다. 따라서 두 지점에서 감지한 진동에 의해 일어나는 불꽃의 흔들림은 다시 위상이 일치하면서 회전 거울에 나타나는 불꽃 톱니가 일치하게 된다.

그러면 온도를 100℃ 더 올려서 920℃로 만들면 어떻게 될까? 이 온도에서 노의 금속관 속 음속은 696.63m/s가 되고 이때 파장은 1.36m가 된다. 820℃일 때와 비교해 0.06m(=1.36−1.3)의 차이가 생기는데 금속관 속에 들어 있는 10개의 파장이 똑같이 늘어나므로 이 비율이면 불꽃 톱니 모양으로는 0.46개($\frac{0.06}{13} \times 10$)의 톱니를 이동시키게 된다. 여기에는 초흐(Ivan Branislav Zoch, 1843~1921)가 1866년에 고안한 액주식 불꽃 마이크로미터(manometric flame-micrometer)의 원리가 적용되었다. 이 원리에 따르면 온도 변화에 따라서 톱니의 위치가 민감하게 옮겨지므로 고정된 불꽃 사이에서 움직이는 불꽃이 움직인 정도를 재면 온도를 상당히 정확하게 잴 수 있다. 마그누스(Heinrich Gustav Magnus, 1802~1870)와 르뇨가 결정한 일정한 압력의 공기의 팽창률인 0.00367만 정확하다면 이 방법에 의해 노의 온도를 상당히 정확하게 결정할 수 있었다.[63] 그런데 이 상수는 당시에 물리학에서 가장 정확하게 확정된 상수 중 하나였기 때문에 이 방법의 신뢰도는 컸다.

이렇게 메이어는 두 불꽃의 흔들림의 위상차를 재는 방식으로 상당히 정확하게 고온의 물체의 온도를 잴 수 있는 방법을 제시했다.[64] 당시 가열

63 Ibid., pp.19~20.

64 Mayer Papers 중 메이어의 강연에 대한 스크랩 신문 기사, pp.328~329, Archives and Records Management, E. S. Bird Library, Syracuse University, Syracuse, N.Y.; A. M. Mayer, "On a Method of Detecting the Phases of Vibration in the Air Surrounding a Sounding Body, and Thereby Measuring Directly in the Vibrating Air the Lengths of its Waves and Exploring the Form of its Wave-Surface," pp.321~327; A. M. Mayer, "On a Simple and Precise Method of Measuring the Wave-Lengths and Velocities of Sound in Gases; and on an Application of the Method in the Invention of an Acoustic Pyrometer," *American Journal of Science*, 4(1872), pp.425~430.

된 노의 온도를 재는 문제는 제련, 유리, 도자기 제조 등에서 매우 중요했으므로 이를 위해 편리한 방법을 찾아내는 것은 실제로 유익함을 가져다주는 진보였다. 이것은 이후에 나오는 유사한 온도 측정 방법의 토대가 되었다.[65]

3) 음향학적 도플러 효과 검증

1872년에 발표한 논문에서 메이어는 음향학적 도플러 효과를 검증하는 실험에 대해 보고했다. 이 효과는 1842년 오스트리아의 물리학자 도플러(Christian Johann Doppler, 1803~1853)가 제시한 것으로 파원과 관찰자의 상대 운동에 따라 파의 진동수가 달라짐을 주장한 것이다. 이것은 1846년 밸럿(Buys Ballot, 1817~1890)이 소리에 대해 성립하는 것을 기차와 트럼펫을 사용해 증명한 적이 있었다. 메이어는 간단한 도구를 사용해 누구나 인상적인 결과를 얻을 수 있는 실험을 설계해 도플러 효과를 확인했다. 이 실험을 통해 메이어는 음향학적 측정을 수행하는 실험가로서의 능력을 여실히 입증해보였다. 메이어는 4개의 소리굽쇠를 사용했는데 각각 1, 2, 3, 4번으로 명명했다. 1번과 2번 소리굽쇠는 완전히 동음으로 만들었다. 1번 소리굽쇠를 랜턴 앞에 놓고 명주실로 늘어뜨린 직경 5~6mm의 코르크 공을 그 가지 중 하나에 접근시켰다. 그리고 그 장면의 그림자를 스크린에 투영시켰다. 3번 소리굽쇠의 한쪽 가지에 밀랍을 붙여 무겁게 해 1번 소리굽쇠 또는 2번 소리굽쇠와 초당 2회의 맥놀이를 일으키게 만들었다. 4번 소리굽쇠는 그 가지의 끝을 줄질을 해서 1번 소리굽쇠 또는 2번 소리

65 Kychakoff et al., "Low Pressure Acoustic Pyrometer Signal Generator," *United States Patent*, No.7,434,988(2008).

굽쇠와 초당 2회의 맥놀이를 일으키게 만들었다. 그리하여 4번 소리굽쇠는 1번 소리굽쇠보다 초당 2회 더 많이 진동하고 3번 소리굽쇠는 1번 소리굽쇠보다 초당 2회 더 적게 진동하게 만들었다.

울림통에 고정시킨 2번 소리굽쇠를 손에 잡고 1번 소리굽쇠에서 30~60피트(9.14~18.28m) 떨어진 곳에서 울렸다. 코르크 공이 2번 소리굽쇠와 동음으로 진동하는 1번 소리굽쇠의 가지에서 튕겨 나왔다. 1번 소리굽쇠에서 30피트 떨어진 곳에서 2번 소리굽쇠를 울림통에서 뽑아내 한 손으로 들고 울림통은 다른 쪽 손으로 들었다. 그다음에 빠르게 1번 소리굽쇠를 향해 걸어갔다. 일정한 속력에 이르면 속력을 유지한 상태에서 소리굽쇠를 울림통에 끼워 넣었다가 걸음을 멈추기 전에 소리굽쇠를 뽑아냈다. 메이어가 그렇게 했을 때 그는 1번 소리굽쇠에서 1피트(0.3m) 정도 떨어져 있었는데 코르크 공이 가지에 닿은 채 멈추어 있었다. 이로써 2번 소리굽쇠가 일정한 속력으로 1번 소리굽쇠에 접근하고 있었을 때 2번 소리굽쇠가 낸 소리는 1번 소리굽쇠의 고유 진동수와 다른 진동수의 소리였다는 것이 입증되었다.

다음에는 앞과 동일하게 하되 1번 소리굽쇠에 일정한 속력으로 접근하다가 소리굽쇠를 울림통에서 뽑지 않고 멈추어 섰다. 그 순간에 코르크 공이 1번 소리굽쇠에서 튕겨 오르는 것을 볼 수 있었다. 멈추는 순간 진동수가 같아지면서 공명이 일어난 것이 확인된 것이다. 조수는 1번 소리굽쇠의 울림통에 귀를 대고 있다가 메이어가 멈춘 순간에 울림통에서 소리가 난 것을 확인했고 스크린에 고정한 눈으로는 코르크 공이 튕겨 오르는 것을 확인했다.

이번에는 2번 소리굽쇠를 가지고 멀어지면서 맨 처음 한 실험과 동일하게 했더니 역시 움직이는 동안 2번 소리굽쇠가 울림통에서 울린 소리를 1

번 소리굽쇠의 울림통이 받아도 공명을 일으키지 않았다. 이로써 멀어지는 동작으로도 소리굽쇠가 내는 소리의 진동수를 바꿀 수 있다는 것을 확인할 수 있었다.

다음에는 254cps의 음을 내는 3번 소리굽쇠를 가지고 움직이면서 1번 소리굽쇠의 반응을 보았을 때 아무런 반응도 없었으나 소리굽쇠를 울림통에서 뽑은 후에 1번 소리굽쇠를 향해 소리굽쇠를 흔들면서 울림통에 꽂았을 때 적당한 속력이 얻어지면 코르크 공은 1번 소리굽쇠에서 갑자기 튀어 올랐다. 그 속력보다 더 크거나 더 작으면 3번 소리굽쇠의 진동은 1번 소리굽쇠에 아무런 효과가 없었다. 역시 258cps의 음을 내는 4번 소리굽쇠를 가지고 1번 소리굽쇠의 진동을 유발하려면 4번 소리굽쇠를 1번 소리굽쇠에서 멀어지는 쪽으로 흔들면서 울림통에 꽂아야 했다. 3번 소리굽쇠를 고정해놓고 1번 소리굽쇠를 가지고 움직이면서 실험할 때에는 멀어지는 쪽으로 흔들어야 3번 소리굽쇠를 울리게 할 수 있었다. 4번 소리굽쇠를 고정하고 1번 소리굽쇠를 움직이면서 실험할 때에는 정지한 소리굽쇠를 향해서 1번 소리굽쇠를 흔들어야 정지한 4번 소리굽쇠를 진동시킬 수 있었다.

이 단순한 실험을 통해 메이어는 진동하는 물체의 병진에 의해 파장의 변화를 일으킬 수 있다는 것을 보였고, 1841년 도플러가 제시한 중요한 정리에 대해 소리에 관한 실험적 증거를 제시했다. 메이어는 천체가 내는 빛에서 일어나는 파장의 변화에 대한 유비로서 이 실험이 확인 가능한 증거를 제공해준다고 생각했다.

이 실험을 성공시키기 위해서는 1번과 2번 소리굽쇠를 완전히 동음 상태로 만드는 것이 핵심적이므로 메이어는 이를 다음과 같은 방식으로 성취했다. 같은 진동수의 음을 낸다고 가정되는 세 개의 소리굽쇠를 가져다

생고무관 위에 올려놓았다. 하나의 소리굽쇠에 부하를 실어 다른 소리굽쇠와 초당 2~3회 맥놀이를 일으키게 했다. 그리고 20~30회의 맥놀이가 일어나는 시간 간격을 스톱워치로 쟀다. 두 번째 소리굽쇠와 역시 20~30회의 맥놀이를 일으키는 시간 간격을 재서 앞에서 잰 것과 일치하는지 확인했다. 두 값이 일치하지 않으면 더 빨리 진동하는 쪽 소리굽쇠에 밀랍으로 부하를 실어 값이 일치하게 만들었다. 이렇게 해서 두 개의 소리굽쇠를 완전히 동음 상태로 만들었다. 또 실험을 성공적으로 수행하기 위해서는 코르크 공은 완전히 구형이어야 하고, 공을 매단 명주실은 꼬지 않은 하나 또는 두 가닥으로 된 것이어야 했다. 코르크는 가능한 한 매끄럽게 니스를 발랐다. 니스를 바르는 것은 코르크 공에 확실한 코팅을 입히면서도 무게는 증가시키지 않아서 좋았다. 니스는 공 표면의 작은 요철을 메워주어서 공이 소리굽쇠의 충격에 완충제로 작용하지 않고 튕겨지는 효과를 잘 보이게 해주었다.

이 실험이 정성적 수준에 머문 단점을 메이어는 잘 알고 있었기에 그것을 정량적 실험으로 바꾸기 위한 설계도 해두었다. 우선 등속으로 병진 운동을 일으키는 기계는 나와 있으므로 그것을 사용하고 코르크 공을 매다는 대신에 가벼운 평면거울의 위와 아래에 두 가닥의 수직 섬유를 연결해 매달고 평면거울의 한쪽 가장자리가 소리굽쇠에 닿게 해 거울에서 반사되는 광선이 거울의 운동을 스크린에 투사해 소리굽쇠의 움직임을 보여주는 방법을 추천했다. 뉴욕 컬럼비아 대학의 루드(O. N. Rood) 교수가 1871년 겨울의 공개 강연에서 사용한 이 방법은 진동을 검출하는 민감한 방법이었다. 그렇지만 당시 메이어의 실험에서는 코르크 공으로도 충분한 민감성을 얻을 수 있었다.

4) 모기의 청각기 연구

메이어의 음향학 연구 중 상당 부분은 청각에 관련되어 있었다. 이러한 생리 음향학적 연구는 헬름홀츠가 수행한 적이 있었는데 생명체를 실험 대상으로 삼기 때문에 실험이 훨씬 어렵지만 메이어는 그런 어려움을 극복하고 중요한 성과를 냈다.

1874년경 메이어는 모기의 더듬이에 부착된 작은 섬모의 선택적 공명에 관해 발표했다. 곤충이 어떻게 소리를 듣는가에 대한 관심에서 시작된 이 연구는 헬름홀츠의 공명 이론으로부터 큰 영향을 받았다.[66] 1863년 헬름홀츠는 청각의 메커니즘으로 사람의 귓속에 피아노 현과 같은 선택적 공명기가 있다고 주장했다. 그는 달팽이관 기저막의 코르티 막대(Corti's rods)가 선택적 공명기 역할을 한다고 했다.[67] 하지만 자연학자들 사이에서도 곤충의 청각기에 대해서는 의견이 일치하지 않았고 무지와 오해가 횡행했다. 동양 바퀴벌레(Blatta orientalis)의 더듬이 기부에 있는 두 개의 하얀 볼록한 점을 트레비라누스(Gottfried Reinhold Treviranus, 1776~1837)는 청각기로 기술했으나 부르마이스터(Karl Hermann Burmeister, 1807~1892)는 그것이 초보적인 보조 눈이라는 것을 옳게 지적했다.[68]

지볼트(Philipp Franz von Siebold, 1796~1866)는 고막의 존재를 청기관의 존재를 위한 선행 요건으로 생각했으나, 메이어는 고막이 물속에 살지 않

---

66 구자현, 「헬름홀츠의 생리학 연구의 특성과 청각의 공명 이론」, 40~54쪽.

67 헬름홀츠는 1869년 귀의 선택적 공명기를 코르티 막대에서 기저막의 가로섬유로 수정했다. 같은 글, 53쪽.

68 A. M. Mayer, "Researches in Acoustics, No.5," *Philosophical Magazine*, 48(1874), pp.372~385 on p.374.

는 척추동물에게는 해당되지만 그러한 상동관계(homology)를 절지동물까지 확장하는 것은 옳지 않다는 주장을 펼치면서 모기의 더듬이에 달린 섬모가 어떻게 고막 없이 청각의 기능을 담당할 수 있는지 설명했다. 더듬이(antenna)의 위치나 더듬이의 제한된 운동으로 볼 때 더듬이는 촉각기일 뿐이라는 지볼트의 주장에 대해 메이어는 더듬이는 곤충마다 매우 다양한 형태를 띠고 있기 때문에 용도 또한 상이할 수 있다고 주장했다.[69] 메이어는 생물학자가 아니라 물리학자였기 때문에 오히려 곤충의 청각기에 관한 복잡한 논의에 끼어들지 않고 물리학적 관점에서 모기의 청각기에 접근했고 이것이 문제를 오히려 단순하게 만드는 이점으로 작용했다. 메이어는 곤충의 표본을 자세히 관찰하면서 야행성 곤충의 더듬이에는 섬모가 많이 발달해 있지만 주행성 곤충의 더듬이는 매끈한 끈 모양인 것을 보고 섬모의 특수한 기능을 생각해보기 시작했다. 그는 헬름홀츠가 사람의 청각기에서 코르티 막대의 선택적 공명 현상을 주장한 것처럼 모기의 더듬이에 달린, 길이가 다른 섬모들이 특정한 음에 선택적으로 공명할지도 모른다고 생각했다.

메이어는 관찰 대상으로 현미경 학자들에게 잘 알려진 빨간 집모기(Culex mosquito)를 선택했다. 이 모기의 수컷의 머리는 폭이 0.67mm 정도이며 더듬이의 길이는 1.75mm 정도였다. 이 모기의 더듬이에는 12 또는 14마디가 있고 각각의 마디에서 섬모가 방사상으로 퍼져 나와 있었다. 더듬이의 기부에서 두 번째 마디부터 더듬이 끝에서 두 번째 마디까지 섬모의 길이는 점점 줄어들었다. 이 섬모들은 탄력이 있고 홀쭉해서 직경에 비해 길이가 300배 이상이었다. 섬모의 굵기는 끝으로 갈수록 점점 줄어들어 기부

69 Ibid., p.375.

와 끝에서 굵기의 비는 3:2 정도였다. 메이어는 살아 있는 수컷 모기를 슬라이드글라스 위에 셸락으로 고정했다. 슬라이드를 현미경의 재물대에 올린 후 대물렌즈를 섬모를 향하게 했다. 그 상태에서 섬모를 향해 열어둔 다양한 크기의 소리굽쇠를 울렸다. 512cps를 내는 Ut_4를 가지고 한 첫 번째 시도에서 어떤 섬모는 정지해 있는데 다른 섬모가 강하게 진동하는 것을 보았다. 그 강하게 진동하는 섬모에 대해 Ut_2, Ut_3, Mi_3, Sol_3, Ut_4, Mi_4, Sol_4, B^{b-}_4, Ut_5 음을 가하고 마이크로미터 눈금의 칸으로 섬모 끝의 진폭을 쟀을 때 각각 0.5칸(division), 2.5칸, 1.75칸, 2.0칸, 6.0칸, 1.5칸, 1.5칸, 1.5칸, 2.0칸의 진폭을 보여 Ut_4에서 진폭이 6칸에 달하는, 특별하게 강한 진동이 일어난 것을 볼 수 있었다. 그러나 진폭의 차이가 소리굽쇠의 소리의 세기 차에서 발생했을 수도 있었기 때문에 가장 강한 섬모의 진동을 일으킨 소리굽쇠를 가장 약하게 진동시켜보았다. 그때에도 Ut_4는 가장 강한 공진(covibration)을 일으켰다. 그리하여 메이어는 이 섬모가 Ut_4 음이나 이 음과 반음의 차이 이내에 있는 다른 음과 동음 상태라고 판단했다. 그리고 실험 결과는 Ut_4와 배음의 관계에 있는 Ut_3와 Ut_5도 다른 음에 비해 더 진폭이 큰 진동(각각 2.5칸, 2칸)을 일으켰다는 흥미로운 사실을 보여주었다.[70]

진동의 세기를 일정하게 하기 위해 메이어는 모든 소리굽쇠를 가장 강하게 진동시키는 방식을 택했다. 메이어는 말로예(Albert Marloye, 1795~1874)가 고안한 소리굽쇠, 즉 가지가 기울어져 있어서 끝에 모여 있는 소리굽쇠를 쾨니히가 만들지 않은 것을 아쉬워했다. 만약 이 소리굽쇠를 메이어가 사용할 수 있었다면, 그는 원통형 막대를 소리굽쇠의 두 가지 사이에 끼웠다가 위로 잡아당기는 방법으로 모든 소리굽쇠를 같은 세기로 진동시킬 수

---

70 Ibid., p.377.

있었을 것이다.

메이어는 Ut_3와 완전하게 동음을 이루는 새로운 섬모를 발견했다. 이 섬모는 Ut_4에 대해서는 3칸의 진폭으로 진동한 반면, Ut_3에 대해서는 18칸의 진폭으로 진동했다. 다른 섬모는 각기 다른 소리굽쇠에 반응했다. 10여 마리의 모기를 가지고 실험해본 결과, 모기들의 섬모는 피아노의 중앙 건반에서 한 옥타브 높은 음 사이의 음들에 조율되어 있었다.

메이어는 자신의 가설을 더 확실히 지지하기 위해 섬모의 모형을 만들어 실험해보기로 했다. 그는 Ut_3와 Ut_4에 각각 강하게 반응하는 섬모의 길이와 굵기를 정확하게 측정했다. 그다음에 균질한 소나무로 거대한 섬모 모형을 만들었다. Ut_3 음에 공진한 섬모를 약 1m 길이로 만들었다. 약간의 연습을 거친 후 메이어는 한쪽을 클램프로 고정하고 수직으로 세운 모형 섬모를 수평 방향으로 당겼다가 놓았을 때 진동수를 구할 수 있었다. 이렇게 구한 두 모형 섬모의 진동수의 비는 Ut_3와 Ut_4 음의 진동수의 비인 1:2와 일치했다.[71] 메이어는 자신의 실험이 세기를 정확하게 통제할 수 없다는 점에서 정성적 수준에 머무는 것을 못내 아쉬워했지만 모형 작업에서 중요한 정량적 관계는 확인할 수 있었다.

메이어의 연구는 거기에서 멈추지 않았다. 그는 음이 나아가는 방향과 섬모 방향의 관계도 관찰해 섬모가 음의 진행 방향에 평행하게 놓여 있을 때, 즉 섬모의 길이 방향이 파면(wave front)과 수직을 이룰 때 섬모는 진동하지 않지만, 파면과 섬모의 길이 방향이 이루는 각이 줄어들수록 섬모는 점점 강하게 진동해 파면과 섬모의 길이 방향이 일치할 때 가장 강하게 진동한다는 것을 발견했다.[72] 메이어는 특정 섬모와 강하게 공진하는 소리

71 Ibid., p.379.

72 A. M. Mayer, "Experiments on the Supposed Auditory Apparatus of the Culex mosqui-

굽쇠를 모기가 고정된 현미경을 향하게 하고 울림통의 축을 해당 섬모의 길이 방향에 수직이 되도록 고정했다. 섬모가 가장 강하게 진동하는 상태에서 현미경을 중심으로 소리굽쇠를 움직이면서 울림통의 축은 계속 현미경을 향하게 했다. 그러자 점차 그 섬모의 진동이 줄어드는 것을 관찰할 수 있었다. 울림통의 축이 섬모의 길이 방향과 일치할 때 섬모는 거의 정지했다. 소리굽쇠를 현미경에 매우 가깝게 가져가도 거의 변화가 없었다.

이것으로부터 메이어는 이 곤충이 다른 동물에 비해 소리의 방향 지각 능력이 고도로 발달해 있을 것이라고 생각했다. 이것을 확인하기 위해서 메이어는 현미경에 살아 있는 모기를 놓고 조수가 현미경 주위의 알려지지 않은 위치에 소리굽쇠를 놓아 그 소리에 섬모가 공진하게 했다. 그다음에 메이어는 현미경을 올린 대를 회전시켜서 그 섬모가 진동을 멈추는 위치를 찾아냈다. 그리고 현미경 밑에 깐 종이에 섬모의 방향으로 선을 그었다. 그 선을 연장했을 때 메이어는 5° 이내에서 음원의 위치에 도달하는 것을 확인했다. 수컷 모기의 더듬이는 수평 방향으로 움직일 수 있으므로 더듬이를 움직이면 밤에 이 모기는 암컷 모기가 내는 소리를 듣고 어느 곳에 암컷 모기가 있든지 찾아갈 수 있었다. 암컷 모기가 더듬이의 섬모를 진동시켜 소리를 내면 수컷 모기는 그것의 더듬이를 벌려서 가장 강하게 진동하는 섬모가 그의 몸 방향과 일치하게 했다. 그리하여 수컷 모기는 자신이 비행해야 할 방향을 알아냈다. 이 방법으로 수컷 모기는 5° 이내에서 암컷에게 갈 수 있을 것이라고 메이어는 추측했다.

처음에 메이어는 이 섬모들이 다른 피치의 소리에 공진한다는 것으로부터 그 모기가 소리를 단순한 성분으로 분해하는 능력이 있다고 생각했

to," *Philosophical Magazine*, 48(1874), pp.371~385.

으나 나중에는 이 견해를 철회했다. 대신 모기의 섬모들이 공진 범위를 갖는 것은 암컷의 소리가 고정된 피치를 갖지 않기 때문에 그 소리를 모두 범위 안에 포함하기 위한 것이라고 생각했다.[73] 메이어는 모기에게는 음을 분해하는 고도의 능력이 필요한 것이 아니라 방향을 잡는 것에 고도의 능력이 필요하기 때문에 이 방향의 발전이 인간보다 더 많이 이루어져 있을 것이라고 생각했다.

그는 인간과 빨간 집모기가 공통적으로 공명을 청각에서 사용하더라도 각기 다른 목적에서 사용한다는 견해를 제기했다. 모기의 청각기는 고막, 청소골의 연쇄, 달팽이관으로 이루어진 인간의 청각기와는 상이한 구조를 갖기 때문에 메이어는 모기의 청각기에 대한 자신의 이론이 바로 헬름홀츠의 청각 이론을 지지해주지는 않는다고 생각했다. 헬름홀츠의 청각 이론에서 달팽이관 속의 공명 기관들은 피치를 감각하고 청감각을 그 성분들로 분해하는 기능을 위한 것이었으나 모기의 섬모에는 그런 기능이 없었다. 인간에게는 이러한 기능을 담당하기 위해 발달된 청신경들이 연결되어 있으나 모기에게는 그런 발달된 청신경이 존재하지 않으므로 그들 사이에 더 이상의 상동관계를 찾으려는 것은 옳지 않다고 메이어는 생각했다.

빨간 집모기의 더듬이 섬모가 청각기관이라는 주장은, 이미 1855년 미국의 의사 존스턴(Christopher Johnston, 1856~1914)이 해부학적 사실을 근거로 ≪런던 현미경 학회 계간지(Quarterly Journal of Microscopical Society of London)≫에 발표한 적이 있었다.[74] 그는 빨간 집모기의 구조와 생태에 대

73 Ibid., p.380.

74 Christopher Johnston, "Auditory Apparatus of the Culex mosquito," *Quarterly Journal of the Microscopical Society of London*(1855), pp.97~102.

해 자세히 보고했는데, 수컷이 초저녁에 암컷의 우는 소리만 듣고 암컷을 찾아가 짝짓기 하는 것에서 청각이 발달해 있을 것이라고 추론했다. 그는 비록 더듬이가 진동하는 것을 보지 못했지만 암컷이 내는 소리에 수컷의 섬모가 반응한다고 추론했다.

메이어는 이러한 가설을 모기의 섬모에 대한 음향학적 공명 실험을 통해 입증했다는 점에서 주목할 만한 진보를 이루었다. 메이어의 친구이자 유명한 지질학자였던 아가시(Jean Louis Agassiz, 1807~1873)는 이 논문이 발표되기 전 메이어의 편지를 받았고, 죽기 얼마 전에 메이어에게 답장을 보냈다. "자네 편지를 받고 얼마나 기뻤는지 모르네. 오늘날 자연학자들에게 퍼즐로 남아 있는 문제, 즉 절지동물의 청각기 위치를 밝히기 위한 가장 비옥한 광산을 자네가 발견했다고 생각하네."[75]

5) 청각의 잔류 감각 실험과 공식화

청각에 대한 연구에서 메이어가 이룩한 가장 독창적이고 영향력이 큰 성과는 피치와 청각 잔류 감각(residual sensation) 지속 시간의 정량적 관계를 수립한 것이다. 이 연구는 헬름홀츠가 기초를 놓은 것이었는데, 메이어는 독창적인 장치와 인내심으로 정량화에 성공했다. 헬름홀츠는 낮은 피치의 소리가 만드는 감각은 실제 소리가 멈춘 후 높은 피치의 소리가 만드는 감각보다 더 오래 지속된다는 것을 발견했다. 헬름홀츠는 이에 대한 정량적 법칙을 이끌어내려고 했으나 이루지 못했다. 1874년 메이어는 이에 대한 선구적인 실험 연구를 수행했고, 1894년에는 더 개선된 실험 기구로

75 A. M. Mayer, "Experiments on the Supposed Auditory Apparatus of the Culex mosquito," pp.371~385 on p.382.

이 문제를 다루었다. 메이어는 자일러(Emma Seiler)에게 비슷한 실험을 해 보도록 요청했고 그 결과를 1875년 ≪미국 과학 학술지≫에 발표했다. 이 결과는 전반적으로는 메이어의 결과와 비슷한 양상을 나타냈지만 잔류 감각의 지속 절대량은 메이어가 구한 값과는 상당한 차이를 나타냈다. 이것은 관찰자마다 청감각의 알려진 차이와 사용한 기구의 차이로 인해 발생하는 것으로 이해되었다.[76]

이 장치는 관찰하기를 원하는 소리 이외의 소리도 발생시키기 때문에 이 실험은 특별히 관찰하려는 소리에만 관심을 집중할 수 있는 타고난 능력과 훈련된 귀를 가진 사람만이 할 수 있는 어려운 실험이었다. 그런 능력에서 자일러는 탁월했기 때문에 메이어는 그녀의 결과를 자신의 것보다 더 신뢰했다.[77] 그는 1875년 이후 19년간 다른 연구자들이 같은 실험을 해 데이터가 더 누적되어 이 생리학적 문제에 대한 확고한 경험적 토대가 정립되기를 기다렸으나 다른 이들이 실험을 수행한 경우는 없었다.

메이어가 측정하려고 한 것은 소리의 세기가 줄어들지 않는 잔류 감각의 지속 시간이었다. 이러한 목적에서 동원된 것이 구멍이 뚫린 스크린과 소리를 전달하는 원형 튜브였다. 크기가 같은 구멍과 튜브가 만나서 소리를 전달하면 구멍과 튜브가 겹치는 넓이에 따라 전달되는 소리의 세기에 차이가 생기고 구멍과 튜브가 전혀 겹치지 않게 되면 전달되는 소리는 없게 되는데 튜브가 하나의 구멍을 통과한 후 다음 구멍을 통과할 때까지 소리가 약해진 것을 우리 귀가 느끼지 못한다면 그 시간 동안 잔류 감각은 지속된다고 볼 수 있다. 만약 튜브의 직경이 구멍의 직경의 절반이라면 언

76 A. M. Mayer, "Researches in Acoustics, No.9," *The American Journal of Science*, 47(1894), pp.1~28 on pp.1~2.

77 Ibid., p.2.

제부터 언제까지를 잔류 감각이 지속되는 시간으로 보아야 하는지 애매해진다. 그것은 논리적 사고에 의해 튜브가 구멍에서 벗어나기 시작하는 시점, 즉 튜브를 통과하는 소리가 스크린으로 차단되기 시작하는 시점부터 튜브가 구멍으로 완전히 들어간 시점, 즉 튜브를 통과하는 소리가 스크린으로 전혀 차단되지 않는 시점까지로 보는 것이 타당하다. 이 간격은 두 이웃하는 구멍의 중심 사이의 거리를 통과하는 데 걸리는 시간과 일치한다. 메이어는 논리적 사고로부터 튜브를 통과하는 소리의 세기가 줄어드는 기간에 세기의 변화를 전혀 느끼지 못했다면 그 기간을 잔류 감각이 지속되는 시간으로 보는 것이 타당하다고 했다.[78]

1874년과 1875년의 실험 장치는 표준 소리굽쇠를 헬름홀츠 공명기의 입구에 두고 그 사이에서 원반이 회전하도록 한 것이었다(<그림 4-1>). 원반에는 원주를 따라 일련의 구멍을 등간격으로 뚫어놓았다. 원반이 일정한 속력으로 회전하면 소리굽쇠에서 나오는 소리가 일정한 간격으로 단속되면서 원반의 구멍을 통해 공명기 안으로 들어갔다. 공명기의 반대쪽 좁은 입구로 집어넣은 고무관의 다른 쪽 끝을 귀에 꽂으면 공명기가 공명할 때 공명음을 들을 수 있었다. 이 장치의 핵심은 회전하는 원반에 있는 등간격의 구멍이 소리의 전달을 단속하는 역할을 한다는 것이다.

소리굽쇠의 소리가 원반의 구멍을 통과하고 나서 막혔다가 다음 구멍으로 다시 통과하기까지 소리 전달이 중단되는데 진동수가 작을 경우에 관찰자는 헬름홀츠 공명기에 연결된 관을 통해서 공명음이 끊어졌다 이어지는 것을 듣게 된다. 그렇지만 일정한 진동수 이상으로 소리의 단속이 빨라지면 관찰자는 소리가 끊이지 않고 지속적으로 동일한 크기로 들린

78 Ibid., pp.7~8.

<그림 4-1> 메이어의 청각 잔류 감각 지속 시간 측정 장치

출처: Mayer, "Researches in Acoustics, No.9," p.7.

다고 느끼게 된다.

이러한 현상은 청각의 잔류 감각이 세기가 줄지 않고 지속되기 때문이다. 이 잔류 감각 지속 시간이 다 지나기 전에 다음 소리가 다시 구멍으로 들어오면 사람은 소리가 끊임없이 이어지는 것으로 인식하게 된다. 그러므로 원반의 회전 주기를 조절함으로써 구멍 사이의 시간 간격이 청각의 잔류 감각 지속 시간과 일치되면 원반의 회전 주기와 구멍 사이 간격의 중심각으로부터 잔류 감각의 지속 시간을 잴 수 있었다. 메이어는 다양한 표준 소리굽쇠를 가지고 실험을 수행함으로써 진동수에 따라서 잔류 감각의 지속 시간이 어떻게 달라지는지를 확인할 수 있었다.

그런데 이와 같은 구조의 장치에는 치명적인 문제점이 있었다. 그것은 두 가지 2차음과 하나의 결과음이 발생한다는 것이다. 이 음들은 들으려

<그림 4-2> 메이어의 청각 잔류 감각 지속 시간 측정 장치(A)

출처: Mayer, "Researches in Acoustics, No.9," p.8.

고 하는 음의 인식을 어렵고 불명확하게 만들 뿐만 아니라 고통을 주고 심지어 부상까지 입혔다. 메이어 자신은 이 실험 과정에서 교란하는 이 소리 때문에 한쪽 귀의 청력을 상실했다. 그리하여 메이어가 새롭게 고안한 장치는 회전하는 디스크의 위치가 공명기 뒤쪽으로 바뀌었다. 즉, 소리굽쇠에서 나온 소리는 바로 큰 구멍을 통해 헬름홀츠 공명기로 들어가고 공명기에서 작은 주둥이(nipple)로 나온 소리가 회전하는 디스크에 뚫린 구멍을 통과하고 나서 튜브를 통해 귀로 들어왔다(<그림 4-2>). 이때 튜브의 직경은 디스크에 뚫린 구멍의 직경과 같았다. 디스크를 회전시키기 위해서 회전 바퀴가 디스크와 벨트로 연결되어 있었다. 디스크의 뒤쪽에는 1kg 정도의 무게가 나가는 플라이휠이 설치되어 있었다. 벨트의 단면은 원형인

<그림 4-3> 메이어의 청각 잔류 감각 지속 시간 측정 장치(B)

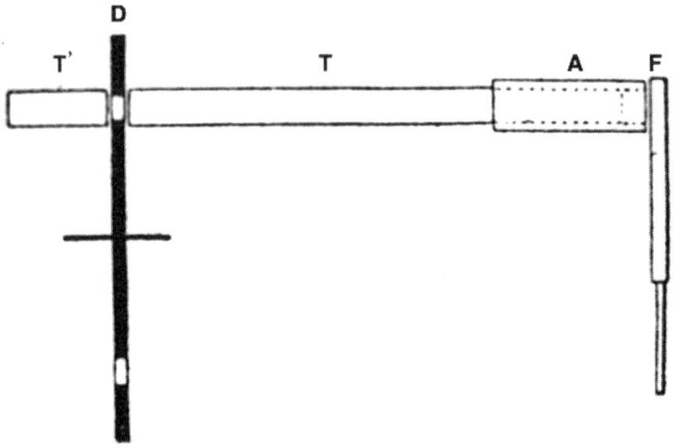

출처: Mayer, "Researches in Acoustics, No.9," p.12.

것이 원활하게 회전하는 데 좋았고 회전 바퀴는 알루미늄으로 만들었으며 손잡이는 흑연을 바른 손으로 쥐는 것이 돌리기 쉬웠다. 회전 바퀴는 1초에 1회전 또는 2회전을 시켰다. 이것은 연습으로 숙달시킬 수 있었다.[79] 기계적 장치를 쓸 수도 있었지만 손과 귀를 써서 회전 속도를 조절하는 것이 소리가 융합되는 순간을 찾아내는 데 더 유리했다. 회전 바퀴 주위에 세 겹의 홈이 나 있고 디스크 뒤에 도르래에도 세 겹의 홈이 있어서 1초에 1회전이나 2회전하게 하면 모두 18가지 속도로 디스크를 돌릴 수 있었다. 디스크에는 원주상에 5개에서 19개의 구멍이 뚫려 있었으므로 매우 다양한 간격의 단속적 소리를 얻을 수 있었다.

구멍들은 가장자리에서 5cm 떨어진 곳에 줄지어 있었고, 회전 디스크는 마호가니로 만들어졌고 두께가 5mm였다. 디스크는 매우 주의 깊게 만

79 Ibid., p.9.

들어져 공명기의 작은 주둥이는 회전하는 디스크의 표면에서 0.3mm 떨어져 있었고, 귀로 소리를 전달하는 튜브도 디스크에서 같은 거리만큼 떨어져 있었다. 디스크의 구멍과 귀로 소리를 전달하는 튜브의 내부 직경은 1cm였고 공명기의 작은 주둥이 직경은 0.5mm였다. 디스크는 1cm여도 소리를 통과시키나 마분지는 그런 효과가 덜하므로 메이어는 디스크 위에 마분지를 붙여서 이질적인 재료로 차단막을 만들어 소리를 효과적으로 차단했다.

두 번째 형태의 장치는 공명기를 공명 튜브로 대체한 형태였다(<그림 4-3>). F는 소리굽쇠이고 T는 공명 튜브이며, 그 끝에 더 큰 직경을 갖고 T 위에서 미끄러지는 튜브 A가 있고, D는 회전하는 디스크이고, 디스크의 반대편에 T와 같은 굵기의 튜브 T′가 장치된다. T′의 뒤쪽에는 생고무로 만든 튜브를 연결해 귀로 소리를 전달하게 한다. A를 T 위에서 미끄러뜨려 T가 소리굽쇠의 소리에 공명을 잘 일으키도록 조절했다. 이 배열은 쾨니히가 연속적인 소리의 차단에 의해 발생하는 소리를 관찰할 때 사용한 장치와 같았다. 이 장치로 얻은 실험 결과는 앞의 장치로 얻은 결과와 같았다. 그렇지만 공명기를 사용하는 앞의 장치에 비해 소리가 미약해 소리가 통과할 때와 통과하지 못할 때의 주기가 분명하게 분리되지 않았다. 그래서 귀에서 연속적인 감각에 대한 판단이 공명기를 사용할 때에 비해 분명하게 이루어질 수 없었다.[80]

세 번째 형태는 소리가 통과할 때와 통과하지 못할 때의 구분이 확실하게 일어나게 만들기 위해 회전하는 디스크와 공명기의 좁은 주둥이 사이와 디스크와 귀로 소리를 전달하는 튜브 사이의 틈을 없앤 장치였다(<그

80 Ibid., pp.10~11.

<그림 4-4> 메이어의 청각 잔류 감각 지속 시간 측정 장치(C)

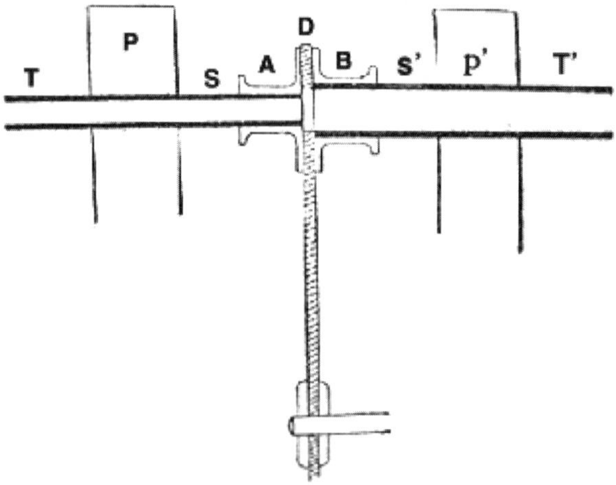

출처: Mayer, "Researches in Acoustics, No.9," p.12.

림 4-4>). 놋쇠로 만든 일정한 두께의 디스크를 톱니바퀴로 구동되는 회전자 위에서 회전시켰고 톱니바퀴의 톱니 수와 디스크의 구멍들은 이미 첫 번째 장치에서 소리를 차단하는 횟수에 해당하는 세 가지 중 하나로 결정할 수 있었다. 두 개의 놋쇠관 T와 T′는 각각 내부 직경이 0.5cm, 1cm이면서 끝에 플랜지가 있는 관 A, B에서 마찰이 거의 없이 미끄러졌다. 이 플랜지들은 디스크 D의 표면에 서로 눌려졌고 나사 S와 S′에 의해 T와 T′에 빈틈없이 끼워졌다. T와 T′는 매우 가까워서 그것들과 회전하는 디스크 표면 사이에서 아무런 소리가 새어나가지 않았다. T′의 뒤에는 생고무 관이 연결되어 귀로 소리를 전달했다. P와 P′는 지지대로서 두 개의 관을 지탱했다. 플랜지와 디스크 사이에 기름막이 있어서 원활한 회전이 이루어지게 되어 있었지만, 플랜지 사이에 디스크가 미끄러지는 소리가 T에 끼

<그림 4-5> 메이어의 청각 잔류 감각 지속 시간 측정 장치(D)

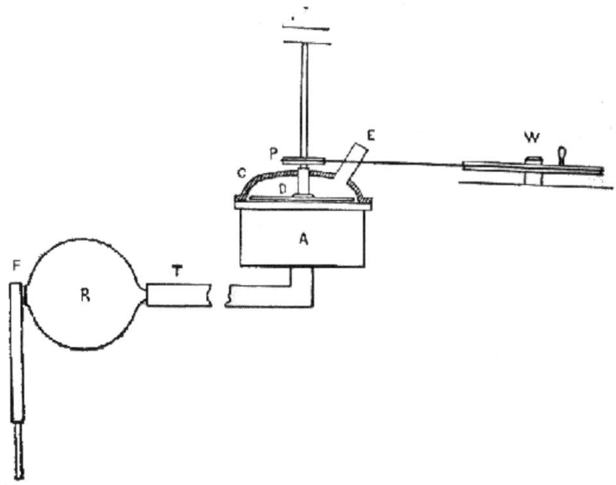

출처: Mayer, "Researches in Acoustics, No.9," p.13.

워진 공명기에서 나오는 소리를 인식하는 데 장애를 일으켰다. 이 장치로 얻은 결과는 첫 번째 장치로 얻은 결과와 일치했다.[81]

메이어가 가장 좋은 장치로 기대한 것이 네 번째 장치였다(<그림 4-5>). 이 장치는 헬름홀츠 이중 사이렌의 아래쪽 드럼(drum)인 A 위에 구멍이 뚫린 사이렌의 디스크 D가 올려져 있고 그 위에 커버 C가 덮여 있었다. D는 구동 바퀴 W에 연결되어 회전하게 되어 있었다. A에서 나온 소리가 E로 나와 여기에 연결된 생고무관을 통해 귀에 연결되었다. 실험하려는 소리는 소리굽쇠 F에서 나와서 공명기 R로 들어가면 긴 관 T를 거쳐서 사이렌의 드럼 A로 들어갔다. 사이렌의 원반 D의 축에 다양한 직경을 갖는 도르

81 Ibid., p.12.

래 P를 설치하고 A 위에 원형으로 배열된 구멍의 열들 중에서 하나를 선택함으로써 초당 단속하는 소리의 진동수를 결정할 수 있었다.[82] 이 장치에서 얻은 결과는 첫 번째 장치에서 얻은 결과와 같았는데 구멍이 뚫린 디스크가 회전하면서 내는 소리 때문에 실험하는 소리에 주의를 기울이는 것을 어렵게 만드는 것이 가장 큰 문제였다. 메이어의 기대와는 달리 이 장치는 지금까지 소개된 장치 중에서 가장 효율이 떨어지는 장치였다.

이 실험은 유쾌하지 않았다. 조금만 집중해도 금세 피곤해지고 소리의 감각이 둔해졌다. 한번 실험을 하면 충분히 쉬어야 다음 실험을 만족스럽게 수행할 수 있었다. 그러므로 실험에 시간이 많이 걸렸고 며칠이 아니라 몇 주가 걸려야 의미 있는 결과를 얻을 수 있었다. 소리의 교란을 막기 위해 다른 쪽 귀는 테레빈유를 섞어서 부드럽게 한 밀랍으로 단단히 막아주었다.

메이어는 Ut_1(64cps), Ut_2(128cps), Sol_2(192cps), Ut_3(256cps), Mi_3(320cps), Sol_3(384cps), Ut_4(512cps), Mi_4(640cps), Sol_4(768cps), Ut_5(1,024cps), Mi_5(1,280cps), Sol_5(1,536cps), Ut_6(2,048cps), Mi_6(2,560cps), Sol_6(3,072cps)로 실험했다. 그래서 측정한 것은 소리가 연속적인 일정한 감각으로 혼합될 때 초당 귀가 받아들이는 단속적 소리의 횟수였다. 이것은 디스크가 한 바퀴 도는 동안 지나가는 구멍의 개수와 초당 디스크의 회전수를 곱한 값이다. 이 값으로부터 잔류 감각의 지속 시간을 구하는 방법은 이 값의 역수를 6으로 나누는 것이었다. 구멍의 크기와 구멍 사이의 간격을 고려할 때 6분의 1만이 소리의 세기가 변하는 구간인데 그러한 구간의 변화를 감지하지 못하는 것은 그 시간 간격 동안 귀에서 소리의 감각이 전혀 줄어들지 않기 때문이라고 볼

82 Ibid., pp.12~13.

수 있는 것이다. 결과는 헬름홀츠가 예견한 대로 소리의 진동수가 높아짐에 따라서 그 소리에 대한 잔류 감각의 지속 시간이 점차 감소하는 것으로 나타났다. 메이어는 끈질긴 반복 수행을 통해서 정확한 수식의 형태로 잔류 감각 지속 시간 D를 나타낼 수 있었다.

$$D=0.0001\left(\frac{33000}{N+30}+18\right)$$

여기에서 N은 소리굽쇠의 진동수이다. 이 식에 등장하는 상수들은 메이어의 귀에 고유한 값이므로 다른 사람의 귀에는 달라질 수 있는 값이었지만 쌍곡선 형태의 식은 변하지 않는 것으로 확인되었다.[83]

메이어는 잔류 감각에 대한 측정으로부터 협화음(consonance)을 들을 수 있는 가장 좁은 음정을 추정했다. 두 개의 단음이 피치가 약간만 다를 경우 동시에 울리면 맥놀이가 생기고 피치의 차이가 커질수록 맥놀이 진동수는 더욱 커진다. 두 음 사이의 음정이 이렇게 커질 때 불협음도(dissonance)는 더욱 커진다. 메이어에 따르면, 맥놀이 수가 감각의 융합이 일어나는 데 필요한 수의 0.4배 정도가 될 때 불협음도는 최대에 이르며 그다음에는 불협음도가 줄어들다가 두 음은 완전히 협화음으로 섞이게 된다. 이러한 현상은 Sol_1(96cps)부터 음악에서 사용하는 가장 높은 음까지 일어나는 현상이다. 메이어는 자신의 측정으로부터 협음정을 계산할 수 있게 되었다고 지적했다. 어떤 음 A의 진동수에 그 음이 혼합(잔류 감각)을 일으키는 단속적 음의 주파수를 더했을 때 얻어지는 진동수를 갖는 음 B는 음 A보다 높은 음 중에서 A와 협화음을 이루는 가장 낮은 음이 된다는 것이다.[84] 가령 Ut_3(256 cps)의 음이 혼합을 일으키는 단속 주파수는 62이므로

83 Mayer and Woodward, *Biographical Memoir of Alfred Marshall Mayer 1836-1897*, p.252.

256+62=318cps의 소리가 Ut_3와 협화음을 이루는 가장 낮은 음이 되어야 한다.

그러나 실제 실험을 통해 측정해보니 256+58=314cps가 Ut_3와 협화음을 이루는 가장 낮은 진동수였다. 그리하여 메이어는 192cps에서 2,560cps 사이의 특정한 진동수 *N*을 갖는 단음이 협화음을 이루는 높은음이 갖는 가장 낮은 진동수는 다음의 공식으로 표현된다고 제시했다.

$$N+\frac{1}{0.0001(\frac{42500}{N+23}+23)}$$

이미 쾨니히가 192cps 이하의 어떤 음에 대해 그 음과 협화음을 이루는 가장 작은 음정만큼 떨어진 높은 음의 진동수를 구하는 실제 측정 실험을 메이어를 위해 수행해놓았다. 메이어는 쾨니히의 실험을 확장해 192cps 이상의 음에 대해 실험했다. 그는 자신이 가지고 있는 모든 소리굽쇠를 동원하고 12명의 관찰자에 대해 실험을 수행했다. 80개의 소리굽쇠로 제공할 수 있는 음정의 수는 많은 것은 아니었다. 실험에 참여한 관찰자는 메이어 자신과 다른 1명을 제외한 10명이 모두 음악가였고 그중에 몇 명은 비범한 능력을 가진 바이올린 주자였으며 셋은 라이프치히 음악원 졸업생이었다.

실험은 같은 방식으로 진행되었다. 낮은음을 내는 소리굽쇠를 택하고 다른 소리굽쇠를 울려 맥놀이를 만들어내면서 소리굽쇠의 진동수를 점점 올리면 어느 순간엔가 맥놀이가 연속적인 감각을 일으키면서 가장 작은 협화 음정(consonant interval)을 만들어낸다. 메이어는 관찰자들을 훈련시켜서 불협화음에 민감하게 만들어놓고 불협화음이 협화음으로 바뀌는 순간

84 A. M. Mayer, "Researches in Acoustics, No.9," pp.16~17.

을 찾아낼 수 있도록 했다. 놀랍게도 관찰자들은 불협화음과 협화음을 정확하게 구별해 어느 진동수부터 불협화음이 협화음으로 바뀌는지 알아냈다. 가령 256cps의 Ut_3 소리굽쇠와 320cps의 Mi_3 소리굽쇠는 협화음을 냈다. 메이어는 Mi_3 음을 315, 314, 313.5, 313으로 낮추면서 Ut_3와 만들어내는 화음을 관찰했다. 그랬더니 315cps에서는 협화음, 314cps에서는 겨우 협화음을 이루었고, 313.5cps에서는 약간 귀에 거슬렸고 313cps에서는 확실히 귀에 거슬렸다. 그러므로 256cps와 협화음을 이루는 높은 음 중에서 가장 진동수가 작은 것은 314cps이었다.[85] 두 소리굽쇠가 처음에 불협화음을 이루면 진동수가 낮은 쪽의 진동수를 더 낮게 만들어서 협화음이 만들어지는 진동수를 찾았고 두 소리굽쇠가 처음에 협화음을 이루면 진동수가 높은 쪽의 진동수를 낮게 만들어서 불협화음이 이루어지는 진동수를 찾았다. 이 실험은 소리굽쇠가 단음을 내기 때문에 가능한데 소리굽쇠를 고무망치로 부드럽게 진동시킬 때 좋은 결과를 얻을 수 있었고 낮은 음은 더 부드러운 망치로 때려야 높은음이 나오지 않아 실험이 정확하게 이루어졌다. 192cps 이하의 소리는 음정이 너무 작아서 그가 구한 공식으로 구할 수가 없었다. 쾨니히는 96cps 이하의 음에 대해서는 협음정이 존재하지 않는다고 말했는데, 64cps의 음은 구멍 뚫린 디스크를 회전시켜서 단속시켰을 때 23.1cps의 단속 진동수에서 메이어의 귀에 완전하게 연속으로 들렸다. 64cps의 소리와 64+23cps의 소리는 23cps의 미달 맥놀이(inferior beat) 음을 만들어냈고 동시에 41cps인 초과 맥놀이(superior beat) 음도 생겼으며 미달 맥놀이 음과 초과 맥놀이 음이 상호작용해 2차의 맥놀이를 만들어내어 그 음정에 혼합된 웅웅거리는 소리를 야기했다. 이 음정

85 Ibid., p.22.

에 대해 쾨니히는 Ut_1(64cps)의 23.1cps 단속 진동음은 64:64+23.1의 미달 맥놀이에 해당하지만 바로 이 음정에서 초과 맥놀이가 혼합된 웅웅거림을 만들어내기 시작한다고 했다. 만약 초과 맥놀이가 존재하지 않는다면 그 웅웅거림은 음정을 조금 넓히면 완전히 사라지는 약간의 웅웅거림일 것이라고 보았다.[86] 초과 맥놀이의 존재에 대한 쾨니히의 주장은 헬름홀츠의 조합음과는 대립되는 개념이었기 때문에 쾨니히는 이 실험의 결과를 자신의 주장에 맞게 해석하려고 시도한 것이었다.

이 실험의 결과로부터 메이어는 어떤 두 단음이 협화음을 이루는 최소 음정의 관계에 있을 때 두 단음의 진동수의 평균값 N으로부터 잔류 감각 지속 시간 D를 구하는 다음의 식을 유도할 수 있었다.

$$D=0.0001(\frac{4800}{N+30}+21)$$

그 후 메이어는 한 사람만이 관찰할 수밖에 없었던 종전의 잔류 감각 측정 장치를 다수의 청중이 들을 수 있는 장치로 만들었다(<그림 4-6>). 이 장치는 그 구조가 이전에 만들었던 장치와 유사했지만 소리를 크고 확실하게 여러 사람에게 들릴 수 있도록 개선한 점이 달랐다. 이 장치는 청중이 지켜볼 수 있는 시범 실험을 수행하기 위한 노력에서 도출된 것으로 보인다. 이 장치는 소리굽쇠, 공명기, 디스크, 회전자, 플랜지, 스프링으로 구성되었다.[87] 내부 직경이 1.25cm이고 길이가 1.8cm인 놋쇠관 T가 유리 플라스크 A의 바닥에 난 구멍에 끼워졌다. 이 플라스크는 화학 실험실에서 흔히 볼 수 있는 것이었다. 관 T가 닫혀 있을 때 유리 플라스크의 공기는

86 Ibid., p.25.

87 A. M. Mayer, "An Apparatus to Show, Simultaneously to Several Hearers, the Blending of the Sensations of Interrupted Tones," *Philosophical Magazine*, 37(1894), pp.411~412.

<그림 4-6> 메이어의 청각 잔류 감각 시범 장치

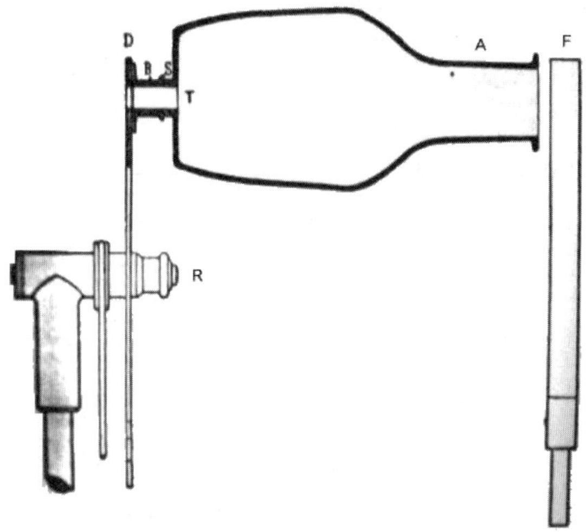

출처: Mayer, "Researches in Acoustics, No.9," p.411.

Ut_3의 소리굽쇠 F의 소리에 강하게 공명했다. 그렇지만 이 관이 열렸을 때에는 공명기는 약하게 공명해 플라스크에서 몇 피트 떨어진 거리에서는 겨우 들릴 정도로 공명음이 약해졌다. 1초에 여러 번 관이 닫히고 열리면 청중은 미미한 간격음으로 띄엄띄엄 떨어진 큰 단속음(斷續音)을 듣게 된다. 관이 열리고 닫히는 것은 구멍이 뚫린 디스크 D가 회전자 R에 붙어서 회전하면서 이루어진다. 관 T가 디스크상에 난 16개의 구멍이 뚫린 원형 경로상에 놓였고 관의 입구는 디스크의 표면에 상당히 근접해 있었다. 끝에 플랜지가 있는 짧은 관 B가 관 T 위에서 미끄러지게 되어 있는데 B의 플랜지는 나선형 스프링 S에 의해 디스크 D의 표면에 압박되었다. 이 배열에서 T는 디스크에 있는 구멍이 관의 구멍과 일치할 때 완전히 열렸고 B의 플랜지가 디스크의 구멍 사이 공간을 지그시 누르고 있을 때에는 T는

완전히 닫혔다.

소리굽쇠가 전자석에 의해 지속적으로 울리는 동안에 디스크를 천천히 돌리면 단속적인 음이 들리는데 디스크의 속력을 점점 높이면 그 음의 단속 주파수가 점점 증가하다가 나중에는 단속적인 음이 하나의 연속적인 음으로 융합되게 된다. 이때 Ut_3 음 외에 더 낮은 음도 동시에 들렸는데 이 추가적인 음의 존재가 Ut_3 음의 지각에 방해가 되지는 않았다. 그리하여 상당수의 청중이 만족스럽게 이 장치의 작동을 관람할 수 있었다. 성공적으로 시연을 하기 위해 플라스크의 입구의 직경은 3cm, 플라스크의 깊이는 16.25cm, 플라스크의 부피는 관 T를 포함해 483cm^{3}였다.[88] 회전자 R은 코드로 구동되었는데 정확한 측정을 위해서는 추가적인 주의가 메이어의 다른 장치처럼 요구되었지만 이 장치에서는 플랜지와 디스크 사이에 마찰도 큰 편이어서 거기에 기름 막을 씌운다고 해도 잔류 감각 지속 시간의 측정을 정확히 하기에는 불편했다. 시범 실험을 할 수 있게 장치를 개조하는 데 초점이 맞추어진 것이었기에 이런 불편은 감수될 수 있었다.

메이어는 독창적이고 치밀한 실험 설계와 인내심으로 진동수와 잔류 감각의 지속 시간 사이의 수학적 관계를 정립했다. 청력을 잃는 어려움 속에서도 메이어가 매우 짧은 시간 간격을 정확하게 잴 수 있는 기술을 확보했다는 점에서 이 결과는 주목할 만한 것이었다. 더구나 미국은 유럽과 비교할 때 음향 실험 장치가 낙후되어 물적 지원에서 뒤처져 있었는데 이 실험 결과는 그런 어려움을 딛고 메이어가 이룩한 공적이었기에 더욱 주목할 만한 성과였다. 그는 여러 연구자들에게 이 실험 결과에 대해 지지받았고 그의 독창적인 공적을 인정받았다.

---

88 Ibid., p.412.

6) 차폐에 대한 선구적 연구

이어진 메이어의 청각에 대한 주목할 만한 연구는 차폐(masking)에 관한 것이었다. 1876년 메이어는 낮은 진동수의 소리가 높은 진동수의 소리를 들리지 않게 할 수 있다는 사실을 발표했다. 그가 음원으로 선택한 것은 두 종류의 시계였다. 하나는 1초에 네 번 크게 똑딱거리는 미국산 용수철 태엽 괘종시계(clock)였고 다른 하나는 1초에 다섯 번 째깍거리는 독일 드레스덴의 랑게(Ferdinand Adolph Lange)가 만든 회중시계(watch)였다. 그는 괘종시계를 몇 피트 떨어뜨려놓고 회중시계를 귀에 대었다. 이때 1초에 다섯 번씩 째깍거리던 회중시계의 소리 중 한 번이 1초에 네 번씩 똑딱거리는 괘종시계의 소리와 1초에 한 번씩은 완전히 일치하게 했다. 그러고 나서 회중시계를 조금씩 귀에서 멀어지게 했다. 그러자 회중시계의 째깍거리는 소리 중 1초에 한 번씩 괘종시계의 똑딱거리는 소리와 겹치는 소리가 점점 들리지 않았다. 이것은 회중시계의 소리가 괘종시계의 소리에 비해서 진동수가 높은 음을 내기 때문에 일어나는 현상이라는 것을 메이어는 인식했다.[89]

1876년 8월 메이어의 논문이 ≪네이처≫에 실리자 엘리스는 자신도 어렵지 않게 이러한 현상을 재현할 수 있었다고 했다. 그는 여기에 언급된 것과 같이 시계가 1초에 정확한 횟수로 똑딱거릴 필요도 없다고 했다. 그는 탁자 위에 올려놓은 미국산 진자시계를 사용했다. 이 시계는 1초에 두 번 똑딱거렸는데 탁자 위에 올려놓으면 소리가 더 커졌다. 그리고 2초에 다섯 번 똑딱거리는 회중시계를 사용했다. 심지어 어떤 목사는 엘리스에

89 A. M. Mayer, "Researches in Acoustics, No.6," *Philosophical Magazine*, 49(1875), pp.352~428.

게 자신이 비슷한 현상을 자주 경험했다고 말했다. 그는 보통의 회중시계 두 개가 똑딱거리는 소리의 높낮이가 다르다면 비슷한 현상을 한밤중에 경험할 수 있다고 했다. 이러한 차폐 현상을 관찰하기가 그렇게 어려운 것이 아니었던 것은 분명한 것 같다. 하지만 그 현상에 대해 메이어만큼 과학적으로 집중적인 관심을 일찍 기울인 사람은 없었다.

메이어는 비슷하지만 더 놀라운 실험을 수행했다. 이 실험에는 1초에 네 번 똑딱거리는 회중시계와 1초에 한 번 똑딱거리는 괘종시계를 사용했는데, 회중시계를 1시간에 30초씩 늦어지도록 만들면 2분에 한 번씩 회중시계의 똑딱거리는 소리와 괘종시계의 똑딱거리는 소리는 완전히 일치한다. 회중시계를 귀에 가까이 했을 때에는 모든 똑딱거리는 소리가 잘 들렸으나 회중시계를 멀어지게 하면 회중시계의 똑딱거리는 소리 중 괘종시계와 일치하는 소리가 점점 희미해졌다. 귀에서 9인치(22.86cm) 떨어졌을 때 회중시계의 똑딱거리는 소리는 두 시계의 똑딱거리는 소리가 완전히 일치할 때를 전후로 1초에 한 번씩 3초 동안 들리지 않았다. 24인치(60.96cm) 멀어지게 했더니 두 시계의 똑딱거리는 소리가 완전히 일치하는 시각 전후로 9초 동안 1초에 한 번씩 회중시계의 똑딱거리는 소리는 들리지 않았다. 그는 이러한 현상이 일어나는 이유가 괘종시계의 소리가 낮고 길기 때문이라는 것을 알아냈다. 회중시계의 소리가 짧기 때문에 두 시계소리가 중첩될 때 회중시계의 소리는 괘종시계의 긴 소리에 완전히 가려질 수 있었다. 이렇게 완전히 가려지는 시점은 두 시계 소리가 정확하게 일치할 때 일어나고 그 전후로 짧은 회중시계 소리는 겹쳐지더라도 조금씩 이동하게 되며 어느 시점부터는 괘종시계의 긴 똑딱거리는 소리 밖으로 일부가 나오게 된다. 그런데 괘종시계 소리에 비해 회중시계의 상대적 세기가 어떠하냐에 따라서 가려질 수 있는 괘종시계 소리의 범위는 달라진다. 그래서 소리가 사라져갈 때에는 회중시계의 가려지는 소리가 귀뚜라미 소리처럼 들리고 소리가 다시 들리기 시작할 때에는 회중시계의 가려지는 소리가 마치 자루에서 구슬이 서로 부딪치는 소리처럼 들렸다. 이로써 하나의 청 감각이 다른 청 감각을 압도하고 가릴 수 있다는 것이 분명히 드러났다.

메이어는 회중시계 소리를 가리는 괘종시계 소리의 세기가 얼마나 강한지 알아보기 위해 조용하고 바람이 없는 한밤중에 실험했다. 시골의 평평한 들판의 중앙에 기둥을 세우고 그 위에 괘종시계를 올려놓았을 때 그 시계의 똑딱거리는 소리는 350피트(106.68m) 떨어졌을 때 들리지 않게 되었다. 회중시계를 올려놓고 시계 소리가 겨우 들리지 않는 거리를 측정하니 20피트(6.09m)였다. 이 거리를 제곱해서 비를 구하면 괘종시계 소리가 회중시계 소리보다 300배 강하다고 말할 수 있었다. 그는 같은 날 밤에 관골 돌기에 눈금을 새긴 자를 세우고 기둥 뒤에 괘종시계를 놓고는 8~16피트(2.43~4.87m) 떨어진 곳으로 귀를 향한 다음 회중시계를 자를 따라 미끄러뜨리면서 다섯 번째 똑딱거리는 소리가 완전히 사라지는 거리를 쟀다. 귀에서 같은 거리에 두었을 때 괘종시계와 회중시계의 상대적인 세기를 알았으므로 회중시계와 괘종시계의 상대적 거리만 알면 역제곱의 법칙에 의해 그것들의 상대적 크기도 알 수 있었다. 여러 차례의 주의 깊은 실험 결과는 괘종시계 소리가 회중시계 소리의 세 배일 때 차폐 효과를 발휘한다는 것이었다. 이것이 근사적인 값임은 그것을 얻는 과정뿐만 아니라 실험에서 사용한 소리가 복합음이기 때문이었다. 그렇지만 이것이 새로운 생리 음향학의 길을 열어놓은 것은 확실했다.[90]

더구나 이 현상은 음악가들에게 매우 중요한 의미가 있었다. 여러 개의

90 A. M. Mayer, "Researches in Acoustics, No.8," *The American Journal of Science*, 12 (1876), pp.329~336 on pp.330~331.

악기가 어우러져 소리를 내는 기악곡의 경우 낮은음의 소리가 높은음의 소리를 가린다는 사실은 작곡가와 지휘자가 모두 염두에 두어야 할 사실이었다. 가령 1,024cps의 약한 c''''음이 1,280cps의 강한 e''''음 속에서도 확실하게 들리고 128cps의 약한 c음이 192cps의 강한 g음 속에도 들린다. 그뿐만 아니라 악기가 내는 소리는 단음이 아니라 복합음이므로 기음 위에 모두 배음을 포함하고 있는데 배음의 진동수가 기음의 진동수보다 크므로 배음은 기음에 의해 가려진다. 그러므로 음악가가 곡을 쓰거나 연주할 때에는 낮은음이 높은음을 가린다는 사실로부터 소리의 배열에 신경을 써야 한다는 인식이 생겨났다. 그렇지만 차폐에 대한 메이어의 선구적인 연구가 다른 연구자들의 체계적인 후속 연구로 이어지기 위해서는 45년이 지나야 했다.[91]

7) 진동수의 시각적 측정기기의 고안

1880년경 메이어가 유럽에서 음향학자로 이름을 날리게 된 다른 업적은 소리굽쇠의 진동수를 잴 수 있는 전기기록 장치의 고안이었다. 그는 이 장치를 만드는 작업을 배치 기금(Bache Endowment)의 지원을 받아 수행했다. 이 연구의 목표는 소리굽쇠의 진동 주기 측정 방법을 정교화하고 크로노스코프(chronoscope)를 소리굽쇠로 사용해 진동 법칙을 결정하는 데 있었다.

이 장치에서는 진동하는 소리굽쇠의 가지에 부착된 철필(style)이 그리는 궤적에 매초 유도 전기로 만들어지는 스파크로 자국을 남기게 되어 있었다. 이를 위해 그는 괘종시계의 진자 끝에 삼각형의 백금박(platinum foil)

91 Beyer, *Sounds of Our Times: Two Hundred Years of Acoustics*, p.210.

을 달아 진자가 흔들리면서 삼각형 백금박의 끝이 매초 작은 쇠컵 속에 담긴 수은에 닿게 했다. 가장 좋은 결과를 보장하기 위해 매 실험에서 새 수은을 사용했고 수은의 높이는 나사 이음고리(screw collar)로 조절해 진자의 끝이 닿는 것으로 진동의 교란이 일어나지 않도록 주의했다. 수은은 도선에 연결되어 있고 시계의 진자에도 도선이 연결되어 하나의 회로를 이루게 되어 있어서 단일한 볼타 전지에서 나오는 전류가 이 회로에 흐르면서 진자의 운동에 의해 단속(斷續)되었다. 소리굽쇠의 한쪽 가지에 얇고 탄력 있는 구리박으로 만든 가벼운 철필이 부착되어 있었고 이 소리굽쇠는 경첩이 달린 판 위에 고정되었다. 이 경첩은 소리굽쇠의 위치를 변경시켜서 회전하는 원통에 감긴 연기 쐰 종이에 철필이 살짝 닿게 해주는 데 사용되었다. 유도 코일의 두 번째 회로는 소리굽쇠와 원통을 포함했다. 소리굽쇠는 활로 켠 후에 경첩을 내려서 소리굽쇠에 부착된 철필이 연기 쐰 종이에 물결 모양의 선을 그리게 했다. 이때 초진자가 진동하면서 진자 끝의 백금 끝이 수은에서 떨어질 때 1차 회로에 유도된 전류가 철필의 끝에서 스파크를 일으키면서 연기를 쐰 종이를 2초에 한 번의 간격으로 그을려서 검은 바탕에 흰색 점을 남겼다. 이렇게 얻은 연기 쐰 종이에서 1초에 소리굽쇠가 몇 개의 물결 모양을 그렸는지를 셈으로써 메이어는 소리굽쇠의 진동수를 상당히 정밀하게 잴 수 있었다. 물결이 완전히 하나의 파장에 미치지 못할 때에는 현미경 마이크로미터(microscope micrometer)를 사용해 한 파장의 몇 분의 몇까지 잼으로써 정밀성을 더했다.[92]

측정의 정밀성을 위해서는 유도 방전이 단 하나의 스파크만을 일으키고 스파크로 생긴 점이 소리굽쇠의 궤적을 나누는 것이 중요했는데, 메이어

92 A. M. Mayer, "Method of Precisely Measuring the Vibratory Periods of Tuning-Forks," *Philosophical Magazine*, 21(1886), pp.286~287.

는 다양한 전류의 세기에서 회전하는 검은 종이 표면 위에 방전 흔적을 남기는 다수의 실험에서 방전은 복합적이므로 단 한 번이 아니라 복수의 방전이 한꺼번에 일어나서 여러 개의 구멍을 만든다는 것을 알게 되었다. 해당 유도 코일을 가지고 단일한 스파크 구멍을 얻어내는 적당한 조건을 얻기 위해 메이어는 1차 전류의 세기를 다양하게 변화시켜보고 2차 회로의 축전기의 넓이를 변화시키는 시도를 여러 차례 거듭해서 목적을 달성할 수 있었다. 1차 코일은 길이가 150피트(45.72m), 2차 코일은 8마일(12.87km), 주석박을 넣은 유리판 축전기의 넓이는 50제곱인치(1만 6,129cm²)일 때가 적당했다.

이 장치를 이용해 메이어는 소리굽쇠의 진폭을 바꾸어가며 그것이 진동수에 미치는 영향을 측정했다. 그는 1.19mm부터 0.59mm까지, 2.39mm부터 0.61mm까지, 2.07mm부터 0.78mm까지 진폭을 바꾸면서 진동수의 변화를 측정해보았는데 진동수 주기에 의미 있는 변화가 없었다. 온도의 변화에 따른 진동수의 변화를 Ut_2부터 Ut_5까지 6개의 쾨니히 소리굽쇠를 가지고 측정해보았는데 모든 소리굽쇠가 같은 온도 변화 효과를 나타냈다. 1°F 온도 증가에 2만 1,561분의 1의 주기 증가를 보였다. 그 밖에도 메이어는 자신의 정밀 진동수 측정 장치를 사용해 할 수 있는 여러 가지 실험을 시도했다.[93]

소리굽쇠의 정확한 진동수를 재는 것이 음악의 표준의 마련과 음향학 실험의 정밀성 확보를 위해 유럽에서 매우 중요하게 여겨지던 때였기 때문에 이 방법은 많은 유럽 음향학자들의 관심을 끌게 되었다.[94] 그 당시 유럽에서 사용되던 다른 방법들은 맥놀이 수를 세는 방식이었기 때문에 정

93 Ibid., p.287.

94 Ku, "British Acoustics and Its Transformation from the 1860s to the 1910s," p.410.

신을 집중해야 하므로 쉽게 피로해졌고 정밀성도 확보하기 어려웠다. 메이어의 장치는 단순하면서도 청각이 아니라 시각을 통해 소리굽쇠의 진동수를 알 수 있기 때문에 전문가가 아니어도 측정이 가능했다. 이렇게 메이어는 유럽의 음향학계의 필요에 부응해 해결책을 제시할 정도로 유럽의 음향학 전통에 편입되어 있었다.

8) 토포폰의 발명

메이어는 유럽의 음향학 전통을 따르면서도 음향학 지식을 실용적 기술로 연결시키려는 욕구가 컸다는 점에서 유럽의 음향학자와는 차별화된 태도를 지니고 있었다. 음향학을 실용적 기술에 접목시키려는 메이어의 노력으로 특히 주목할 만한 업적이 토포폰의 발명이었다. 이 장치는 레이더가 출현하기 전인 제1차 세계대전 전후에 항공기의 위치를 추적하기 위해 널리 사용된 다양한 음향 위치 추적 장치의 전신이었고, 수중에서는 잠수함의 위치를 찾아내는 하이드로폰에 적용될 수 있는 기술이었다. 이 장치는 원래 안개 속에서 선박이 자신의 위치를 파악할 수 있도록 안개 신호를 보낼 때 이 음원의 위치를 선박에서 정확하게 감지하기 위한 장치로 고안되었다. 안개 신호는 이미 19세기 내내 유럽이나 미국에서 안개가 끼었을 때 선박의 안전 운항을 위한 방법으로 널리 사용되고 있었다. 호각, 사이렌, 총 같은 다양한 음원이 시도되었고 선박에서는 이 소리를 듣고 해도상의 음원의 위치를 확인함으로써 현재 배의 위치를 가늠했다.[95] 그렇지만 귀만으로 음원의 위치를 정확하게 파악하는 데는 어려움이 있었고 이러한

95 Ja Hyon Ku, "Rayleigh's Acoustical Research on the Fog Signal," *The Journal of Acoustical Society of Acoustics*, 24(3E)(2004), pp.98～102.

어려움을 해결하기 위한 방안으로 제시된 것이 토포폰이었다. 이는 공명기의 작동 원리와 소리의 방향 지각 원리에 대한 이해를 바탕으로 고안되었다는 점에서 헬름홀츠와 레일리의 음향학 연구에 대한 깊은 이해를 토대로 하고 있었다. 헬름홀츠가 처음으로 발명했고 레일리가 그 이해를 심화시킨 공명기와 레일리가 일찍이 탐구했던 소리의 방향 지각 원리를 메이어가 잘 이해하고 있었기 때문에 이러한 발명품이 나올 수 있었다.[96]

메이어는 토포폰을 배에 고정하는 형태와 개인이 휴대하는 형태 두 가지로 개발했다. 두 가지가 모두 공명기 두 개, 가로막대, 방향 지시기, 이어폰으로 이루어졌다. 이 특허는 1879년 9월 30일에 출원되었고 1880년 2월 3일에 취득되었다.[97] 그의 기구는 해안 근처 어떤 지점에서든 소리가 나는 방향을 알아낼 수 있었는데, 일정한 거리를 두고 떨어진 두 지점에서 동일한 음원의 방향을 정확하게 알아내면 삼각측량법을 동원해 음원까지의 거리를 구할 수 있었다. 이를 위해 메이어는 두 개의 공명기를 일정한 거리만큼 떨어뜨려놓고 두 공명기에 도달하는 특정한 소리의 위상과 세기의 차이가 전혀 없도록 배열함으로써 소리의 방향을 파악하게 했다. 즉, 두 공명기의 입구가 하나의 구형 파면에 놓이도록 하면 두 공명기를 연결하는 선의 수직 이등분면은 음원을 지나게 되어 있었다. 이를 통해 관찰자는 음원의 방향을 알게 된다. 문제는 두 공명기의 입구가 하나의 파면에 동시에 놓이게 하는 방법이다. 이를 위해 두 공명기에 도달한 소리가 연결

---

96 구자현, 「Rayleigh의 소리의 방향 지각 연구의 과학사적 고찰」, ≪한국음향학회지≫, 21(2002), 695~702쪽; Hermann von Helmholtz, *On Sensations of Tone*(New York: Dover, 1954), pp.41~45; Rayleigh, *The Theory of Sound*, 2vols(New York: Dover, 1945), vol.2, chapter 16.

97 A. M. Mayer, "Topophone," *United States Patent*, No.224,199(1880).

<그림 4-7> 메이어의 토포폰

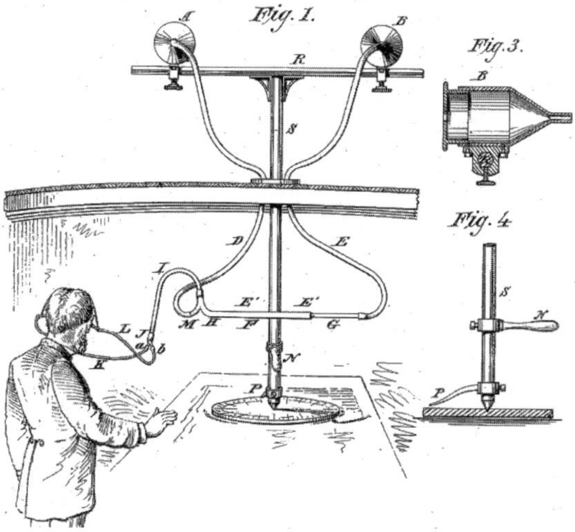

출처: *U.S. Patent*, No.224,199(1880)

된 이어폰을 통해 귀로 전달될 때 두 관의 길이가 동일하면 동시에 두 공명기에 도달한 소리는 위상 차이가 전혀 없이 귀에 전달되어 강한 세기로 들리게 된다. 반면에 두 공명기에 도달한 소리가 정확하게 위상이 같지만 연결관 길이에 차이가 있다면 그 차이가 반파장에 가까워질수록 상쇄 간섭에 의해 소리가 약화된다. 어떤 음원에서 소리가 모든 방향으로 균일하게 퍼져 나와 구면의 파면이 형성된다고 가정하면, 두 공명기의 입구가 정확하게 동시에 동일한 파면에 닿았다고 할 때 그 둘을 연결하는 선은 구의 호에 해당하며 그 호의 중점을 지나면서 호와 수직을 이루는 평면을 상정하면, 그 평면 위에 음원이 있다고 할 수 있다.

<그림 4-7>은 선체 또는 구조물 고정식 토포폰을 보여준다. 'Fig 3'은 공명기의 종단면을 나타낸 것이다. 수직으로 세워진 회전축 S의 위쪽 끝

에 가로막대 R이 고정되어 있다. R의 양쪽 끝에 동일한 공명기는 자체의 축이 R에 대해 수직이면서 동시에 수평 방향으로 고정되어 있는데 두 공명기는 슬라이드 위에 있어서 축 S로부터 같은 거리를 유지하면서 움직여 공명기 사이의 거리를 조정할 수 있게 되어 있다. 공명기는 중간이 마치 망원경처럼 넣었다 뺐다 할 수 있게 되어 있어서 조율이 가능하고 구멍의 크기를 조절하는 방식으로 조율하기도 한다. 축 S의 아래쪽에는 핸들 N과 지시기 P가 붙어 있어서 공명기에서 나오는 소리를 귀로 들으면서 핸들을 회전시켜 공명기 연결 막대 R의 방위각을 조절할 수 있게 되어 있다. 공명기에서 공명이 된 소리는 연결관을 통해 귀로 전달되는데 그 전달되는 경로가 한쪽 경로에 설치된 슬라이드 방식의 길이 조절 장치(F-G)에 의해 조절된다. 양쪽 공명기에서 온 소리는 하나의 관으로 합쳐졌다가 다시 둘로 갈라져서 귀로 들어오게 되어 있다.

이 장치는 30m에서 300m 거리의 음원에 대해 1.5° 이내의 정확성을 가지고 방향을 정확하게 잡을 수 있었고, 7km에서 10km 떨어진 음원에 대해 비전문가도 10° 이내에서 방향을 알아낼 수 있었다.

메이어의 장치는 즉각적인 성공을 거두지는 못했지만 이후에 나오는 많은 위치 추적 장치의 모태가 되었다. 이러한 토포폰의 발명은 철저하게 공명기의 연구를 바탕으로 하고 있다는 점에서 유럽의 음향학을 채용하고 있고, 음향학 지식을 실용적인 발명품으로 연결시킨 점에서 미국적인 응용이라고 볼 수 있다. 이 장치의 작동 원리는 이미 유럽의 음향학자들에게는 친숙한 것이었으나 그것을 기계적 작동으로 변환해 특수한 목적의 발명품으로 변형시킨 것은 메이어가 미국의 실용주의 전통에 뿌리내린 인물임을 드러낸다.

4. 에디슨의 축음기 개선을 돕다

메이어의 음향학이 실용적 기술에 기여한 부분에서 빠뜨릴 수 없는 것이 에디슨과의 상호작용이다. 에디슨이 축음기를 발명한 후 그것을 개선하는 과정에서 메이어에게 받은 자문은 메이어의 전문 지식이 기술의 발전에 실질적으로 기여한 부분이었다. 이는 메이어가 미국에서 뛰어난 음향학자로서 명성을 얻었음을 보여주고 당시 메이어가 추구하던 음향학의 성격이 어떠했는가를 보여준다.

한편 메이어의 자문이 에디슨의 축음기 개선에 실질적인 도움을 준 것은 사실이지만, 근본적인 문제를 해결함으로써 축음기의 상용화에 당장 기여한 것은 아니었다. 축음기가 상용화되기 위해 해결해야 하는 기술적 문제는 전문적인 음향학 지식이 없이도 해결할 수 있는 것이 많았다. 그런 점에서 에디슨의 연구 개발 팀의 연구 노력은 과학적이기보다는 여전히 전통적인 기술의 방법을 채용하고 있었다. 그러므로 메이어의 음향학과 에디슨의 축음기 사이의 관계에 대한 정확한 자리매김이 요구된다.

에디슨은 1877년에 축음기를 발명한 후 그것을 상용화하려면 음질을 높이는 것이 가장 중요하다고 생각했다. 에디슨은 상품의 질을 결정하는 것은 구현되는 기술이라고 믿는 기술지상주의적 관념을 가지고 발명품의 전략적 상용화를 추구했다. 그는 기본적으로 시장성 없는 발명품은 만들어내지 않고 철저한 시장 분석을 토대로 발명에 착수했다. 그런 점에서 보면 축음기는 상당히 우연적인 발명품이었다. 다른 발명품과는 달리 말하는 기계 또는 소리를 기록하고 재생하는 기계를 만들려는 생각을 가지고 노력한 것이 아니라 자동 전신기의 연구 과정에서 이 기계의 음향학적 효과를 우연히 발견하면서 발명에 이른 경우였다.

처음에 발명 소식이 알려지자 많은 사람이 에디슨의 연구소를 찾아와서 자신의 목소리가 녹음되고 재생되는 것을 들으려 했다. 거기에는 미국 대통령까지 포함되었다. 그렇지만 축음기의 초기 가치는 장난감 이상의 것이 되지 못했다. 이러한 기계가 상업적으로 큰 가치가 있을 것이라는 점을 인정하는 이들이 별로 없었다. 그런 점에서 축음기를 개선해 이것을 상업적으로 큰 성공을 거둘 수 있는 상품으로 만들려고 하는 에디슨의 동기도 그렇게 강한 것이 아니었다. 이것이 결정적으로 에디슨이 말하는 기계의 상업적 주도권을 다른 이들에게 빼앗기는 원인이 되었다.[98]

에디슨이 축음기의 상용화를 위해 해결해야 하는 주된 문제는 원통을 일정하게 돌려주는 구동 장치와 깨끗한 음질을 보장해주는 기록 재생 장치의 개선이었다. 에디슨은 원통을 일정하게 돌리기 위해 다양한 동력원을 사용했다. 태엽, 전동기, 추를 이용한 중력 구동, 증기기관, 심지어 수력기관까지 시도되었다. 축음기의 일차적인 소비층이라고 생각되었던 사무원들은 이것을 받아쓰기 기계(dictating machine)로 여겼는데, 편지나 서류를 대신하려면 간편한 동력 장치가 필요했다. 이런 점에서 전동기가 적격으로 보였으나 전동기를 유지하기 위해서는 전지가 필요했고 당시에 전지는 강한 산이나 염기를 전해액으로 사용했기 때문에 누출로 인한 폐해

98 빅터 사(Victor corporation)는 20세기 초까지 이어진 빅 3(The Big Three)의 경쟁에서 에디슨 사를 훨씬 앞질러 나갔다. 빅터 사는 베를리너(Emil Berliner)가 발명한 그라모폰(gramophone)을 생산했고, 에디슨이 계속해서 원통을 레코드로 사용한 반면에 디스크를 레코드로 사용했다. 디스크 생산으로 결국 1913년 에디슨 사의 원통 레코드 생산은 종언을 고하게 되었다. 빅터 사를 이끈 존스턴은 이탈리아의 테너 가수인 카루소(Enrico Caruso, 1873~1921)가 부른 곡을 녹음해 판매하기 시작하면서 음반의 가치를 격상시키고 축음기의 기술보다 그 안에 담긴 음악이 상품 판매를 결정짓는다는 것을 보여주었다. 에디슨 사는 3위인 콜럼비아 사보다 판매량이 많았지만 빅터 사의 아성을 무너뜨리지는 못했다.

가 예상되었다. 그리하여 선택된 것이 태엽이었다. 태엽은 이미 시계장치에서 널리 사용되고 있었기 때문에 일정한 속력으로 태엽에 감긴 동력이 풀려 나오게 하는 기술은 확보되어 있었다. 그러므로 매번 감아주어야 하는 불편이 있었지만 한 번 감아주면 원통 하나에 녹음할 수 있는 2분 정도의 회전 시간을 확보할 수 있었다. 그리하여 한동안 태엽은 축음기의 동력원으로 독점적 지위를 확보하게 되었다.

음질의 문제는 동력에 비해 훨씬 중요하고 핵심적인 축음 기술의 요체에 해당했다. 얼마나 정확하게 음질을 재생해낼 수 있느냐에 연구자들의 관심이 쏠렸다. 축음기가 처음에는 음악의 재생보다 받아쓰기 기계로 의도되었기 때문에 음성을 정확하게 재현하는 것이 급선무였다. 초기 축음기로 재현하기 가장 어려운 소리가 바람이 새는 자음, 즉 [s], [ʃ], [θ] 등이었다. 또한 높은 진동수의 소리는 기록되는 파형의 간격이 조밀해서 그 미세한 변화를 철필이 제대로 구현하기 어려웠고 너무 큰 소리는 진폭이 커져서 유효 범위를 벗어나는 문제가 있었다. 에디슨이 메이어의 자문이 필요하다고 생각한 부분은 바로 명쾌하게 소리를 원통 위에 파형으로 옮기는 기술에 관한 것이었다. 메이어는 이미 기존의 실험 기구를 이용해서 소리의 진동을 가시화하는 장치를 구현했고 그 밖의 여러 가지 음향학적 실험 기구를 다루는 기술에 능했다. 이러한 그의 명성은 그가 수차례에 걸쳐 수행한 대중적인 음향학 강의로 널리 알려졌기 때문에 에디슨이 이러한 문제를 해결하기 위해 그의 조언을 구한 것은 자연스러운 일이었다. 더구나 거리상으로도 에디슨이 일하고 있었던 멘로파크(Menlo Park)는 메이어의 근무지 호보컨과 같은 뉴저지 주에 있어 가까웠다.[99] 그러므로 직접 사

99 호보컨은 멘로파크에서 북서쪽으로 약 50km 정도 떨어진 곳에 있다.

람이 왕래하기는 번거로울지라도 필요한 물건은 소포나 인편으로 신속하게 주고받을 수 있었다.

에디슨은 1878년 내내 축음기를 개선하기 위해 노력을 기울이는 상황을 메이어에게 알리면서 도움을 구했다. 에디슨은 증기기관을 사용해 축음기를 회전시키는 방법을 테스트했고[100] 음질을 개선하기 위해 바늘의 형태에 대해 자문을 구했다. 에디슨은 여러 차례 축음기의 원통에 감았던 주석박을 풀어서 메이어에게 보내 분석을 요청했고[101] 메이어는 그것을 조사했다.[102] 에디슨은 메이어에게 축음기를 보내 작동을 점검해보기를 부탁했고 메이어는 그것의 개선을 도모했다.[103] 메이어는 "주석박에 새겨진 자국을 확대해보았다"고 에디슨에게 보낸 편지에 적었다. 그는 깨끗하게 만들어진 소리를 쾨니히의 액주식 캡슐 불꽃 장치로 보내 진동하는 불꽃의 형태를 직접 그렸다. 액주식 캡슐 불꽃 장치는 이미 소리를 분석하기 위해 메이어가 항상 사용하던 기기였으므로 이 장치를 통해 그가 축음기의 소리를 분석할 수 있었던 것은 음향학의 실험 기술이 축음기 개량을 위해 실질적인 도움을 준 사례였다. 메이어는 에디슨의 허락을 받아 축음기를 가지고 연구한 것을 발표했다.[104] 9월에는 에디슨이 구리박판을 사용해 소리를 기록하려고 시도했고 이에 대해 메이어는 전문가로서 조언했다.[105] 이러한 점은 메이어를 "내 친애하는 교수님(My dear Professor)"이라

---

100 에디슨이 메이어에게 보낸 편지, 1878년 2월 12일자. A. M. Mayer's Collections, Department of Rare Books and Special Collections at the Princeton University Library, Princeton, N.Y.

101 에디슨이 메이어에게 보낸 편지, 1878년 3월 20일자.

102 메이어가 에디슨에게 보낸 편지, 1878년 3월 6일자.

103 메이어가 에디슨에게 보낸 편지, 1878년 7월 9일자.

104 A. M. Mayer, "Edison's Talking-Machine," *Nature*, 11(1878), pp.469~471.

고 부른 에디슨이 메이어에게 축음기를 개선하는 데 실질적인 도움을 받았음을 드러낸다. 그런 점에서 음향학이 축음기의 발명에 기여한 바는 별로 없었지만 축음기의 개선 과정에서 음질 개선에 도움을 주었던 것은 확실하다.

그렇지만 시대를 변화시킨 놀라운 기술의 상용화 과정에서 음향학의 기여는 제한적이었다. 재생 음질이 어떻게 하면 개선될 것인가를 알아내는 과정은 매우 기계적인 탐구가 소요되는 것이었기에 에디슨 연구 팀의 시행착오적 방식의 탐구 과정에서 대부분의 문제가 해결되었다. 원통 레코드를 만들기에 적당한 재료를 찾아내는 것은 특히 음질과 긴밀하게 연관되었는데 이 과정에서는 화학적 지식이 필요했다. 원통 레코드는 적당히 물러서 소리를 철필로 새기기에는 좋지만 너무 무르지는 않아서 재생을 여러 번 해도 원통에 새겨진 홈이 뭉그러지지 않아야 했다. 이러한 적당한 굳기의 물질이 내구성과 저렴한 가격의 조건도 충족시켜야 했다. 이러한 과정에는 첨단의 유기화학이나 무기화학의 지식보다는 에디슨이 전구의 필라멘트를 개선하는 과정에서 그랬던 것처럼 다양한 물질을 찾아내고 그것을 다양한 비율로 조합해 테스트하는 방식이 적용되었다.

축음기의 개선 과정에서는 메이어가 에디슨과 긴밀한 관계 속에서 도움을 주었지만, 전화기의 초기 역사에서 메이어의 관련성은 간접적일 뿐이다. 1877년 5월 18일 밤 뉴욕의 치커링 홀(Chickering Hall)에서 벨은 전화기에 관해 강연하면서 그곳에서 뉴저지 주의 뉴브런즈윅(New Brunswick)까지 최초의 주간(州間, interstate) 통화를 성사시켰다. 바로 그날 스티븐스 공과대학에서 교수로 있었던 메이어는 제자이자 나중에 테네시 대학 총

105 에디슨이 메이어에게 보낸 편지, 1878년 9월 27일자.

장이 될 아이레스(Brown Ayres, 1856~1919)를 대동하고 벨을 방문했고 그날 밤의 시범을 위해 전시해놓은 전화기를 구경할 수 있었다.[106] 이렇게 메이어가 전화기에 관심을 보인 것은 그의 학생 아이레스가 전화기를 사용해 여러 가지 실험을 수행하도록 지도하고 있었기 때문이었다. 이런 점에서 메이어는 벨의 연구에 꽤 관심을 가지고 있었지만 그것의 개선에 어떤 구체적인 기여를 하지 않은 것으로 보인다. 유럽의 음향학자들이 전화기를 적극적으로 음향학 실험을 위한 장치로 사용했던 것과 마찬가지로 메이어는 실험 기구로서 전화기에 관심이 있었지만 그것을 연구의 주제로 삼지는 않았다.

축음기와 전화기의 발명자와 메이어의 관계에 관한 간단한 논의에서 우리가 추론할 수 있는 사실이 몇 가지 있다.

첫째, 메이어는 기술적인 진보에 관심이 많았고 할 수 있으면 자신의 지식으로 기술적 문제를 해결하는 데 도움을 주려 했다. 메이어 자신이 음향학적 지식을 활용해 음향 고온계와 토포폰을 개발했듯이 기술상 요긴한 기구를 만들어내는 데 주저함이 없었던 그는 과학 지식을 기술적으로 응용하는 일에 긍정적인 태도를 취했다. 그가 물리 교육을 하면서도 베이컨의 실용적 과학관을 받아들였던 것에서 드러나듯이, 그는 과학의 발전이 기술의 발전을 가져온다는 믿음을 가지고 있었고 그러한 이유에서 과학이 발전해야 한다는 생각도 가지고 있었다. 그러므로 그는 기회가 되는 대로 음향학을 기술의 혁신에 연결시키는 일에 적극적이었다.

둘째, 메이어는 스스로를 과학자로 인식하고 기술자가 아니라는 점을

106 아이레스가 벨에게 보낸 편지, 1916년 5월 18일자. Brown Ayres Correspondence, 1877-1881, 1916, MS-0284, University of Tennessee Special Collections Library, Knoxville, TN.

분명히 했다. 기술이 요긴하고 인간의 삶을 편하게 만들어준다는 점에서 실용적 가치가 크다는 것은 인정했지만, 메이어는 스스로 과학자라고 생각했고 과학자의 임무는 기술을 발전시키는 것은 아니라고 생각했다. 그러므로 그는 전화 기술에서 음향학적 지식이 매우 요긴하게 활용된다는 것을 알고 있었지만 스스로 전화기의 기술적 개선을 위해 노력해야 할 필요성을 느끼지는 않았다. 그는 오히려 전화기를 과학적 실험 도구로 그 유용성을 인정하고 실험에 활용하려는 태도를 취했다. 이것은 당시 대부분의 유럽 음향학자들이 전화기를 바라보는 태도였다.

셋째, 메이어의 도움이 실질적으로 기술의 혁신에 결정적인 도움을 주지는 못했다. 메이어의 전문적인 음향학적 지식이 에디슨의 축음기 개선에 일정한 도움을 준 것은 사실이지만 축음기의 당면한 문제를 해결하는 데 결정적인 역할을 한 것은 아니었던 것으로 보인다. 그러므로 메이어와 에디슨의 공조는 제한적이었고 에디슨은 기술자로 구성된 자신의 연구팀의 도움으로 축음기를 개선할 수 있는 실질적인 방법을 찾아나갔다. 이것은 당시 축음기의 개선 과정에서 과학이 실질적인 도움을 줄 수 있는 수준에 도달한 것은 아니었음을 드러낸다. 이런 경우에는 다른 경우와 마찬가지로 기술은 전통적인 방법으로 시행착오의 과정을 거치면서 당면한 문제를 해결해나갔다. 그것으로 충분하고 효과적인 성과를 낼 수 있었기 때문이다. 메이어의 음향학은 19세기 유럽의 실험 음향학의 수준을 대변해주며 그것이 직접 활용하는 실험 기구의 작동과 제작에 관계된 기술 분야에서는 전문가적 지식을 창출할 수 있었지만, 그로부터 벗어난 문제에 대해서는 음향학자가 과학 교육을 전혀 받지 않은 기술자에 비해 더 나은 연구 활동을 한다는 보장은 없었다.

5. 쾨니히, 레일리, 헬름홀츠에게 받은 영향

미국의 음향학자로서 메이어의 활동은 1세기 전에 미국의 전기학자로서 활동한 프랭클린에 견줄 수 있다. 메이어의 음향학은 상당 부분 유럽의 전통에 뿌리를 내리고 있었고 유럽의 음향학자들이 관심 갖는 문제를 이해했고 그것에 새로운 요소를 첨가했으며 연구에 필요한 실험 기구를 설계하고 실험을 수행하는 기량을 숙달시켜 정밀성이 탁월한 측정을 수행함으로써 첨단 음향학으로 나아갔다. 이러한 연구 활동으로 메이어는 프랭클린처럼 유럽에서 명성을 얻었고 유럽의 음향학자들과 긴밀하게 교류했다.

그는 유럽 음향학자들의 첨단 이론을 접하고 있었고 실험 음향학에서는 유럽의 학자들과 견주어 뒤처지지 않았다. 다만 메이어는 체계적인 수학적 훈련을 받은 적이 없었기 때문에 헬름홀츠와 레일리가 선도하고 있었던 수리 음향학의 문제에는 이해가 부족했고 새로운 성과를 더할 수도 없었다. 그것은 19세기 후반 유럽의 음향학이 급속도로 수학화하면서 물리학의 한 분야로서 확고한 위상을 확보하고 있었던 상황과 대조적이었다. 미국에서는 19세기 말까지 수학을 교육하고 훈련하는 체계가 확고하게 갖추어지지 않았다. 독일이나 프랑스 등지에서 유학을 하고 돌아온 학자들에 의해 미국 내 네트워크와 훈련 여건이 확고하게 갖추어지지 않은 상태에서 자질을 갖춘 수리 음향학자가 배출되기는 어려웠다.

메이어는 유럽의 앞선 음향학을 배우기 위해 유럽을 방문하곤 했다. 그는 파리에서 19세기의 가장 뛰어난 음향기기 제작자이자 독립 연구자였던 쾨니히에게 실험을 수행하는 능력을 전수받았다. 메이어와 쾨니히의 협력 관계는 메이어의 경력 말기까지 계속되었다. 1898년경 메이어가 여러 가지 막대의 탄성계수를 측정하고 이 막대에서의 음속을 측정하는 데 쾨니히의 도움은 결정적이었다. 쾨니히는 파리에 있는 자신의 연구 시설을 메이어가 사용할 수 있게 허락했을 뿐 아니라 그의 실험을 돕기도 했다. 쾨니히의 측음계(tonometer)는 메이어가 진동수를 정확하게 측정하는 데 결정적으로 기여했다.[107] 메이어는 쾨니히에게 전수받은 기술로 인해 상당한 수준에서 기구의 정밀성을 따라갈 수 있었다. 가령 1894년 메이어는 피치가 너무 높아서 들을 수 없는 두 소리의 맥놀이를 사람이 들을 수 있다는 것을 발견했다.[108] 이 발견은 쾨니히가 앞서 이루었으나 메이어는 쾨니히의 발견 사실을 모르는 상태에서 독자적으로 그것을 발견했다. 쾨니히는 소리굽쇠를 사용했고 메이어는 새소리(bird call) 호각을 사용했다. 새소리 호각은 높은 진동음을 낼 수 있는 장치로서 레일리가 개발했고 레일리와 다른 음향학 연구자들에게 초음파의 발생장치로 널리 사용되었다. 쾨니히는 소리굽쇠를 만드는 기술에서는 세계 최고였기 때문에 작은 소리굽쇠를 만들어 초음파를 발생시킬 수 있었고 그로부터 이러한 결과를 얻어낼 수 있었다. 그런 점에서 메이어가 쾨니히를 온전히 따라가기는 힘들었지만 새소리 호각은 고압의 기체를 좁은 틈으로 밀어냄으로써 소리를 내는 방식이었기 때문에 금속을 다루는 기술에 통달해 있지 않아도 비교적 쉽게 제작 기술을 따라잡을 수 있었다.

메이어는 영국을 방문해 앞선 연구자들의 연구 능력을 배우는 기회를 갖기도 했다. 메이어는 잉글랜드 에식스에 있는 레일리의 집 실험실을 직

107 A. M. Mayer, "Researches in Acoustics," *American Journal of Science*, 1(1896), pp.6~30.

108 A. M. Mayer, "On the Production of Beat-Tones from Two Vibrating Bodies Whose Frequencies Are so High as to Hear Separately Inaudible," *Transactions of British Association, Oxford Meeting*(1894), p.273.

접 방문해 머물면서 실험 장비를 둘러보았고 그의 실험 기술 시범을 보기도 했다. 그는 레일리에게 그의 저서인 『음향 이론』 1권과 2권을 모두 받았고 그 책의 실험을 재현하는 것에 많은 관심을 기울였다.[109] 그는 이 책을 항상 가까이 두고 참고했고 레일리에 대해 큰 존경심을 표했다.[110] 그는 나중에 이 책이 그의 음향학 연구를 위한 보고가 되었다고 고백했다. 이렇게 레일리의 연구는 메이어에게 새로운 실험 연구를 위한 영감을 제공했다.[111] 그는 레일리의 새소리 호각을 재현하려고 노력했고 그것을 사용한 새로운 실험을 수행했다. 그런 점에서 레일리는 메이어의 실험 연구에서 중요한 기술상의 도움과 아이디어를 제공했다고 할 수 있다.[112] 메이어는 레일리와 개인적인 협력 관계를 계속 유지했다.

메이어가 실험 음향학에서 남다른 성과를 낼 수 있었던 것이 쾨니히의 영향에 의한 것이었다면, 이론적 측면에서 중요한 기여를 한 것은 그가 철저하게 헬름홀츠의 부분음 이론과 청음의 공명 이론을 받아들였기 때문이었다. 메이어는 물리학자였고 음향학적 현상의 물리적 이해에서 헬름홀츠가 취한 입장을 상당 부분 그대로 받아들였다. 다만 쾨니히가 조합음의 본성에 대해 헬름홀츠와 대척점에 있었던 것과 마찬가지로 조합음을 맥놀이로 설명하려는 관점을 받아들였다.[113]

---

109 Ku, "British Acoustics and Its Transformation from the 1860s to the 1910s," pp.410~411.

110 메이어가 레일리에게 보낸 편지, 1878년 3월 29일자. Strutt, John William(1842-1919) 3rd Baron Rayleigh, General Correspondence and Notebooks at the Research Library of the USAF Research Laboratory, Hanscom AFB, Bedford, MA, USA held on microfilm at Library Archives and Special Collections, Imperial College London, London, UK.

111 메이어가 레일리에게 보낸 편지, 1878년 10월 7일자.

112 메이어가 레일리에게 보낸 편지, 1894년 10월 19일자.

메이어는 푸리에의 정리로부터 옴의 법칙, 헬름홀츠의 청음 이론으로 이어지는 악음의 분석적 이해 방식에 철저하게 공감했다. 푸리에는 1822년 "어떠한 주기 곡선은 항상 주어진 곡선과 같은 축을 갖고 주어진 곡선의 주기의 1, 2분의 1, 3분의 1, 4분의 1……배의 주기를 갖는 조화 곡선을 합성함으로써 만들어낼 수 있다"라는 푸리에 정리를 제시했다. 이로부터 영감을 얻어 옴은 음향학의 옴의 법칙을 제시했다. 메이어는 옴의 법칙을 이렇게 표현했다. "귀는 진자진동(pendulum-vibration)을 받을 때에만 단음(simple sound)을 감각한다. 귀는 공기의 어떤 다른 주기적 진동도 일련의 진자진동으로 분해하고 그 각각이 단음의 감각에 해당한다."[114]

이러한 사실은 한동안 받아들여지지 않다가 헬름홀츠에 의해 받아들여지고 그의 공명기를 사용한 실험에 의해 입증되었다.[115] 헬름홀츠는 일반적인 악음을 그의 유리 공명기 근처에서 울렸을 때 유리 공명기가 공명하는 경우가 있고 그렇지 않은 경우가 있는 것을 보았는데 유리 공명기가 공명할 때에는 악음의 부분음(Partialton) 중에서 공명기의 고유 진동수와 일치하는 진동수를 갖는 부분음이 존재할 때임을 확인했다. 여기에서 부분음이란 일반적인 악음과 같은 복합음을 구성하는 조화 진동 성분을 말한다. 모든 부분음은 단음으로 악음의 진동수라고 알려진 가장 낮은 진동수의 소리, 즉 기음(fundamental)의 진동수의 정수배의 진동수를 갖는 음들이다. 가령 피아노에서 128cps의 음을 울리면 그것은 기음 진동수가 128cps임을 의미하며 그 피아노의 음은 128× 2, 128× 3, 128× 4……의 진동수

113 메이어가 레일리에게 보낸 편지, 날짜 미상. "I thank you sincerely for your kind invitation……"으로 시작하는 편지.

114 A. M. Mayer, "Researches in Acoustics, No.5," pp.266~274 on p.268.

115 구자현, 「헬름홀츠의 생리학 연구의 특성과 청각의 공명 이론」, 43~44쪽.

를 갖는 단조화음을 모두 포함한다. 이러한 음들을 배음이라고 한다. 헬름홀츠는 기음과 배음을 모두 합쳐서 부분음이라고 불렀다.

복합음 속에 이와 같은 부분음들이 존재한다는 것을 헬름홀츠는 여러 가지로 입증했는데 그중에서 공명기를 사용한 방법이 가장 설득력 있었다. 헬름홀츠의 유리 공명기는 이러한 부분음의 존재를 물리적으로 입증하는 방법이었기 때문이었다. 공명기는 특정한 진동수를 갖는데 그 진동수의 음이 들어오면 진동하고 그렇지 않으면 진동하지 않는다. 일반적으로 소리굽쇠와 같이 단음을 내는 음원을 사용할 경우에는 512cps의 공명기는 512cps의 소리굽쇠에 대해서만 공명하지 128cps나 256cps의 소리굽쇠의 진동에는 공명을 일으키지 않는다. 이것은 단음 속에는 배음이 존재하지 않고 오직 기음만 존재한다는 것을 입증하는 것이다.

그렇지만 128cps나 256cps의 피아노 현이 울리면 512cps의 공명기는 공명한다. 이는 128cps나 256cps의 피아노 음에는 512cps의 배음이 존재한다는 것을 입증한다. 그러나 128cps의 음을 내는 피아노 현의 한쪽 끝에서 전체 길이의 4분의 1 되는 지점을 눌러 진동하지 못하게 하고 피아노 현을 울리면 눌린 위치에 마디를 갖는 4배 진동(128×4=512cps), 8배 진동(128×8=1,024cps), 12배 진동(128×12=1,563cps) 등의 진동은 가능하지만 그 위치에 마디를 갖지 않는 진동들, 즉 2배, 3배, 5배, 6배, 7배, 9배, 10배, 11배 진동은 가능하지 않기 때문에 모두 사라진 음이 나온다. 이 소리는 기음은 128cps인 것은 동일하지만 배음의 구성이 달라지기 때문에 음색이 조금 달라진다. 그러므로 이렇게 만들어진 소리를 고유 진동수가 256cps인 공명기에 가하면 이 소리는 256cps의 배음을 갖지 않으므로 이 공명기는 진동하지 않는다. 공명기가 선택적으로 공명을 일으킨다는 성질은 부분음의 존재 유무를 판단할 수 있는 물리적인 근거를 제공해주므

<그림 4-8> 메이어의 소리굽쇠에 의한 복합음 발생 장치

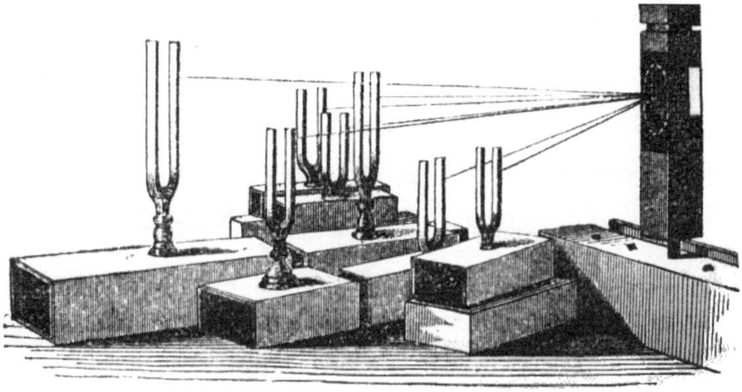

출처: Mayer, "Researches in Acoustics, No.5," p.272.

로 헬름홀츠에게는 매우 중요한 고안품이었다. 헬름홀츠는 공명기를 통해 음의 법칙을 증명하고 청각의 공명 이론으로 나아갈 수 있는 토대를 마련했다.

메이어는 헬름홀츠만큼이나 소리의 분석적 특성에 깊이 매료되었다. 그는 소리굽쇠 여러 개를 이용해 단진동의 합으로 복잡한 진동을 얻어낼 수 있음을 실험적으로 보임으로써 푸리에의 정리를 음향학적으로 입증하려 했다. 메이어는 여러 가닥의 명주실을 소리굽쇠의 가지에 연결하고 다른 쪽 끝을 리드 파이프 근처에 있는 틀에 장착된 느슨한 탄성 가죽막에 연결했다(<그림 4-8>). 리드 파이프를 울림으로써 소리굽쇠를 선택적으로 진동시킬 수 있었고 반대로 소리굽쇠를 진동시킴으로써 리드 파이프를 특정한 음으로 진동시킬 수 있었다.[116] 그는 소리굽쇠를 이용해서 소리

116 A. M. Mayer, "An Experimental Confirmation of Fourier's Theorem as Applied to the Decomposition of the Vibrations of a Composite Sonorous Wave into its Elementary

를 모아 리드 파이프의 음을 만들어내고 그 악음을 다시 소리굽쇠의 진동으로 바꾸는 과정을 실험으로 구현함으로써 헬름홀츠가 소리굽쇠와 공명기로 소리를 합성하고 공명기로 소리를 분해했던 것을 다른 방식으로 수행했다. 그의 실험은 헬름홀츠의 청각 이론과 유비적으로 훨씬 더 잘 연결될 수 있는 장점이 있었다. 코르티 막대의 역할을 하는 소리굽쇠, 청소골과 유체관의 역할을 하는 섬유나 밀짚, 고막의 역할을 하는 리드 파이프에 설치된 막이 모두 잘 대비가 되어서 학생들에게 청각의 공명 이론을 가르치는 데 매우 효과적이었다.

메이어는 헬름홀츠의 청각의 공명 이론을 지지하고 그것을 더욱 심화시키기 위한 노력을 지속했다. 심지어 메이어는 달팽이관의 내부 구조에 대한 연구를 바탕으로 소리가 어떤 방식으로 달팽이관에서 진동을 유발하게 되는지 논의했다. 그는 자신이 헬름홀츠의 공명 이론의 확고한 지지자임을 분명히 했다. 메이어는 인간 청각 연구에서 귀 가까이에 있는 관골돌기에 Ut_3의 음을 내는 소리굽쇠의 밑을 누르면 소리굽쇠의 고유음뿐 아니라 한 옥타브 높은 음을 듣는다는 것을 발견했고 단순 진동이 귀에 들어올 때 고막과 기저막은 두 번 진동하지만 코르티 기관의 유모 세포(hair-cell cord)는 한 번 진동한다고 결론지었다.[117] 이 유모 세포는 귀에서 공명해 소리의 피치를 지각하는 운동을 일으키는 것으로 곧 인정받았다. 이러한 이론을 메이어가 제시할 수 있었던 것은 모두 그가 헬름홀츠의 공명 이론을 추종하고 있었기 때문이다.

Pendulum-Vibrations," *Philosophical Magazine*, 48(1874), pp.266~274.

117 A. M. Mayer, "Suggestions as to the Function of the Spiral Scalae of the Cochlea, Leading to an Hypothesis of the Mechanism of Audition," *Philosophical Magazine*, 48(1874), pp.445~452.

6. 메이어의 음향학 교육과 그의 영향력

메이어는 음향학 연구자였을 뿐만 아니라 음향학을 가르쳐서 미국에서 차세대 음향학자를 키워내는 기초를 닦은 과학 교육자였다. 그는 『소리: 소리 현상에 관한 간단하고 재미있고 비싸지 않은 실험들, 모든 연령의 학생을 위한 교재(Sound: A Series of Simple, Entertaining, Inexpensive Experiments in the Phenomena of Sound, For the Students of Every Age)』라는 실험 교재를 집필해 1881년 영국 런던의 맥밀런(Macmillan) 출판사에서 출판했다. 그의 책은 미국 학생만을 위해서 쓴 것은 아니었지만 주변에서 쉽게 구할 수 있는 재료를 활용해 수행할 수 있는 실험을 100가지 넘게 제시한 것에서 미국의 열악한 실험 기구 공급 형편을 고려했다고 볼 수 있다. 그의 실험 책에는 음향 실험 기구를 구하기 어려운 미국에서도 쉽게 수행할 수 있는 '간단하고 재미있고 비용이 많이 들지 않는 실험들'이 많았는데, 이는 당시에 유럽의 음향학자들이 널리 수행하던 실험들을 구하기 쉬운 재료로 재현할 방법을 제시한 것이었다.[118]

이 실험 교재는 19세기 초 미국에서 출간된 퍼스의 『음향기초론』과 비교해볼 때 많이 달라진 점을 확인할 수 있다. 퍼스의 책이 다른 연구자의 성과를 단순히 편집해놓았고 실험에 대한 가이드나 배려가 전혀 없이 정보만 전달하던 것에 그친 반면, 메이어의 책은 유럽 연구자들의 최신 연구에 대한 충분한 이해를 바탕으로 구체적으로 실험을 수행할 수 있도록 자신이 여러 차례 수행해본 실험을 토대로 실험 방법을 구체적으로 제시하고 있다는 점에서 차별화된다. 그의 확신대로 이 책을 통해 학생들은 좋은

118 A. M. Mayer, *Sound: A Series of Simple, Entertaining, Inexpensive Experiments in the Phenomena of Sound, For the Students of Every Age*(London: Macmillan, 1881).

실험 솜씨를 갖춘 연구자로 자랄 수 있었다. 이러한 저술 작업에 힘입어 미국의 차세대 음향학자들은 음향학에 더욱 관심을 갖게 되었고 구체적인 지식을 얻을 수 있었다.

캘리포니아 대학에서 물리학을 가르친 매케이(Thomas McKay)가 쓴 『물리 측정(Physical Measurement)』을 보면 음향학에 관한 실험이 광학, 전기, 자기와 함께 학부생에게 물리학 실험을 가르치는 핵심 부분으로 자리 잡고 있음을 확인할 수 있다. 이 책을 메이어의 책과 비교하면 좀 더 전문적인 기구를 사용한 실험이 많이 도입되어 있는 것을 알 수 있다. 어찌되었든 유럽에서 행해졌던 많은 음향학 실험이 20세기 초 미국에서 학생들에게 물리를 가르치기 위한 도구로서 채용되고 있었다. 쿤트의 관이나 쾨니히의 액주식 표시장치 등이 사용되어 구체적으로 소리에 관련한 다양한 측정을 수행할 수 있게 되었다. 차세대 음향학자를 양성하는 데 이런 교육이 중요한 역할을 했을 것이다.

잠의 음향학 책에서는 구체적으로 메이어의 연구가 자세히 소개되었는데, 이는 메이어의 연구가 음악 음향학을 공부하는 학생이 반드시 알아야 할 내용으로 간주되었기 때문이다. 이런 점에서 메이어는 유럽의 위대한 음향학 연구자들과 어깨를 나란히 하고 잠의 책에서 다루어진 유일한 미국 음향학자였다.

가령 이 책은 소리가 가지고 있는 에너지를 메이어가 측정한 실험을 통해 소개하고 있는데, C_3 소리굽쇠를 울리면서 10초 동안 공명기 앞에 놓았을 때 64그레인(4.1g)을 1피트(0.3m) 높이로 올리는 것과 같은 에너지가 소모된다는 것이다. 줄이 구한 열의 일당량이 772피트·파운드라는 점을 감안하면 약 10만분의 1밖에 되지 않는 에너지라는 것이다. 잠은 이러한 메이어의 연구가 중요하지만 일반적인 음들에 대해서도 측정이 이루어져야 할 것이라고 말했다.[119] 또 진동수를 소개하는 부분에서 잠은 메이어가 전기 장치를 이용해서 빠르게 진동하는 물체의 진동수를 세는 데 기여했다는 것을 언급했으나 그가 어떤 방법을 구체적으로 썼는지는 소개하지 않았다.[120] 다만 진동을 회전하는 원통에 기록한 것을 어떻게 투영해 사람들이 볼 수 있게 했는가를 자세히 소개하고 있다. 메이어는 얇은 운모(mica) 띠를 원통에 두르고 고무 밴드로 고정한 후 장뇌를 태운 연기(camphor smoke)를 쏘여 그을음이 붙게 했다. 그 위에 진동의 흔적을 기록한 후 운모 띠를 풀어서 그 위에 니스를 흘려 정착시키고 유리판 사이에 운모 띠를 끼워서 투사할 수 있게 준비했다. 잠은 이 방법이 매우 독창적이고 탁월한 방법이라고 평가했다.[121] 잠은 같은 방법이 다른 형태로 진동의 기록을 투사하는 데에도 요긴하게 쓰인다고 했다.[122] 또 사람이 식별할 수 있는 최소의 음 간격에 대한 메이어의 연구를 소개하면서 C_3(256cps) 근처에서 좋은 조건이라면 사람은 반음(semitone)의 120분의 1까지 식별할 수 있다고 했다.[123] 그리고 메이어가 드보르작(Vinko Dvŏrák, 1848~1922)과 거의 비슷한 시기에 소리 풍차(sound mill)를 만든 것을 소개했다. 소리 풍차는 음향학적 라디오미터(radiometer)라고도 부르는데 소리가 있으면 풍차처럼 회전 축 주위에 달린 막대에 부착된 공명기가 소리를 받아 밀치는 힘에 의해 돌아가는 장치이다. 잠이 쓴 각주에 따르면 메이어는 이 장치에 대해 1876년 뉴욕 과학 아카데미에서 처음 발표했고 그 내용을 ≪사이언티픽 아메리

119 Zahm, *Sound and Music*, p.57.

120 Ibid., p.70.

121 Ibid., p.72.

122 Ibid., pp.383~384.

123 Ibid., p.92.

칸(Scientific American)≫ 1876년 7월 8일자에 보고했다. 이 장치에 대한 드보르작의 설명은 ≪물리학 연보≫ 1877년 11월 9일에 게재되었다.[124] 잠은 메이어만의 고유한 연구 성과는 아니지만 다양한 배음을 합성해 만든 합성파의 형태를 그린 것, 축음기·액주식 불꽃 등 여러 방법으로 기록한 진동 패턴의 유사성을 비교한 것 등도 소개했다. 이런 것들은 잠이 메이어의 영향을 많이 받은 것을 드러낸다.[125]

잠이 음향학에서 메이어의 기여를 가장 높게 평가한 것은 그가 잔류 감각의 지속에 대한 연구를 통해 협화음과 불협화음의 차이를 정량적 데이터로 재확립한 일이었다. 에우클레이데스는 협화음을 높은음이 낮은음과 섞이는 것이고 불협화음은 섞일 수 없어서 귀에 거칠게 들리는 것이라고 정의했다. 헬름홀츠는 협화음은 연속적인 음의 감각이고 불협화음은 단속적인 음의 감각이라고 했다. 그렇지만 이런 정의들은 사실의 진술일 뿐 왜 협화음과 불협화음이 발생하는가에 대해 알려주는 것이 없었다. 이후 쾨니히가 맥놀이에 대해 연구하고 메이어가 청각의 잔류 감각에 대해 연구한 것이 토대가 되어 협화음과 불협화음의 정량적 관계가 밝혀지게 되었다고 잠은 평가했다. 쾨니히는 맥놀이 수가 충분히 커지면 맥놀이는 융합해 악음이 된다고 했다. 메이어는 오랫동안 음계의 전 영역에 걸쳐서 이루어진 힘든 연구를 통해 고막 근처에서 공기의 진동이 멈추었을 때 귀에서 소리 감각이 지속되는 시간은 음높이에 따라 달라진다는 것을 밝혔다.[126]

메이어는 C_1, C_2, C_3, C_4 등 여러 진동수의 음이 이웃하는 다른 음과 만들어내는 맥놀이 수에 관심을 가졌다. 이를 통해 각각의 음이 만들어낼 수

124 Ibid., p.282.

125 Ibid., pp.360~371.

126 Ibid., p.424.

있는 가장 작은 맥놀이 수를 구했고 그것의 역수를 잔류 감각의 지속 시간으로 판단했다. 가령 C_2는 초당 64회 진동하는데 C_2가 만들어내는 가장 작은 맥놀이 수는 16이었고 C_2보다 진동수가 16cps가 큰 음은 E_1이었으며 이 두 음 사이의 음정은 장3도였다. 그러므로 두 음은 서로 뒤섞일 수 있는 한계에 있었고 화음을 이룰 수 있는 관계로 판단되었다. 그런데 초당 256회 진동하는 C_3가 만들어내는 가장 작은 맥놀이 수는 47이었고 C_3보다 초당 47회의 진동을 많이 하는 음과 C_3 사이의 음정은 단3도보다 반음의 4분의 1이 적었다. C_6는 반음보다 작은 간격을 갖는 음과 협화음을 이룰 수 있다는 것이 밝혀졌다. 이렇게 진동수가 올라갈수록 협화음을 만들어낼 수 있는 음까지의 음정은 줄어들었다. 이런 점은 음악가들이 흔히 생각하듯이 온음이나 반음은 항상 불협화음을 이룬다는 관념과 대립되는 것이었다. 또한 낮은음에서 음악가들이 협화음이라고 생각하던 것들이 실은 불협화음을 이룬다고 했다.[127] 쾨니히와 메이어가 얻은 결론은 두 음이 음계상 어느 위치에 있든 충분히 큰 간격만큼 떨어져 있으면 맥놀이가 연속적인 음으로 융합되어 협화음을 이룬다는 것이다. 만약 맥놀이가 섞이지 않게 되면 불협화음을 이루게 된다. 그러므로 불협화음의 원인은 불연속적인 감각을 일으키는 맥놀이라는 것이다. 잠은 이러한 사실이 나중에 엘리스에 의해 악기를 사용한 실험에서 입증되었다고 말했다.[128] 엘리스는 관악기의 일종인 플래절렛(flageolet)을 가지고 $F\#_6$과 G_6의 음을 냈는데 맥놀이 음(beat-tone), 즉 차음이 F_2에 근사적으로 발생했다. 이 경우에 특이한 점은 맥놀이가 전혀 들리지 않았다는 것이다. 발생한 차음은 진동수가 낮기 때문에 그 악기로는 낼 수 없는 낮은음이었다.

127 Ibid., pp.425~426.

128 Ibid., p.427.

이러한 맥놀이 음의 존재에 대해서 20세기 초 밀러는 맥놀이 음이 물리적으로 존재하지 않고 주관적인 현상이라고 언급했다. 2,048cps의 음과 2,304cps의 음이 동시에 울렸을 때 두 진동수의 차인 256cps의 맥놀이 음이 발생한다는 것을 지적하고 이 음이 귀에는 다른 소리와 마찬가지로 들리지만 실제로 이 진동수로 진동하는 것이 존재하지 않기 때문에 물리적으로 존재하지는 않는다고 판단했다. 그렇지만 이 현상은 귀로 듣는 악기 소리와 목소리의 음질(tone quality)을 결정하는 데 큰 영향을 미친다고 지적했다.[129]

이렇게 소개된 맥놀이 음과 협화음의 관계는 메이어의 청각 잔류 감각 이론과 맞물려 헬름홀츠의 협화음·불협화음 정의에 따라 새롭게 지지받고 있었다. 이러한 새로운 경향하에 음악 음향학에서 메이어가 차지하고 있었던 중요한 위치를 잠은 지적했던 것이다. 그런 점에서 메이어는 실험 음향학과 심리 음향학 분야에서 탁월한 권위자일 뿐만 아니라 음악 음향학에서도 영향력이 매우 큰 연구 성과를 낸 것으로 인정받았다. 그러므로 메이어가 미국 과학계에서 음향학의 권위자로서 차지하고 있었던 지위는 확고한 것이었다.

이러한 메이어의 음향학자로서의 권위는 실체론의 창시자인 홀이 『인간 생명의 문제』에서 현대 과학의 대표적인 권위자로 지적한 6인 중 유일하게 미국인으로서 포함시킨 인물이 메이어였던 것에서도 드러난다. 홀은 대학 교육을 받은 사람이지만, 메이어를 과학의 권위자로 언급하게 된 데는 대중적 과학 강연에서 메이어가 차지한 명성의 영향이 컸다. 메이어는 자주 과학적 주제를 가지고 대중 강연을 열었으며 영국에서 틴들이 미국

129 Miller, *The Science of Musical Sound*, p.184.

을 방문했을 때 그를 위한 미국 내 행사를 다수 주관하는 일을 맡았을 만큼 과학계에서 권위와 명성을 얻고 있었다. 이런 대중적 활동에서 메이어가 자신을 가장 두드러지게 드러낸 분야는 음향학이었다. 그것은 그의 전문 연구 분야이기도 했고 가장 자신 있게 가르칠 수 있는 분야이기도 했다.

제5장

맺음말

현대적 기준에서 음향학을 과학으로 볼 것인지 기술로 볼 것인지는 모호하다. 그러나 기술의 목적을 가지고 음향학을 연구하는 사람이 많은 것은 사실이다. 그만큼 음향학이 편익을 가져다줄 수 있는 활동에 직결되고 있다는 것을 의미한다. 17세기에 과학을 기술에 응용하려는 의도를 가지고 베이컨의 이상을 실현시키려는 이들이 많았고 당시의 과학이 사물의 이해에 상당한 진척을 가져온 것은 사실이지만 편익을 가져다줄 활동에 직결되는 일은 별로 없었다.

18세기에 음향학은 기술보다는 예술의 목적에서 주로 추구되었다. 즉, 음악에서 악음의 이해를 통해 음계를 만들어내고 화음의 조화를 추구했고, 악기를 개선하는 데 필요한 실제 지식을 얻었다. 악기를 개선하는 일이 좋은 악기를 만들어 경제적 이익을 창출하려는 기업적 활동이었다면 기술이 될 것이며, 단순히 더 아름다운 소리를 내는 악기를 만들려는 노력이었다면 예술적인 활동일 것이다. 소리의 높낮이와 세기와 특성이 어디에서 비롯되는지 이해하고 화음은 왜 아름답게 들리는지 이해하려고 연구하는 이가 있었다면 그는 과학 활동을 하고 있었을 것이다. 이러한 과학적 활동이 예술적·기술적 동기에서 지원을 받은 것도 사실이다.

19세기에 들어와서도 이러한 경향은 지속되었다. 그렇지만 19세기에 크게 달라진 양상은 과학적 동기 자체를 위해 음향학을 연구하는 이들이 많았다는 것이다. 그러므로 음향학이라는 과학 분야가 수립되었다고 말할 수 있었다. 소리를 일으키는 진동과 소리를 운반하는 음파를 연구하는 것은 진동과 파동이라는 자연의 일반적인 측면을 이해하기 위한 활동의 일환으로서 크게 관심을 끌었다. 소리를 이해함으로써 빛을 이해하고 결정을 이해하고 전기와 자기를 이해하는 길이 열린 것이다. 그러므로 음향학은 기초 과학의 한 분야로서 다양한 연구자들의 관심을 끌었다.

이것이 유럽의 맥락에서 19세기에 음향학이 전개된 양상이었다. 그렇지만 미국에 전래된 음향학은 전혀 다른 지적 환경에서 새로운 국면을 맞아 전개되었다. 기술과 관련된 한 가지 측면만 놓고도 유럽과는 분위기가 달랐다. 그만큼 음향학은 기술로부터 많은 요구를 받았다. 그것은 미국의 실용주의와 긴밀한 연관이 있었다. 실용적 가치를 중시하는 배경 속에서 음향학은 기술의 창출을 위한 기초로서 관심을 끌게 되었고 그러한 측면이 특히 강조되었다. 이런 배경에서 탄생한 전화기와 축음기는 장치 개선을 끊임없이 요구받으면서 미국의 음향학을 한 차원 높은 차원으로 끌어올리기 위한 실질적인 동기를 제공했다.

이렇게 19세기 내내 뒤처져 있던 미국 음향학의 수준을 급격하게 상승시켜 세계 최고 수준으로 나아가게 한 변화가 20세기 초에 일어났다. 그러므로 19세기 미국 음향학을 바라보면서 과학과 기술이 어떻게 상호작용을 하는지 살펴보는 것은 19세기 미국 음향학을 이해하는 데 중요한 단서를 제공한다.

19세기 미국의 음향학은 유럽의 음향학이 물리학의 핵심에 진입했던 것과는 사뭇 다른 성격을 가지고 있었다. 19세기 초 독일과 프랑스에서 시작된 실험 음향학 전통은 19세기 중반에 크게 융성하고 그것이 곧 영국으로 전파되었는데 미국으로의 전파는 좀 더 늦었다. 수리 음향학 역시 독일과 프랑스에서 18세기에 시작되었는데 실험 음향학과 어울리면서 영국에서 레일리에 의해 활짝 꽃피웠다. 그런데 수리 음향학이 미국으로 전파된 것은 20세기 들어와서의 일이다. 수학을 유럽에서 수입하려는 미국인들의 노력이 19세기 마지막 사분기에 활발하게 전개되었지만 그렇게 전달된 수학 중에 전자기학과 열역학은 있었고 음향학은 없었다.[1]

유럽의 음향학이 19세기 말로 접어들면서 레일리의 『음향 이론』의 영향을 받아 이론적 논의에 치중해 수리 물리학의 성격을 강하게 띠기 시작한 것과는 대조적으로 미국의 음향학은 연구자층이 미약한 데다 수학화에도 진척이 별로 없어서 실제적인 현상을 실험을 통해 이해하는 성격을 여전히 유지하고 있었다. 결국 유럽에서 음향학이 20세기 현대 물리학의 파동 역학 형성 과정에서 확고한 수학적 기초를 놓는 데 기여한 반면에[2] 미국의 음향학은 실용적인 문제를 해결하는 데 집중하는 쪽으로 전환했다.

메이어는 이런 점에서도 선구자였다. 그는 음향 고온계나 토포폰 같은 실용적인 음향학 기술을 유럽에서 기원한 음향학적 전문 지식을 응용해 고안해냈다. 음향학의 실용성을 극대화할 수 있는 가능성을 보임으로써 음향학은 물리학의 일부라기보다는 실용적인 기술이라는 인상을 더욱 널리 퍼뜨렸다. 이것은 20세기 초 미국 음향학회가 미국 물리학회와는 별도

1 Parshall and Rowe, *The Emergence of American Mathematical Research Community, 1876-1900: J. J. Sylvester, Felix Klein, E. H. Moore*, pp.21~40.

2 Ku, “British Acoustics and its Transformation from the 1860s to the 1910s,” pp.395~423 on pp.412~417.

로 독립된 학회를 설립하게 되었던 것과 밀접한 관련이 있다. 미국의 음향학자들은 20세기 들어와서 미국의 물리학이 양자 역학을 중심으로 한 수리 물리학에 깊이 관여하기 시작하면서 자신들이 연구하는 실용적인 문제가 물리학자들의 관심 밖으로 밀려나고 있다는 인상을 받았고, 이것에 대한 반응으로 독자적인 학회의 설립을 추진했던 것이다.[3]

발명가들이 선도한 혁신적인 음향 기술이 미국 음향학의 성격을 순수에서 응용으로 돌려놓는 데 한몫했다. 축음기와 전화기의 발명이 19세기 마지막 사분기와 20세기 초 미국 사회에 준 충격은 매우 컸다. 그것은 미국 사회와 산업의 체질을 크게 변화시키는 파급효과를 가져왔다. 그리하여 많은 음향학적 관심사를 가진 인력들이 이런 장치들의 개선에 뛰어들었는데 이들이 음향 장치를 바라보는 시각은 유럽의 음향학자들과는 사뭇 달랐다. 유럽의 음향학자들에게는 방대한 음향학 실험 장치의 새로운 요소 중 하나로서 이런 장치가 첨가된 것에 불과했지만 미국의 경우 음향학 실험 전통이 박약한 가운데 새로운 혁신적 장치가 등장한 것은 두드러진 사건이었기에 많은 관심을 끌 수밖에 없었다. 그러므로 유럽에서는 이런 장치를 음향학 연구 전통 속에 편입시키면서 강력한 순수 음향학 전통이 과학계에서 지속될 수 있었지만, 미국에서는 그러한 전통 자체가 미약한 상태에서 성공적인 음향 기술이 등장해 음향학의 순수 과학적 노력을 위축시키는 결과를 초래했다. 그리하여 미국에서는 메이어 이후 유럽에서처럼 체계적이고 심화된 소리의 본성에 대한 이해를 추구하려는 사람들이 별로 등장하지 않았다. 그런 점에서 메이어는 유럽식의 순수 음향학을 연구한 마지막 미국 음향학자였다. 이러한 독특한 배경이 메이어의 순

3 Beyer, *Sounds of Our Times: Two Hundred Years of Acoustics*, p.232.

수 음향학 연구가 미국에서 전통을 수립하지 못한 이유 중 하나이다.

메이어의 음향학이 갖는 또 다른 특성은 유럽의 음악 음향학적 전통을 잘 이어간다는 점이다. 당시 영국, 프랑스, 독일의 '선진' 음향학은 19세기 전반기부터 음악 음향학과 긴밀한 연관을 가지고 발달했다. 19세기 후반에는 그것에서 상당히 벗어나고 있었지만 여전히 그러한 전통이 강했다.[4] 이러한 시기에 유럽의 음향학을 접했던 메이어는 유럽의 음향학에서 음악과 관련된 요소에 집중했다. 미국의 음악계도 유럽의 음악계와 마찬가지로 음향학을 음악의 필요를 채우기 위해서 요구하고 있었다. 그것은 19세기 후반에 절대 음높이의 기준으로 프랑스의 피치를 받아들이고 평균율을 채용하려는 움직임으로 나타났다. 이러한 움직임의 선두에 선 인물이 MIT의 크로스였다. 그는 미국에서 절대 피치의 변천의 역사를 실측적 데이터를 바탕으로 정리했다. 음악계에서 음향학을 가르치고 시험을 보아야 훌륭한 음악가를 양성할 수 있다는 생각이 유럽에서 전래되었고 미국의 음악계도 그러한 움직임을 따라 음향학을 음악학교에서 가르쳤다. 이러한 수요에 부응해 잠 목사는 『소리와 음악』을 집필했고 이 책은 음악 음향학을 가르치는 교재로서 19세기 말과 20세기 초 미국에서 널리 사용되었다. 이런 점에서 미국 음향학에서 절대 음의 기준을 확정하는 것은 여전히 중요했고 협화음과 불협화음의 구분에 대한 논의도 중요한 부분이었다. 메이어는 소리굽쇠의 진동수를 잴 수 있는 기록 장치를 고안했고 협화음과 불협화음의 기준을 정하는 데 기초가 되는 소리의 잔류 감각에 대한 실험을 온전하게 수행했으며 차폐에 대한 연구를 통해 협주되는 곡에서 소리의 배합의 문제에 통찰력을 제공했다. 이러한 연구를 통해 메이어

4 구자현, 「19세기 음향학과 음악의 교감」, 81~102쪽.

는 유럽의 음악 음향학의 필요에 반응했고 그것은 미국의 음악 음향학의 필요를 채우는 길이기도 했다.

20세기로 접어들면서 미국 음향학은 실용적 필요를 다양하게 채우기 위해서 성격 자체가 크게 변했다. 건축 음향학의 필요를 채우기 위해서 그동안 관심 밖에 있었던 소음 문제에 깊은 관심을 기울였고 소음의 정량적 취급을 위한 기초가 새빈에 의해 확립되었다. 소음의 취급은 이후 음악 홀과 강당의 건축에서 필수적으로 고려되어야 할 사항으로서 흡음제가 새로운 건축재로서 크게 각광을 받으면서 큰돈을 벌 수 있는 산업으로 새롭게 자리 잡았다. 또한 제1차 세계대전을 전후해 수중 음향학에서 신호를 보내고 잠수함을 탐지하는 일을 담당하면서 이 분야의 지식과 기술이 크게 발전했다. 그동안 발전했던 음향학적 지식이 수중에서 효과적으로 신호를 전달하고 보이지 않는 대상을 탐지해내는 기술에 응용되면서 음향학의 실용성이 한층 높아졌다. 또한 전화 기술에서 통화 음질을 개선하기 위한 필요에 따라 목소리 자체의 본성에 대한 연구와 더불어 목소리를 전기 신호로 바꾸었다가 다시 목소리로 바꾸는 과정에서 개입하는 다양하고 복잡한 파동학의 전문적 지식이 수학을 그 기초로 요구함으로써 미국에서 좀처럼 발전하지 못했던 수리 음향학이 유럽에서 수입되어 소개되고 연구되어 일반화된 해석학적 풀이가 널리 궁구되었다. 전화 기술의 실질적인 발전에 수리 음향학이 기여하는 바가 크다는 것이 알려지면서 19세기 말 레일리를 중심으로 영국에서 발전했던 수리 음향학은 더욱 발전된 형태로 미국에서 전화 기술을 위한 기초로 사용되었다.

20세기에 등장한 새로운 미국 음향학의 특징은 기술·소음·수학 중심이라고 할 수 있겠지만 이러한 속성을 당시 미국에서 행해진 음향학 연구가 모두 구비한 것은 아니었다. 음향 기술에 대한 노력은 이미 19세기에 축음기와 전화기의 발명 및 개선과 더불어 기술계에서 진척이 되어 있었고 여기에 음향 과학의 지식과 실험 기술을 채용하려고 노력하고 있었다. 메이어와 같은 과학자도 과학 지식을 기술로 응용하는 일뿐만 아니라 기술적 개선을 위해 기술 분야를 돕는 일에 적극적으로 나서려 했다. 20세기에 들어와서 건축 음향학에서도 기술적 필요를 위해서 과학적 지식을 동원하는 일이 계속되었다. 그러므로 20세기 초 미국의 건축 음향학에서 과학과 기술의 사이가 더 가까워진 것은 사실이지만, 그렇다고 해서 이전에 없었던 양상이 갑자기 출현한 것은 아니었다. 특히 수중 음향학에서 수중 신호와 잠수함 탐지 기술은 역시 기술 분야에서 요구하는 과학적 지식을 과학계에서 제공하는 방식으로 큰 발전이 이루어졌는데, 이러한 양상은 이미 19세기에도 전개되고 있었다. 다만 제1차 세계대전을 거치면서 독일 유보트의 위협 때문에 이 분야에 대한 지식이 더욱 긴급하게 국가적 차원에서 요구되면서 더 큰 수요를 창출했을 뿐이다. 전화 기술도 19세기 초 처음 등장할 때에는 별로 과학적 지식이 요구되지 않았으나 20세기 들어와 음질을 향상시키기 위한 노력에서 수리 음향학의 지식이 요긴하다는 것이 알려지고 과학과 기술의 협력이 더욱 강화되기에 이르렀다. 그러므로 미국적 맥락에서 음향학이 발전하면서 기술과 음향학이 더욱 가까워질 수 있는 배경이 형성된 것이라고 볼 수 있다. 전화기가 유럽에서 발명되고 처음 상용화가 시도되었다면 미국에서처럼 전화 기술에 음향학이 채용되는 일이 신속하게 일어났을지는 생각해볼 문제이다.

20세기 미국 음향학이 악음이 아니라 소음에 지대한 관심을 기울이는 쪽으로 변화되었다고 보기는 어렵다. 그것은 건축 음향학 분야로 미국 음향학을 한정하는 좁은 견해에서 비롯된 판단이다. 건축 음향학이 20세기 초에 이전과 비교되는 양상으로 미국에서 크게 번성한 것은 사실이나 그것이 미국 음향학의 전부는 아니다. 건축 음향학이 그렇게 융성할 수 있었던 것도 음향 시설이 잘 된 음악 홀을 건축해 양질의 음악을 감상하려는 수요가 크게 늘어났기 때문이다. 그와 동시에 음악을 제대로 가르쳐서 양질의 음악가를 양성하고 좋은 악기를 만들 수 있는 악기 제작자를 양성해야 한다는 필요성도 커졌다. 이에 따라 미국에서도 음악 음향학에서 대한 수요가 음악계에서 확장되었다. 음악원과 음악학교에서 음향학을 가르치기를 요구했고 음향학 시험을 치러야 졸업이 가능했다. 이것은 이미 유럽에서 실행되고 있었던 것이고 미국도 뒤질세라 그러한 실행을 따라가고 있었다. 그러므로 음악 음향학에서 여전히 악음은 소음보다 중요했고 절대 진동수의 측정이나 화음의 문제는 취급되고 연구되어야 할 우선적인 과제였다. 이러한 분야의 연구의 수요가 계속 발생했다. 메이어는 19세기 후반 이미 이러한 음악 음향학의 필요를 채우기 위한 연구를 수행하고 있었고, 20세기 미국에서 음악 음향학이 여전히 중요시된 것은 크게 새로울 것이 없었다.

20세기 초 미국에서 음악 음향학이 중요시되었던 것은 사실인데, 19세기 말 이미 유럽에서 행해지던 것이 시간차를 두고 미국에서도 행해진 것으로 볼 수 있다. 수학 교육과 연구의 전통이 강했던 독일, 프랑스, 영국에서 음향학의 수학적 전통은 18세기까지 그 뿌리를 추적할 수 있다. 다만 그것이 19세기에 크게 융성했던 실험 음향학과 별도의 전통을 형성했던 것이 19세기 초의 상황이었다면 19세기 후반이 되면서 실험 음향학의 연구 성과를 수리적으로 해석하려는 적극적인 노력이 헬름홀츠와 레일리 같은 이들의 노력으로 상당한 성과를 거두어 실험적 전통과 수학적 전통이 하나로 융화되는 모습을 보였다.

이러한 음향학이 19세기 후반 미국으로 수입되는 과정에서 우선적으로 실험적 실행만 수입되었고 그 현장에 메이어가 있었다. 그렇지만 수학에 대한 체계적인 교육 시스템이 미비했던 미국에서는 수리 음향학을 제대로 이해하기 어려웠다. 그러므로 다른 수리 물리학 분야에서 수학적 이론을 빠르게 수입하는 것을 필두로 음향학 분야에서도 서서히 수리 음향학을 수입할 필요성이 커졌지만 그 일을 할 수 있는 사람들이 19세기에는 등장하지 않았다. 그러다가 20세기 들어와 팽창하는 전화 산업에서 수리 음향학에 대한 수요가 급격하게 팽창하면서 대학 교육에서나 산업체 연구소 현장에서나 수학 훈련을 받은 인력이 전기공학 분야에서 크게 요구되었다. 또한 전력 공급 분야에서도 교류가 채택되면서 교류 전력 시스템을 이해하기 위한 수학적 훈련이 전기공학자들에게 요구되었다. 이러한 요구에 부응하기 위한 인력이 안정된 미국 수학 교육 시스템에서 생산될 수 있었기에 산업체에서 지원받은 대학은 수학으로 무장된 양질의 공학자를 양산하게 되었다. 이로써 미국은 유럽의 수리 음향학 수준을 급속도로 따라잡았고 더 발전된 형태로 수리 음향학을 발전시켜 실제 문제를 해결하는 데 활용했다. 이런 점에서 메이어는 수학으로 무장되지 않은 전 세대의 음향학자였고, 1897년 그의 죽음은 그러한 전 세대 음향학이 종언을 고하는 신호와 같았다.

19세기 미국 음향학의 역사에서 실체론적 음향 이론은 뒤처진 과학의 치기 어린 외침 정도로 치부되어왔다. 사이비 과학의 전형적인 예처럼 비추어졌던 실체론적 음향 이론은 미국의 음향학이 초기의 열악한 상황을 극복하고 19세기 말에 이르면 자체적인 이론을 구축할 수 있을 정도로 성장해 있음을 보여준 예이다. 실체론적 음향 이론은 비논리적인 억측이나 선험적 근거에 의해 결론을 끌어내는 것이 아니라 자연을 바라보는 대안적인 사고틀을 상정하고 그것에서 유도되는 가설을 경험적 사실을 바탕으로 지지하고 기존의 음향 이론에 진지한 반론을 제기한 점에서 과학적 활동이었고 그러한 태도 때문에 지식인들의 많은 호응을 얻어냈다. 당시 음향학자들이 이 이론에 대해 진지하게 대응한 증거들을 찾지 못한 점에서 아직 연구가 미비하지만, 적어도 19세기 동안 음향학에 대한 교육이 미국 내에서 유럽의 음향학을 상당 부분 제대로 이해하는 수준에 도달했고 그것에서 새로운 사고를 펼쳐내려는 단계에까지 이르러 있음을 실체 이론의 등장이 보여준 것은 사실이다. 비물질적 실체의 존재는 비과학적인 주장이라고 쉽게 치부해서는 안 된다. 에너지가 비물질적임에도 존재한다고 할 수 있듯이 소리 에너지가 진동과는 다른 실체로서 존재할 수 있기에, 진동에 동반되지만 진동이 아닌 모종의 에너지에 대한 사고는 진지하게 검토될 가치가 있는 이론이었다. 실체론적 음향 이론을 대학과 중등학교에서 가르치기 위한 시도가 이루어진 것은 이 이론의 진지함에 대한 지식 대중의 호응이 있었기 때문에 가능했다. 게다가 이런 논쟁 자체가 음향학에 대한 대중적 관심을 높임으로써 대중에게 음향학을 가르치는 효과를 본 것 또한 부인할 수 없는 사실이다. 그러므로 20세기 후반의 진화론 대 창조론의 논쟁보다 더 진지한 과학적 토대 위에서 이루어진 논쟁이라는 관점하에 더 많은 연구가 수행될 가치가 있는 주제이다.

참고문헌

단행본

구자현. 2008a. 『레일리의 수력학·전기학 연구』. 파주: 한국학술정보.

_____. 2008b. 『레일리의 음향학 연구의 성격과 성과』. 파주: 한국학술정보.

Adams, Charles F. 1908. *Physics for Secondary School*. New York: American Book Company.

Beyer, Robert T. 1999. *Sounds of Our Times: Two Hundred Years of Acoustics*. New York: Springer.

Broadhouse, John. 1881. *Musical Acoustics or the Phenomena of Sound as Connected with Music*. London: William Reeves.

Brooks, John. 1976. *Telephone: The First Hundred Years*. New York: Harper & Row.

Buck, Percy. 1918. *Acoustics for Music*. London: Oxford University Press.

Cook, John. 1877. *Sound and Physical Basis of Music*. London and Edinburgh: W. & R. Chambers.

Crandall, Irving B. 1926. *The Theory of Vibrating Systems and Sound*. New York: D. Van Nostrand Co.

Du Moncel, Count. 1879. *The Telephone, the Microphone, and the Phonograph*. New York: Harper Brothers.

Fischer, Claude S. 1992. *America Calling: A Social History of the Telephone to 1940*. University of California Press.

Gardner, Martin. 1957. *Fads and Fallacies in the Name of Science*. New York: Dover.

Garner, S. 1878. *The Telephone: Its History, Construction, Principles, and Uses, with Definitive Instructions on the Making of Telephones, and to which is Added a Chapter on the*

Phonograph. London: Simpkin, Marshall, and Co.

Gray, Elisha. 1900. *Electricity and Magnetism*. Toronto: William Briggs.

Hall, A. Wilford. 1883. *Wilford's Microcosm*. New York: Hall.

Hamilton, Clarence. 1912. *Sound and Its Relation to Music*. Philadelphia: Oliver Ditson Co.

Harris, T. F. Stuart. 1910. *Handbook of Acoustics for the Use of Musical Students*. 8th Edition. London: J. Curwen & Sons.

Helmholtz, Hermann von. 1954. *On Sensations of Tone*. New York: Dover.

Hering, Daniel W. 1924. *Foibles and Fallacies in Science*. London: George Routledge and Sons.

Hoadley, George A. 1918. *Essentials of Physics*. New York: American Book Co.

Lamb, Horace. 1960. *The Dynamical Theory of Sound*. second Dover ed. New York: Dover.

Lastra, James. 2000. *Sound Technology and the American Cinema: Perception, Representation, Modernity*. New York: Columbia University Press.

Lewis Coe. 1995. *The Telephone and Its Several Inventors: A History*. Jefferson: McFarland.

Mayer, A. M. 1868. *Lecture-Note on Physics*. Philadelphia: The Journal of the Franklin Institute.

_____. 1869. *Reports of Observations of the Total Eclipse of the Sun. August 7 1869*. Nautical Almanac Office, pp.129~149.

_____. 1872. *The Earth, a Great Magnet: A Lecture Delivered before the Yale Scientific Club*. New Haven: Yale University Series No.9.

_____. 1881. *Sound: A Series of Simple, Entertaining, Inexpensive Experiments in the Phenomena of Sound, For the Students of Every Age*. London: Macmillan.

Mayer, Alfred G. and Robert S. Woodward. 1916. *Biographical Memoir of Alfred Marshall Mayer 1836-1897*. Washington: National Academy of Sciences.

Millard, Andre. 1995. *America on Record: A History of Recorded Sound*. Cambridge: Cambridge University Press.

Miller, Dayton Clarence. 1916. *The Science of Musical Sound*. Norwood: J. S. Cushing Co.

Morton, David. 2000. *Off the Record: The Technology and Culture of Sound Recording in America*. New Brunswick & London: Rutgers University Press.

Pantalony, David. 2009. *Altered Sensations: Rudolf König's Acoustical Workshop in Nineteenth Century Paris*. Springer Netherlands.

Parshall, Karen Hunger and David E. Rowe. 1997. *The Emergence of American Mathematical Research Community, 1876-1900: J. J. Sylvester, Felix Klein, E. H. Moore*. AMS Bookstore.

Peirce, Benjamin. 1833. *A History of Harvard from Its Foundation, in the Year 1636, to the Period of the American Revolution*. Cambridge: Brown, Shattuck and Co.

_____. 1836. *An Elementary Treatise on Sound*. Boston: James Munroe and Co.

_____. 1865. *Tables of the Moon Constructed for the Use of the American Ephemeris and Nautical Almanac*. Washington: Bureau of Navigation.

Rayleigh, 3rd Baron. 1945. *The Theory of Sound*. 2vols. New York: Dover.

Reingold, Nathan(ed.). 1985. *Science in Nineteenth Century America: A Documentary History*. Chicago: University of Chicago Press.

Semmes, John E. 1917. *John H. B. Latrobe and His Times 1803-1891*. Boltimore: The Norman, Reminton Co.

Shepardson, George D. 1917. *Telephone Apparatus: An Introduction to the Development and Theory*. New York: D. Appleton and Company.

Silliman, Benjamin. 1871. *Principles of Physics, or Natural Philosophy*. New York: Ivision, Blackman, Taylor, and Co.

Sterne, Jonathan. 2003. *The Audible Past: Cultural Origins of Sound Reproduction*. Durham & London: Duke University Press.

Stevens, W. 1889. *Le Conte, A Sketch of Prof. John Le Conte: Sensitive Flames and Sound-*

Shadows. New York: D. Appleton.

Swander, J. I. 1887. *A Text-Book on Sound: The Substantial Theory of Acoustics*. New York: Hall.

Thompson, Emily. 2002. *Soundscape: Architectural Acoustics and the Culture of Listening in America, 1900-1933*. Cambridge: MIT Press.

Thompson, Silvanus P. 1883. *Philip Reis: Inventor of the Telephone*. London: E. & F. N. Spon.

Tyndall, John. 1905. *Sound*. New York: Collier.

Wrightson, Thomas. 1876. *The Application of Mechanical Principles to the Phenomena of Sound*. Middlebrough: Office of the Cleveland Institution of Engineers.

Zahm, J. A. 1892. *Sound and Music*. Chicago: A. C. McClurg and Co.

논문

구자현. 1992. 「헬름홀츠의 생리학 연구의 특성과 청각의 공명 이론」. 서울대학교 대학원 석사학위논문.

_____. 2002. 「Rayleigh의 소리의 방향 지각 연구의 과학사적 고찰」. ≪한국음향학회지≫, 21. 695~702쪽.

_____. 2007a. 「19세기 음향학과 음악의 교감」. ≪이화음악논집≫, 11. 81~102쪽.

_____. 2007b. 「소리의 그늘, 간섭, 회절의 검출을 위한 레일리의 선구적 실험에 대한 연구」. ≪한국음향학회지≫, 26. 55~60쪽.

Allen, Jont B. 1996. "Harvey Fletcher's Role in the Creation of Communication Acoustics." *The Journal of the Acoustical Society of America*, 99. pp.1825~1839.

Cohen, I. B. 1970. "Mayer, Alfred Marshall." C. C. Gillispie. ed. *Dictionary of Scientific Biography*. New York: Scribner, vol.8. pp.230~231.

Cross, Charles R. 1900. "Historical Notes Relating to Musical Pitch in the United States." *Proceedings of the American Academy*. pp.453~467.

Fletcher, Harvey. 1928. "Book Review of The Theory of Sound by Lord Rayleigh." *Proceedings of the Institute of Radio Engineers*, 16. pp.181~191.

Gee, Brian. 1990. "Joseph Henry's Trade with Instrument Makers in London and Paris." *Bulletin of the Scientific Instrument Society*, 25. pp.19~24.

Hackman, W. D. 1979. "Underwater Acoustics and the Royal Navy, 1893-1930." *Annals of Science*, 36. pp.255~278.

Johnston, Christopher. 1855. "Auditory Apparatus of the Culex mosquito." *Quarterly Journal of the Microscopical Society of London*. pp.97~102.

Ku, Ja Hyon. 2004. "Rayleigh's Acoustical Research on the Fog Signal." *The Journal of Acoustical Society of Acoustics*, 24(3E). pp.98~102.

______. 2007. "British Acoustics and its Transformation from the 1860s to the 1910s." *Annals of Science*, 63. pp.395~423.

Kychakoff et al. 2008. "Low Pressure Acoustic Pyrometer Signal Generator." *United States Patent*, No.7,434,988.

Le Conte, John. 1864. "On the Adequacy of Laplace's Explanation to Account for the Discrepancy between the Computed and the Observed Velocity of Sound in Air and Gases." *Philosophical Magazine*, 27. pp.1~32.

Mayer, A. M. 1855. "A New Carbonic Apparatus." *American Journal of Science*, 19. p.422.

______. 1857. "The Estimation of the Weights of Very Small Portions of Matter." *American Journal of Science*, 23. pp.39~40.

______. 1867. "Lecture Notes on Physics." *Journal of the Franklin Institute*, 84. pp.321~329, Part 2.

______. 1868a. "Lecture Notes on Physics." *Journal of the Franklin Institute*, 85. pp.35~44, 113~121, Part 3, pp.183~196, Part 4, pp.249~257, Part 5, pp.328~335, 400~405.

_____. 1868b. "Lecture Notes on Physics." *Journal of the Franklin Institute*, 86. pp.48~83, 109~119, 177~186, 253~258, Part 6, pp.336~343.

_____. 1869a. "On the Thermo-dynamics of Waterfalls." Proceedings of the American Association for the Advancement of Science, Salem meeting.

_____. 1869b. "The Solar Eclipse of August 7, 1869." *Journal of the Franklin Institute*, 88, October. pp.249~275, 303.

_____. 1872a. "On a Method of Detecting the Phases of Vibration in the Air Surrounding a Sounding Body, and Thereby Measuring Directly in the Vibrating Air the Lengths of its Waves and Exploring the Form of its Wave-Surface." *Philosophical Magazine*, 44. pp.321~327.

_____. 1872b. "On a Precise Method of Tracing the Progress and of Determining the Boundary of a Conducted Heat." *American Journal of Science*, 4. pp.37~40.

_____. 1872c. "On a Simple and Precise Method of Measuring the Wave-Lengths and Velocities of Sound in Gases; and on an Application of the Method in the Invention of an Acoustic Pyrometer." *American Journal of Science*, 4. pp.425~430.

_____. 1873. "On an Acoustic Pyrometer." *Philosophical Magazine*, 45. pp.18~22.

_____. 1874a. "An Experimental Confirmation of Fourier's Theorem as Applied to the Decomposition of the Vibrations of a Composite Sonorous Wave into its Elementary Pendulum-Vibrations." *Philosophical Magazine*, 48. pp.266~274.

_____. 1874b. "Experiments on the Supposed Auditory Apparatus of the Culex mosquito." *Philosophical Magazine*, 48. pp.371~385.

_____. 1874c. "Researches in Acoustics, No.5." *Philosophical Magazine*, 48. pp.266~274.

_____. 1874d. "Suggestions as to the Function of the Spiral Scalae of the Cochlea, Leading to an Hypothesis of the Mechanism of Audition." *Philosophical Magazine*, 48. pp.445~452.

_____. 1875. "Researches in Acoustics, No.6." *Philosophical Magazine*, 49. pp.352 ~428.

______. 1876a. "Researches in Acoustics, No.8." *The American Journal of Science*, 12. pp.329~336.

______. 1876b. "Sound." *Appleton's American Cyclopedia*, vol.15. pp.174~188.

______. 1878. "Edison's Talking-Machine." *Nature*, 11. pp.469~471.

______. 1880. "Topophone." *United States Patent*. No.224,199.

______. 1886. "Method of Precisely Measuring the Vibratory Periods of Tuning- Forks." *Philosophical Magazine*, 21. pp.286~287.

______. 1894a. "An Apparatus to Show, Simultaneously to Several Hearers, the Blending of the Sensations of Interrupted Tones." *Philosophical Magazine*, 37. pp.411~412.

______. 1894b. "On the Production of Beat-Tones from Two Vibrating Bodies Whose Frequencies Are so High as to Hear Separately Inaudible." *Transactions of British Association, Oxford Meeting*. p.273.

______. 1894c. "Researches in Acoustics, No.9." *The American Journal of Science*, 47. pp.1~28.

______. 1896. "Researches in Acoustics." *American Journal of Science*, 1. pp.6~30.

Pantalony, David. 2001. "Analysing Sound in the Nineteenth Century: The Koenig Sound Analyzer." *Bulletin of the Scientific Instrument Society*, 68. pp.16~21.

______. 2005. "Rudolf König's Workshop of Sound: Instruments, Theories, and the Debate over Combination Tones." *Annals of Science*, 62. pp.57~82.

Snelders, H. A. M. 1976. "A. M. Mayer's Experiments with Floating Magnets and Their Use in the Atomic Theories of Matter." *Annals of Science*, 33. pp.67~80.

Stevens, W. 1889. "The Sensitive Flame as a Means of Research." *Philosophical Magazine*, 27. pp.435~439.

Taylor, William B. 1876. "On Recent Researches in Sound." *American Journal of Science and Arts*, January and February. pp.1~26.

기타(팜플렛, 보고서)

Programme of 38th Meeting of the American Association for the Advancement of Science. Commencing on Tuesday, August 27th, Closing September 3rd, 1889, at the University Buildings at Toronto. Toronto: The Local Committee, 1889.

Report on the Preposition to Modify the Plan of Instruction in the University of Alabama. New York: D. Appleton and Co., 1855.

미출판 사료

A. M. Mayer's Collections, Department of Rare Books and Special Collections at the Princeton University Library, Princeton, N.Y.

Brown Ayres Correspondence, 1877-1881, 1916, MS-0284, University of Tennessee Special Collections Library, Knoxville, TN.

Mayer Papers, Archives and Records Management, E. S. Bird Library, Syracuse University, Syracuse, N.Y.

S. P. Thompson Collections, IEE Archive, London.

Strutt, John William(1842-1919) 3rd Baron Rayleigh, General Correspondence and Notebooks at the Research Library of the USAF Research Laboratory, Hanscom AFB, Bedford, MA, USA held on microfilm at Library Archives and Special Collections, Imperial College London, London, UK.

찾아보기

ⓑ

ⓞ

ⓣ

ⓟ

구자현

- 서울대학교 물리학과 학사
- 서울대학교 과학사 및 과학철학 협동과정 석·박사
- 서울대학교·숭실대학교·건국대학교·성공회대학교·서울시립대학교·홍익대학교·숙명여대학교·대전대학교 강사
- 현재 영산대학교 학부대학 부교수

저서

- 『화염검의 언저리에서: 소설속의 물리는 재미있다』(전파과학사, 2000)
- 『Landmark Writings in Western Mathematics 1640-1940』(Elsevier, 2005, 공저)
- 『레일리의 음향학 연구의 성격과 성과』(한국학술정보, 2008)
- 『레일리의 수력학·전기학 연구』(한국학술정보, 2008)
- 『쉬운 과학사』(이담북스, 2009)

역서

- 『놀라운 발견들』(한울, 1996)
- 『아인슈타인의 나의 세계관』(중심, 2003, 공역)
- 『과학과 종교, 상생의 길을 가다』(코기토, 2003)
- 『커넥션』(살림, 2009)

주요 논문

- "British Acoustics and Its Transformation from the 1860s to the 1910s," *Annals of Science*(2006)

- "Uses and Forms of Instruments: Resonator and Tuning Fork in Rayleigh's Acoustical Experiments," *Annals of Science*(2009)

수상 및 영예

- 한국과학사학회 논문상(2007)
- 국제인명사전 『마르퀴즈 후즈 후(Marquis Who's Who in the World)』 2009~2010년 연속 등재
- 세계 3대 인명정보기관 중 하나인 국제인명센터(International Biographical Centre of Cambridge, IBC)에서 수여하는 플라톤 국제교육자상(The Plato Award) 수상자로 선정
- IBC가 선정한 2009년의 국제적인 교육자(International Educator of the Year 2009), 최고 100인의 교육자(TOP 100 Educators), 21세기 2,000명의 탁월한 지식인 2009~2010(2000 Outstanding Intellectuals in the 21st Century)에 선정

한울아카데미 1231

앨프레드 메이어와 19세기 미국 음향학의 발전

지은이 구자현
펴낸이 김종수
펴낸곳 도서출판 한울

편집책임 박록희
편집 배유진

초판 1쇄 인쇄 2010년 2월 10일
초판 1쇄 발행 2010년 3월 2일

주소 413-832 파주시 교하읍 문발리 507-2(본사)
121-801 서울시 마포구 공덕동 105-90 서울빌딩 3층(서울 사무소)
전화 영업 02-326-0095, 편집 02-336-6183
팩스 02-333-7543
홈페이지 www.hanulbooks.co.kr
등록 1980년 3월 13일, 제406-2003-051호

Printed in Korea.
ISBN 978-89-460-5231-4 93420(양장)
ISBN 978-89-460-4234-6 93420(학생판)

* 책값은 겉표지에 있습니다.
* 이 도서는 강의를 위한 학생판 교재를 따로 준비하였습니다.
강의 교재로 사용하실 때에는 본사로 연락해 주십시오.